CAD/CAM 职场技能高手视频教程

UG NX 10.0 基础、进阶、高手

一本通

陈桂山　编著

电子工业出版社

Publishing House of Electronics Industry

北京・BEIJING

内 容 简 介

本书以全新的方式，结合实际应用，介绍 NX 常用的使用技巧和方法，使读者深入体会 NX 的精髓，通过具体实例训练，达到高手之程度，是一本全面、系统的 NX 书籍。全书共 14 章，内容包括操作设置、二维草图的绘制、创建基准特征、草图的编辑与约束、创建空间曲线等基础知识，以及实体特征设计、三维特征的创建与编辑、曲面建模与编辑、装配设计、工程图设计等进阶知识，随后安排具体的高手实例训练，包括简单实体和工程图设计、复杂零件设计、装配设计、曲面设计等内容。

书中的操作技巧专业人员会经常使用，适用于 NX 8.0 至 10.0 所有版本，所有实例均为实际生活的常见产品，实用性强；在介绍技能操作时，着重操作的方便性，并对知识进行了归纳总结，能使读者牢固、准确、快速地掌握软件操作，提高学习效率。

本书可作为广大读者快速掌握 NX 的操作指导书，也可作为大中专院校工业设计、产品设计、仿真、模具设计与计算机辅助设计类课程的教材。

未经许可，不得以任何方式复制或抄袭本书之部分或全部内容。

版权所有，侵权必究。

图书在版编目（CIP）数据

UG NX 10.0基础、进阶、高手一本通/陈桂山编著.—北京：电子工业出版社，2017.12
CAD/CAM职场技能高手视频教程
ISBN 978-7-121-33311-8

Ⅰ. ①U… Ⅱ. ①陈… Ⅲ. ①计算机辅助设计—应用软件—教材 Ⅳ. ①TP391.72

中国版本图书馆CIP数据核字（2017）第311540号

策划编辑：许存权（QQ：76584717）
责任编辑：许存权   特约编辑：谢忠玉   等
印   刷：北京捷迅佳彩印刷有限公司
装   订：北京捷迅佳彩印刷有限公司
出版发行：电子工业出版社
         北京市海淀区万寿路 173 信箱   邮编 100036
开   本：787×1 092 1/16   印张：29   字数：750 千字
版   次：2017 年 12 月第 1 版
印   次：2023 年 9 月第 2 次印刷
定   价：89.00 元

前　言

　　UG NX（Unigraphics NX，以下称 NX），是 Siemens PLM Software 公司出品的一个产品工程解决方案，它为用户的产品设计及加工过程提供了数字化造型和验证手段，是一个交互式 CAD/CAM（计算机辅助设计与计算机辅助制造）系统，它功能强大，可以轻松实现各种复杂实体及造型的建构。

　　本书不同于以往的 NX 图书，每个命令直接采用操作步骤的方法来说明；而是从基础的知识点开始，对具体的命令操作进行详细介绍，使读者能够体会每个命令的使用方法。通过这种命令结合简单实例的操作方式，读者能更好地掌握命令的使用，提高学习效率，有利于读者举一反三、融会贯通，领会其中的技巧方法。

　　在图书内容编排过程中，注意由浅入深、从易到难，并在适当时候给出总结和相关提示，帮助读者及时、快捷地掌握所学知识。全书解说翔实、图文并茂、语言简洁、思路清晰。

　　本书特色：

　　（1）**内容新颖**。以基础、进阶、高手的方式安排内容，从基础的命令知识点开始讲解，以进阶的方式介绍技巧，以高手的要求进行实例训练。

　　（2）**实例丰富**。每章节命令都以实例的模式来安排，真正做到边学习，边练习，理论结合实际，容易上手。

　　（3）**功能完全**。以图解作说明，一步一步地进行图解注释，简单易学。

　　（4）**实用性强**。作者实践经验丰富，每个命令、技巧和实例都是作者精心选取和亲自操作过的。

　　（5）**视频讲解**。每个命令、技巧和实例都录制有视频讲解，使读者学习轻松愉快。

　　本书的基础部分介绍了基本的操作技巧和草绘的一些方法，进阶部分介绍了常用的设计方法，高手部分提供了相关实训，包括简单实体和工程图设计、复杂零件设计、装配设计、曲面设计等领域的操作技巧，叙述清晰，从基础知识点展开，每个命令都注明基础知识的出处，让读者既能体会基础知识的重要，又能达到高手训练的目的，真正帮助读者掌握设计的技巧。

　　本书配套资源包括：11 小时高清多媒体教学视频，多套设计、模具、数控实例等辅助学习资料，全书实例的源文件和素材。资源下载地址：华信教育资源网（www.hxedu.com.cn），或与本书作者和编辑联系。

　　本书主要由陈桂山编写，另外谢德娟、钟成圆、杨文正、王扬、高峰、詹芝青、刘含笑、冯新新、罗遵福、黄新长、沈寅麒、郭静波、杨育良、黄浩然等参与了部分章节的编写，在此表示感谢！

　　读者在学习过程中如遇到难以解答的问题，可以通过 QQ（3164914606）或邮箱（guishancs@163.com）与我们联系，我们将尽快给予解答。

　　注：本书中未特别注明的相关尺寸单位均为毫米（mm）。

编　者

前　言

目　录

第三篇　高　手　篇

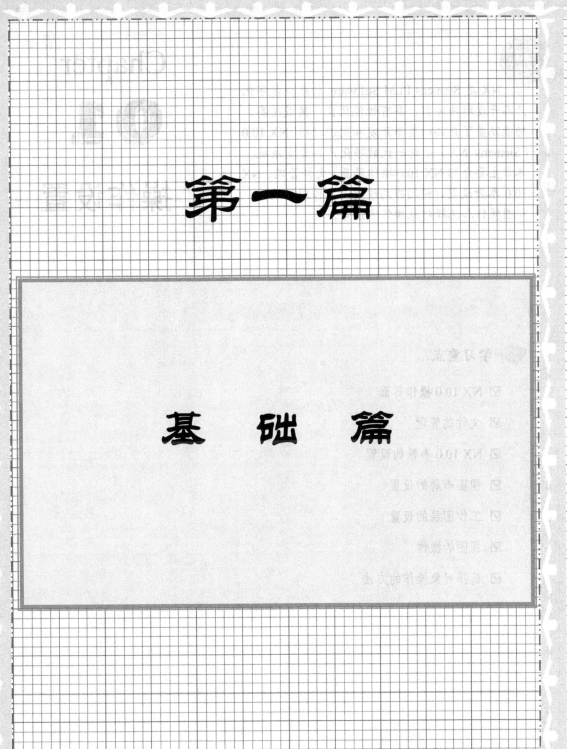

第一篇

基 础 篇

第 1 章 操作设置

Chapter

01

操作设置

NX 是 Siemens PLM Software 的旗舰数字化产品开发解决方案，具有性能优良、集成度高、功能涵盖了产品的整个开发和制造过程。NX 10.0（Siemens NX）是新一代数字化产品开发系统。本章主要介绍 NX 10.0 操作界面、文件管理、NX 10.0 参数设置、视图布局设置、工作图层设置、视图操作和选择对象操作方法等。

 学习重点

- ☑ NX 10.0 操作界面

- ☑ 文件的管理

- ☑ NX 10.0 参数的设置

- ☑ 视图布局的设置

- ☑ 工作图层的设置

- ☑ 视图的操作

- ☑ 选择对象操作的方法

1.1　NX 10.0 操作界面

启动桌面上"NX 10.0"程序后的界面如图 1-1 所示，其采用的是"NX 10.0 初始操作界面"。

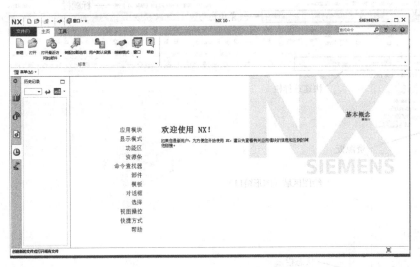

图 1-1　NX 10.0 初始操作界面

在初始操作界面的窗口中，可以查看一些基本的概念、交互说明或开始使用信息等，这对初学者来说是很有帮助的。

在初始操作界面中，将鼠标指针移至窗口中的左部要查看的选项处，即可显示出这些选项的介绍信息，这些选项包括"应用模块"、"功能区"、"资源条"、"视图操控"、"显示模式"、"选择"、"对话框"、"命令查找器"、"快捷方式"、"部件"、"模板"和"帮助"。

单击"主页"功能区中的"新建"按钮，则打开"新建"对话框，如图 1-2 所示。从中指定所需的模块和文件名称等，单击"确定"按钮，从而进入主操作界面。

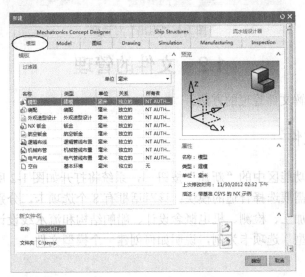

图 1-2　"新建"对话框

选择"模型"模块，然后单击"确定"按钮，即进入"建模"设计操作界面，该主操作界面主要由标题栏、菜单栏、工具栏、状态栏、快捷选择栏、资源板和绘图区域等部分组成，如图1-3所示。

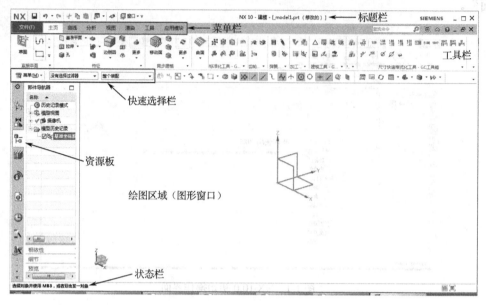

图1-3 NX 10.0 建模设计操作界面

绘制完成一个文件后，若要退出 NX 10.0 系统，则在菜单栏中选择"文件"→"退出"命令，系统弹出如图1-4所示的"退出"对话框。

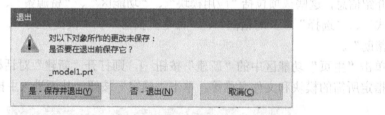

图1-4 "退出"对话框

1.2 文件的管理

下面将具体讲解文件管理的方法。

1.2.1 新建文件

单击"主页"功能区中的"新建"按钮，系统将打开如图1-2所示的"新建"对话框，用户可以根据需要选择合适的模块；该对话框有8个选项卡，分别为模型（部件）设计、图纸、仿真、加工、检测、机电概念设计、船舶结构和流水线设计器。

这里选择"模型"选项卡为例，说明如何创建一个模型文件。

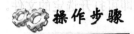操作步骤

01 在"新文件名"选项组的"名称"文本框中输入新建文件的名称或接受默认名称，在"文件夹"框中指定文件的存放目录。

专家提示：在"文件夹"框中指定文件的存放目录时，其文件存放目录不能选择含有中文字母的文件夹，这样会提示所存放的文件夹不是有效的文件夹。

02 单击"文件夹"框右侧的"打开"按钮，则打开"选择目录"对话框，如图1-5所示，从中选择所需的目录。

图1-5 "选择目录"对话框

03 在选定目录的情况下单击"创建新文件夹"按钮，创建所需的目标目录，指定目标目录后单击"确定"按钮。

04 在"新建"对话框中设置好相关的内容后，单击"确定"按钮，完成模型设计的创建。

1.2.2 打开文件

操作步骤

01 单击"主页"功能区中的"打开"按钮，系统弹出如图1-6所示的"打开"对话框，利用该对话框设置所需的文件类型。

02 若单击"打开"对话框中的"选项"按钮，则可利用弹出的如图1-7所示的一个对话框来设置装配加载选项。

03 从指定目录范围中选择要打开的文件后，单击"OK"按钮即可打开选定的文件。

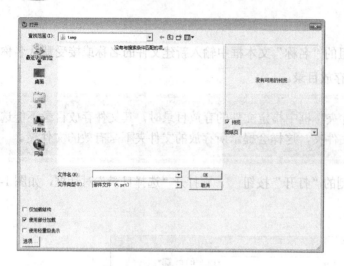

图1-6 "打开"对话框

图1-7 "装配加载选项"对话框

1.2.3 保存操作

在菜单栏的"文件"菜单中提供了多种保存操作的命令，包括"保存"、"仅保存工作部件"、"另存为"、"全部保存"等命令，这些命令的含义如下。

☑ 保存：保存工作部件和任何已经修改的组件；
☑ 仅保存工作部件：仅将工作部件保存起来；
☑ 另存为：使用其他名称保存此工作部件；
☑ 全部保存：保存所有已修改的部件和所有的顶级装配部件。

1.2.4 关闭文件

在"菜单栏"中的"文件"菜单中有一个"关闭"级联菜单，如图1-8所示。其中提供了用于不同方式关闭文件的命令，用户可以根据实际情况选用一种关闭命令。

图1-8 "文件"→"关闭"级联菜单

1.2.5 文件的导入与导出

NX 10.0 数据交换的类型很多，这主要是通过选择"文件"→"导入"命令，或者是选择"文件"→"导出"命令来完成的。

在 NX 10.0 中，可导入的数据类型如图 1-9 所示，可导出的数据类型如图 1-10 所示。

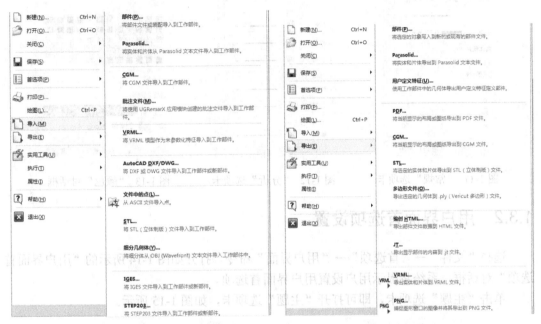

图 1-9 可导入的数据类型   图 1-10 可导出的数据类型

1.3 NX 10.0 参数的设置

用户可以根据需要修改系统默认的一些基本参数设置，下面将介绍一些改变系统参数设置的方法，其他的系统参数首选项设置方法也相似。

1.3.1 对象首选项设置

选择"文件"→"首选项"→"对象"命令，打开"对象首选项"对话框，该对话框具有"常规"选项卡，如图 1-11 所示。单击"分析"按钮，即可打开"分析"选项卡，如图 1-12 所示。

在"常规"选项卡中，用户可以设置工作图层、对象类型、对象颜色、线型和线宽，还可以设置是否对实体和片体进行局部着色、面分析，另外还可设置对象的特定透明度参数。

单击相关的颜色按钮，系统将弹出如图 1-13 所示的"颜色"对话框，利用该对话框选择所需的颜色后，单击"确定"按钮。

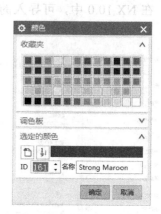

图 1-11 "常规"选项卡   图 1-12 "分析"选项卡   图 1-13 "颜色"对话框

1.3.2 用户界面首选项设置

选择"文件"→"首选项"→"用户界面"命令，打开如图 1-14 所示的"用户界面首选项"对话框，系统将提示用户设置用户界面首选项。

单击"主题"选项卡，即可打开"主题"选项卡，如图 1-15 所示。

图 1-14 "用户界面首选项"对话框   图 1-15 "主题"选项卡

1.3.3 选择首选项设置

选择"文件"→"首选项"→"选择"命令，系统打开如图 1-16 所示的"选择首选项"对话框。

根据如图 1-16 所示的选项来设置各个选项的功能。

1.3.4　背景首选项设置

下面将渐变效果的绘图窗口背景更改为单一白色的背景，那么可以按照下面的操作方法进行设置。

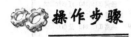

01 选择"文件"→"首选项"→"背景"命令，系统打开如图 1-17 所示的"编辑背景"对话框。

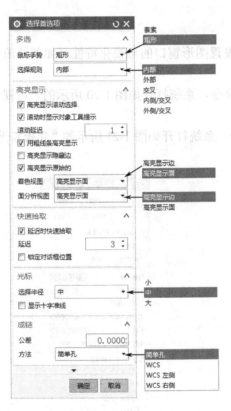

图 1-16　"选择首选项"对话框　　　　　　图 1-17　"编辑背景"对话框

02 单击"着色视图"选项组中的"纯色"单选按钮，然后单击"线框视图"选项组中的"纯色"单选按钮，如图 1-18 所示。

03 单击"编辑背景"对话框中"普通颜色"右侧的颜色框，系统弹出"颜色"对话框，选择白色，如图 1-19 所示，然后单击"确定"按钮。

04 单击"编辑背景"对话框中的"确定"按钮，从而将绘图窗口的背景颜色设置为单一白色。

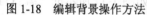

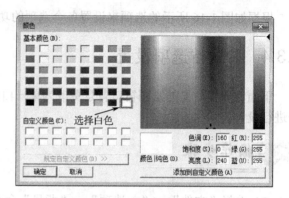

图1-18 编辑背景操作方法　　　　　　　　　　图1-19 "颜色"对话框

1.3.5 可视化与建模首选项设置

"首选项"菜单中的"可视化"命令用于设置图形窗口的可视化特性，如部件渲染样式、选择和取消着重颜色，以及直线反锯齿等。

选择"文件"→"首选项"→"可视化"命令，系统打开如图1-20所示的"可视化首选项"对话框。

选择"文件"→"首选项"→"建模"命令，系统打开如图1-21所示的"建模首选项"对话框。

图1-20 "可视化首选项"对话框　　　　　图1-21 "建模首选项"对话框

1.4 视图布局的设置

用户创建视图布局后，可以在需要的时候再次打开视图布局，可以保存视图布局、修改视图布局、删除视图布局等。

选择"菜单"→"视图"→"布局"级联菜单，如图 1-22 所示，即可选择视图布局设置的命令集。

图 1-22 "视图"→"布局"级联菜单

下面就将介绍视图布局设置的几种常见操作方法。

1.4.1 新建视图布局

新建视图布局的操作方法和步骤如下。

操作步骤

01 选择"菜单"→"视图"→"布局"→"新建"命令，系统打开如图 1-23 所示的"新建布局"对话框 1。

02 指定视图布局名称。在"名称"文本框中输入新建视图布局的名称，或者接收系统默认的新视图布局名称。

03 选择系统提供的视图布局模式。在"布置"下拉列表框中可供选择的默认布局模式有 6 种，如图 1-24 所示，从"布置"下拉列表框中选择所需要的一种布局模式。

04 修改视图布局。当用户在"布置"下拉列表框中选择一个系统默认的视图布置模式后，可以根据需要修改该视图布局。

例如，选择 L6 视图布局模式后，选择"布置"选项下的 L6 布置模式，修改前后的"新建布局"对话框如图 1-25 所示。

 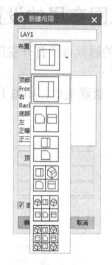 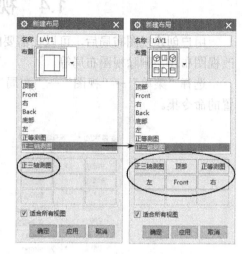

图1-23 "新建布局"对话框1　图1-24　选择视图布局模式　图1-25 "新建布局"对话框2

05 单击"新建布局"对话框中的"确定"按钮或者"应用"按钮，从而生成新建的视图布局，如图1-26所示。

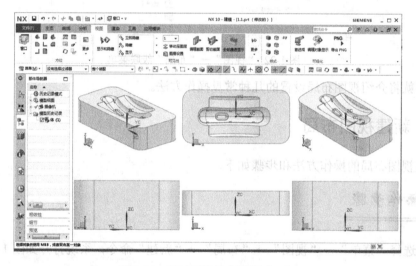

图1-26　同时显示多个视图（L6）

1.4.2　打开视图布局

打开视图布局的操作方法和步骤如下。

操作步骤

01 选择"菜单"→"视图"→"布局"→"打开"命令，系统打开如图1-27所示的"打开布局"对话框。

02 打开视图布局选项。在"打开布局"对话框中选择视图布局的名称，这里选择

"L4·四视图"选项，然后单击应用，此时 L6 变化为 L4，即变为四视图，如图 1-28 所示。

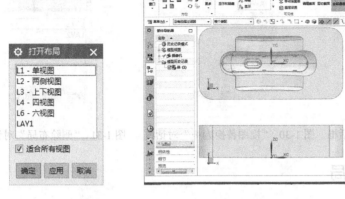

图 1-27　"打开布局"对话框　　　　　图 1-28　打开视图为 4 个视图（L4）

1.4.3　替换布局中的视图

替换布局中视图的操作方法和步骤如下。

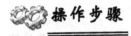操作步骤

01 选择"菜单"→"视图"→"布局"→"替换视图"命令，系统打开如图 1-29 所示的"要替换的视图"对话框。

02 在"要替换的视图"对话框的视图列表中选择要替换的视图名称后，单击"确定"按钮，系统弹出如图 1-30 所示的"视图替换为…"对话框。

03 从中选择要放在布局中的视图后，单击"确定"按钮，即可替换布局中的选定视图。

1.4.4　删除视图布局

删除视图布局的操作方法和步骤如下。

操作步骤

01 选择"菜单"→"视图"→"布局"→"删除"命令，系统打开如图 1-31 所示的"删除布局"对话框。

02 在"删除布局"对话框的视图列表中选择要删除的布局后，单击"确定"按钮。

03 若要删除的视图布局正在使用，或者没有用户定义的视图布局可删除，系统将弹出如图 1-32 所示的"警告"对话框。

图 1-29 "要替换的视图"对话框　图 1-30 "视图替换为…"对话框　图 1-31 "删除布局"对话框

1.4.5　另存视图布局

另存视图布局的操作方法和步骤如下。

01 选择"菜单"→"视图"→"布局"→"另存为"命令，系统打开如图 1-33 所示的"另存布局"对话框。

02 在"另存布局"对话框的视图列表中选择要存的布局名称后，单击"确定"按钮。

03 若要删除的视图布局正在使用，或者没有用户定义的视图布局可删除，系统将弹出如图 1-34 所示的"确定"对话框。

图 1-32 "警告"对话框　图 1-33 "另存布局"对话框　图 1-34 "确定"对话框

1.5　工作图层的设置

NX 10.0 为每个部件提供了 256 个图层，但只能有一个是工作图层。用户可以根据设计情况来将所需的图层设为工作图层，并可以设置哪些图层为可见图层。

1.5.1　图层设置

选择"菜单"→"格式"→"图层设置"命令，系统打开如图 1-35 所示的"图层设置"

对话框，从中可查找来自对象的图层，设置工作图层、可见和不可见图层，并可以定义图层的类别名称等。

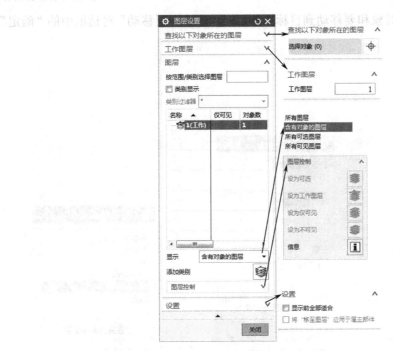

图 1-35　"图层设置"对话框

在"工作图层"文本框中输入一个所需要的图层号，那么该图层就被指定为工作图层，其图层号的范围为 1～256。

一个图层的状态有 4 种，即"可选"、"工作图层"、"仅可见"和"不可见"。

在"图层设置"对话框的"图层"选项组中，从"图层/状态"列表框中选择一个图层后，可将"图层控制"下的"设为可选"按钮、"设为工作图层"按钮、"设为仅可见"按钮和"设为不可见"按钮这 4 个按钮中的几个激活，此时读者可以根据自己的需要单击相应的状态按钮，从而设置所选图层为可选的、工作图层的、仅可见的或者不可见的。

1.5.2　移动至图层

下面将具体讲解移动至图层的操作方法。

操作步骤

01 在没有选择图形对象的情况下，选择"菜单"→"格式"→"移动至图层"命令，系统弹出如图 1-36 所示的"类选择"对话框。

02 在图形窗口或者部件导航器（部件导航器位于图形窗口左侧的资源面板中）中选择要移动的对象，然后单击"类选择"对话框中的"确定"按钮。

03 系统弹出如图 1-37 所示的"图层移动"对话框。

04 在"目标图层或类别"文本框中输入目标图层或者目标类别标识,"类别过滤器"用于设置过滤图层。

05 确认要移动的对象和要移动到目标图层后,单击"图层移动"对话框中的"确定"按钮。

图 1-36 "类选择"对话框

图 1-37 "图层移动"对话框

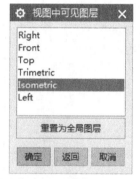

图 1-38 "视图中可见图层"对话框 1

1.5.3 复制到图层

选择"菜单"→"格式"→"复制到图层"命令,可以将某一个图层的选定对象复制到指定的图层中,其操作方法见上面小节的 1.5.2 移动至图层。

1.5.4 设置视图可见性

下面将具体讲解设置视图可见性的操作方法。

操作步骤

01 选择"菜单"→"格式"→"视图中可见图层"命令,系统弹出如图 1-38 所示的"视图中可见图层"对话框 1。

02 从中选择要更改图层可见性的视图后,单击"视图中可见图层"对话框 1 中的"确定"按钮。

03 系统弹出如图 1-39 所示的"视图中可见图层"对话框 2,即可利用该对话框设置视图中的可见图层和不可见图层。

1.5.5 图层类别

下面将具体讲解设置图层类别的操作方法。

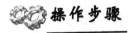操作步骤

01 选择"菜单"→"格式"→"图层类别"命令，系统弹出如图 1-40 所示的"图层类别"对话框 1。

02 从中选择要更改的图层类别后，单击"图层类别"对话框 1 中的"创建/编辑"按钮。

03 系统将出现如图 1-41 所示的"图层类别"对话框 2，即可利用该对话框修改视图中的图层类别。

图 1-39 "视图中可见图层"对话框 2　　图 1-40 "图层类别"对话框 1　　图 1-41 "图层类别"对话框 2

1.6 视图的操作

选择"菜单"→"视图"→"操作"命令，即可打开视图操作的基本命令，如图 1-42 所示。

一般熟练的绘图者都是采用下面的操作方法来快捷地进行一些视图操作。

☑ 旋转模型视图：按住鼠标中键的同时拖动鼠标；

☑ 平移模型视图：按住鼠标中键和右键的同时拖动鼠标（也可通过按住<Shift>键和鼠标中键的同时拖动鼠标）；

☑ 缩放模型视图：按住鼠标左键和中键的同时拖动鼠标（也可使用鼠标滚轮，或者按住<Ctrl>键和鼠标中键的同时移动鼠标）。

要更改渲染样式，可在绘图区域中单击鼠标右键，从弹出的快捷菜单中打开"渲染样式"级联菜单，如图 1-43 所示，从中选择所需的渲染样式。

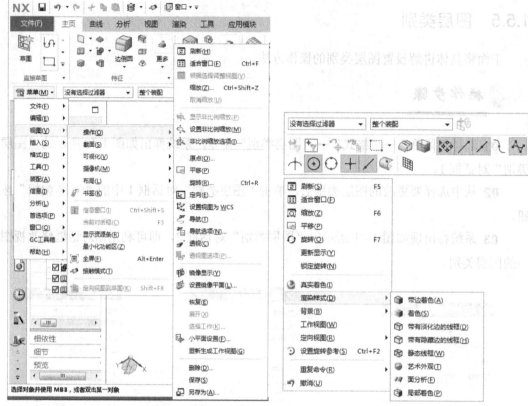

图 1-42 "视图"→"操作"级联菜单　　　　　　　图 1-43 "渲染样式"菜单

　　要恢复正交视图或其他默认视图，则在绘图区域中单击鼠标右键，从弹出的快捷菜单中打开"定向视图"级联菜单，如图 1-44 所示，从中选择所需的视图选项。

图 1-44 "定向视图"级联菜单

1.7 选择对象操作的方法

在进行设计过程中，经常需要进行选择对象的操作。通常，如要选择一个对象，将鼠标移至该对象上单击鼠标左键即可，重复此操作可以继续选择其他对象。

当多个对象相距很近时，可以使用"快速拾取"对话框来选择所需的对象，其方法是将鼠标指针置于要选择的对象上保持不动，待在鼠标指针旁出现 3 个点时，单击鼠标左键便打开"快速拾取"对话框，如图 1-45 所示。

单击鼠标右键使用快捷选择条，如图 1-46 所示，使用此快捷选择条可以快速访问现在过滤器设置。

图 1-45 "快速拾取"对话框

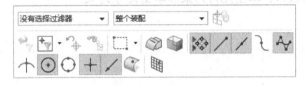

图 1-46 选择条

未打开任何对话框时，按<Esc>键可以清除当前选择。当有一个对话框打开时，按住<Shift>键并单击选定对象，可以取消选择它。

也可以使用快捷选择栏，如图 1-47 所示，快速选择各种操作。

图 1-47 快捷选择栏

本章小结

NX 10.0 是 SIEMENS 开发的集 CAD/CAM/CAE 于一体的产品生命周期管理软件。NX 支持产品开发的整个过程，即从概念（CAID）到设计（CAD）、到分析（CAE）、到制造（CAM）的完整过程。

本章主要介绍 NX 10.0 操作设置的方法，具体包括熟悉 NX 10.0 操作界面、掌握文件管理、参数设置、工作图层设置、视图操作、选择对象操作的方法。本章所学的操作基本知识是后续学习 NX 10.0 知识的基础。

第 2 章 二维草图的绘制及创建基准特征

Chapter

02

二维草图的绘制及创建基准特征

NX 10.0 为用户提供了功能强大且操作简便的草绘功能。进入草图模式后，用户可根据设计意图，大概勾画出二维图形，接着利用草图的尺寸约束和几何约束功能精确地确定草图对象的形状、相互位置等。草图是建立三维模型特征的一个重要基础。

本章重点介绍的内容有草图工作平面、创建基准点和草图点、草图基本曲线绘制、草图编辑与操作、草图几何约束和草图尺寸约束。

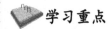 学习重点

☑ NX 10.0 草图工作平面

☑ 基准特征的创建

☑ 绘制轮廓线

☑ 绘制直线

☑ 绘制圆

☑ 绘制圆弧

☑ 绘制矩形

☑ 绘制草图点

☑ 绘制圆角

☑ 绘制倒斜角

☑ 绘制多边形

☑ 绘制椭圆

☑ 绘制艺术样条

☑ 绘制二次曲线

☑ 绘制螺旋线

2.1　NX 10.0 草图工作平面

本例主要介绍定义草图工作平面的相关知识。

2.1.1　草图平面概述

用于绘制草图的平面通常被称为"草图平面"，可以是坐标平面，也可以是基准平面或者实体上的某一个平面。

在 NX 10.0 中，草图平面的创建有以下两种方法。

☑ 菜单栏的"插入"菜单中有"草图"，其用于在当前应用模块中创建草图，可使用直接草图工具来添加曲线、尺寸、约束等，需要定义草图类型、草图平面、草图方向和草图原点等。

☑ "任务环境中的草图"这个命令则用于创建草图并进入"草图"任务环境。

选择菜单栏中的"插入"→"草图"命令，或者单击"任务环境中的草图"按钮 ，打开如图 2-1 所示的"创建草图"对话框。在其对话框中，读者可以选择"在平面上"或者"基于路径"来定义草图类型，其系统默认的为"在平面上"，如图 2-2 所示。

图 2-1　"创建草图"对话框　　　　　　　图 2-2　"草图"类型选项

当选择"显示快捷方式"选项时，则在"创建草图"对话框的"类型"列表框中显示草图类型选项的快捷键按钮，即"在平面上"按钮和"基于路径"按钮，如图 2-3 所示。

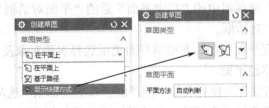

图 2-3　"显示快捷方式"类型选项

2.1.2　在平面上

当选择"在平面上"作为创建草图的类型时，需要分别定义草图平面、草图方向、草图原点和设置等。

1. "草图平面"选项组

在"草图平面"选项组选项下的"平面方法"下拉列表框中,有下面四个方法选项:自动判断、现有平面、创建平面和创建基准坐标系。初始默认的是"自动判断"选项,下面将介绍现有平面、创建平面和创建基准坐标系这三个方法选项的应用。

(1) 选择"平面方法"下拉列表框中的"现有平面"选项时,读者可以选择现有平面作为草图平面。

☑ 已经存在的基准平面。

☑ 实体平整表面。

☑ 坐标平面,比如 XC—YC 平面、XC—ZC 平面、YC—ZC 平面。

(2) 选择"平面方法"下拉列表框中的"创建平面"选项时,读者可以在"指定平面"后的下拉列表框中选择所需要的选项,如图 2-4 所示。

从"指定平面"下拉列表框中选择"XC—ZC 平面"按钮，在出现的"距离"文本框中输入距离,然后按下 Enter 键确定,如图 2-5 所示。

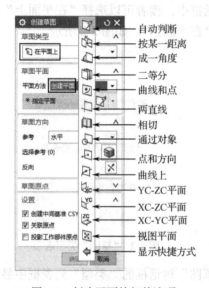

图 2-4　创建平面的相关选项

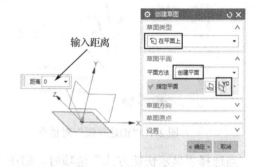

图 2-5　创建"XC—ZC 平面"

单击"草图平面"选项组中的"指定平面"后的"平面对话框"按钮，系统弹出如图 2-6 所示的"平面"对话框。

通过该对话框设置平面类型、并根据平面类型选择参照对象及设置平面方位等即可完成创建一个平面作为草绘平面。

(3) 选择"平面方法"下拉列表框中的"创建基准坐标系"选项时,单击"草图平面"选项组中的"创建基准坐标系"后的"创建基准坐标系"按钮，系统弹出如图 2-7 所示的"基准 CSYS"对话框。

在该对话框中选择类型选项并指定相应的参照等来创建一个基准的 CSYS 后,单击"基准 CSYS"对话框中的"确定"按钮,即返回到"创建草图"对话框。

图 2-6　"平面"对话框　　　　　　　图 2-7　"基准 CSYS"对话框

2．"草图方向"选项组

"创建草图"对话框中可根据设计情况来更改草图方向，如图 2-8 所示。

3．"草图原点"选项组

"创建草图"对话框中可根据设计情况来设置指定点，如图 2-9 所示。

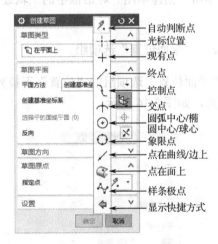

图 2-8　定义草图方向　　　　　　　图 2-9　"草图原点"选项组

单击"草图原点"选项组中的"指定点"后的"点对话框"按钮 ，系统弹出如图 2-10 所示的"点"对话框。

在该对话框中选择类型选项并指定相应的参照等来创建一个点后，单击"点"对话框中的"确定"按钮，即返回到"创建草图"对话框。

4．"设置"选项组

"创建草图"对话框中可根据设计情况来设置相关选项，如图 2-11 所示。

选择"投影工作部件原点"选项时，其草图原点选项变为不可更改，如图 2-12 所示。

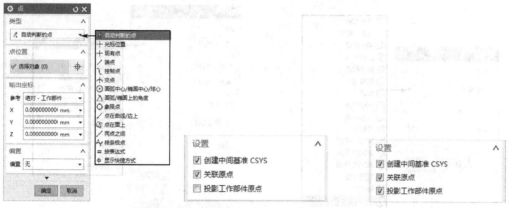

图2-10 "点"对话框　　图2-11 "设置"选项组　　图2-12 选择"投影工作部件原点"选项

2.1.3　基于路径

当选择"基于路径"作为新建草图的类型时，需要分别定义轨迹、平面位置、平面方位和草图方向，如图2-13所示。

1．"轨迹"选项组

单击"创建草图"对话框中的"轨迹"选项组中的"曲线"按钮 ，可以选择所需的路径。

2．"平面位置"选项组

"平面位置"选项组的"位置"下拉列表框提供了 3 个选项，即弧长、弧长百分比和通过点，如图2-14所示。

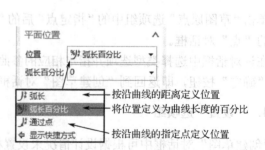

图2-13 "基于路径"选项　　　　　　　　图2-14 "平面位置"选项组

3．"平面方位"选项组

"平面方位"选项组的"方向"下拉列表框提供了 4 个选项，即垂直于路径、垂直于矢量、平行于矢量和通过轴，如图 2-15 所示。

4．"草图方向"选项组

"草图方向"选项组的"方法"下拉列表框提供了 3 个选项，即自动、相对于面和使用曲线参数，如图 2-16 所示。

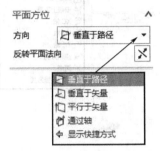

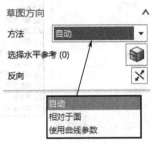

图 2-15　"平面方位"选项组　　　　图 2-16　"草图方向"选项组

2.2　基准特征的创建

创建基准特征包括创建基准平面、基准轴、基准坐标系和基准点这几种基准特征，下面将讲述基准特征的创建方法。

2.2.1　基准平面

创建基准平面的方法如下。

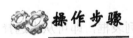

01 单击"主页"功能区"特征"工具栏中的"基准平面"按钮，系统弹出如图 2-17 所示的"基准平面"对话框。

02 选择"基准平面"对话框中的"类型"选项组中的下拉列表框，即可从中选择一项类型，如图 2-17 所示。

2.2.2　基准轴

创建基准轴的方法如下。

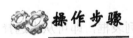

01 单击"主页"功能区中的"特征"工具栏中的"基准轴"按钮，系统弹出如图

2-18 所示的"基准轴"对话框。

02 选择"基准轴"对话框中的"类型"选项组中的下拉列表框，即可从中选择一项类型，如图 2-18 所示。

图 2-17 "基准平面"对话框   图 2-18 "基准轴"对话框

2.2.3 基准坐标系

创建基准坐标系的方法如下。

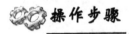 **操作步骤**

01 单击"主页"功能区中的"特征"工具栏中的"基准坐标系"按钮，系统弹出如图 2-19 所示的"基准坐标系"对话框。

02 选择"基准坐标系"对话框中的"类型"选项组中的下拉列表框，即可从中选择一项类型，如图 2-19 所示。

2.2.4 基准点

创建基准点的方法如下。

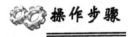 **操作步骤**

01 单击"主页"功能区中的"特征"工具栏中的"点"按钮十，系统弹出如图 2-20 所示"点"对话框。

02 选择"点"对话框中的"类型"选项组中的下拉列表框，即可从中选择一项类型，如图 2-20 所示。

03 选择"点"对话框中的"输出坐标"选项组中的下拉列表框，即可从中选择一项类型，如图 2-20 所示。

04 选择"点"对话框中的"偏置"选项组中的"偏置选项"后的下拉列表框，即可从中选择一项类型，如图 2-20 所示。

图 2-19　"基准 CSYS"对话框

图 2-20　"点"对话框

2.3　绘制轮廓线

草图基本曲线命令主要包括轮廓线、直线、圆弧、圆、圆角、倒斜角、矩形、多边形、艺术样条、拟合样条、椭圆和二次曲线。

单击"曲线"功能区，即可选择需要的命令，如图 2-21 所示。或者选择"菜单"→"插入"→"草图曲线"命令，即可选择需要的命令，如图 2-22 所示。

图 2-21　"曲线"功能区

图 2-22　"草图曲线"选项

按照下面的操作方法绘制轮廓线。

操作步骤

01 单击"主页"功能区中的"直接草图"工具栏中的"草图"按钮，系统弹出如图 2-23 所示的"创建草图"对话框。

02 单击"创建草图"对话框中的"确定"按钮，系统进入草绘设计环境。

03 单击"曲线"功能区"直接草图"工具栏中的"轮廓"按钮，系统打开如图 2-24 所示的"轮廓"对话框。

该对话框提供了轮廓的对象类型（"直线"/和"圆弧"）和相关的输入模式（"坐标模式" **XY** 和"参数模式" ）。

04 轮廓线绘制实例如图 2-25 所示。

图 2-23 "创建草图"对话框　　图 2-24 "轮廓"对话框　　图 2-25 轮廓线绘制实例

2.4 绘制直线

按照下面的操作方法绘制直线。

操作步骤

01 单击"主页"功能区中的"直接草图"工具栏中的"草图"按钮，系统弹出"创建草图"对话框。

02 单击"创建草图"对话框中的"确定"按钮，系统进入草绘设计环境。

03 单击"曲线"功能区"直接草图"工具栏中的"直线"按钮/，系统打开如图 2-26 所示的"直线"对话框。

该对话框提供了直线的输入模式（"坐标模式" **XY** 和"参数模式" ）。

04 直线绘制实例如图 2-27 所示。

图 2-26　"直线"对话框

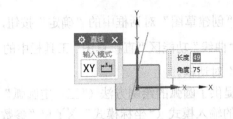

图 2-27　直线绘制实例

2.5　绘制圆

圆与圆弧是草图基本曲线的重要组成部分,下面将介绍绘制圆与圆弧的方法。

按照下面的操作方法绘制圆。

操作步骤

01 单击"主页"功能区中的"直接草图"工具栏中的"草图"按钮，系统弹出"创建草图"对话框。

02 单击"创建草图"对话框中的"确定"按钮,系统进入草绘设计环境。

03 单击"曲线"功能区"直接草图"工具栏中的"圆"按钮○,系统打开如图 2-28 所示的"圆"对话框。

该对话框提供了圆的圆方法("圆心和直径定圆"按钮⊙和"三点定圆"按钮○)和相关的输入模式("坐标模式" XY 和"参数模式" ⊡)。

04 单击"圆"对话框中的"圆心和直径定圆"按钮⊙,绘制出如图 2-29 所示圆。

05 单击"圆"对话框中的"三点定圆"按钮○,绘制出如图 2-30 所示圆。

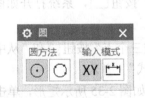

图 2-28　"圆"对话框

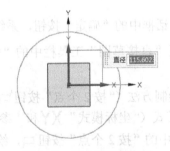

图 2-29　圆心和直径定圆

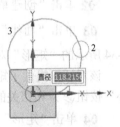

图 2-30　三点定圆

2.6　绘制圆弧

按照下面的操作方法绘制圆弧。

操作步骤

01 单击"主页"功能区中的"直接草图"工具栏中的"草图"按钮，系统弹出"创建草图"对话框。

02 单击"创建草图"对话框中的"确定"按钮，系统进入草绘设计环境。

03 单击"曲线"功能区"直接草图"工具栏中的"圆弧"按钮 ⌒，系统打开如图2-31所示的"圆弧"对话框。

该对话框提供了圆弧的绘制方法（"三点定圆弧"按钮 ⌒和"中心和端点定圆弧"按钮 ⌒）和相关的输入模式（"坐标模式" XY和"参数模式" 凸）。

04 单击"圆弧"对话框中的"三点定圆弧"按钮 ⌒，绘制出如图2-32所示圆弧。

05 单击"圆弧"对话框中的"中心和端点定圆弧"按钮 ⌒，绘制出如图2-33所示圆弧。

图 2-31 "圆弧"对话框

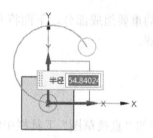

图 2-32 三点定圆弧

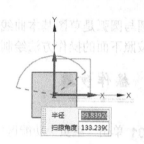

图 2-33 中心和端点定圆弧

2.7 绘制矩形

矩形与草图点是草图基本曲线的重要组成部分，下面将介绍绘制矩形的方法。

操作步骤

01 单击"主页"功能区中的"直接草图"工具栏中的"草图"按钮 📓，系统弹出"创建草图"对话框。

02 单击"创建草图"对话框中的"确定"按钮，系统进入草绘设计环境。

03 单击"曲线"功能区"直接草图"工具栏中的"矩形"按钮 □，系统打开如图2-34所示的"矩形"对话框。

该对话框提供了矩形的绘制方法（"按2个点"按钮 ▭、"按三个点"按钮 ▱ 和"从中心"按钮 ⊡）和相关的输入模式（"坐标模式" XY和"参数模式" 凸）。

04 单击"矩形"对话框中的"按2个点"按钮 ▭，绘制出如图2-35所示矩形，单击"矩形"对话框中的"按3个点"按钮 ▱，绘制出如图2-36所示矩形，单击"矩形"对话框中的"从中心"按钮 ⊡，绘制出如图2-37所示矩形。

图 2-34 "矩形"对话框

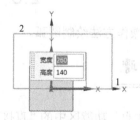

图 2-35 按2个点定矩形

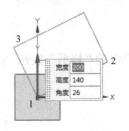

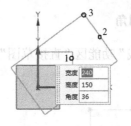

图 2-36　按 3 个点定矩形　　　　图 2-37　从中心定矩形

2.8　绘制草图点

按照下面的操作方法绘制草图点。

操作步骤

01 单击"主页"功能区中的"直接草图"工具栏中的"草图"按钮，系统弹出"创建草图"对话框。

02 单击"创建草图"对话框中的"确定"按钮，系统进入草绘设计环境。

03 单击"曲线"功能区"直接草图"工具栏中的"点"按钮，系统打开如图 2-38 所示的"草图点"对话框。

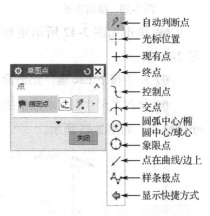

图 2-38　"草图点"对话框

2.9　绘制圆角

圆角是草图基本曲线的重要组成部分，主要用于修改图形，下面将介绍绘制圆角的方法。

操作步骤

01 单击"主页"功能区中的"直接草图"工具栏中的"草图"按钮，系统弹出"创建草图"对话框。

02 单击"创建草图"对话框中的"确定"按钮，系统进入草绘设计环境。

03 绘制矩形。绘制矩形详见本章中的 2.7 绘制矩形，绘制完成后的矩形如图 2-39 所示。

04 单击"曲线"功能区"直接草图"工具栏中的"圆角"按钮，系统打开如图 2-40 所示的"圆角"对话框。

该对话框提供了圆角的绘制方法（"修剪"按钮和"取消修剪"按钮）和相关的选项（"删除第三条曲线"按钮和"创建备选圆角"按钮）。

1．"修剪"圆角

05 单击"曲线"功能区"直接草图"工具栏中的"修剪"按钮 ，然后单击如图 2-41 所示矩形的一条边。

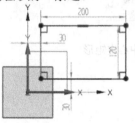

图 2-39　绘制矩形

图 2-40　"圆角"对话框

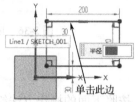

图 2-41　选择圆角的边

06 单击如图 2-42 所示矩形的另外一条边，单击确定按钮，此时绘图区的效果如图 2-43 所示。

07 左手按下 Esc 键，然后双击所选圆角的尺寸，此时绘图区的效果如图 2-44 所示。

08 修改"尺寸"文本框中的尺寸值为 50mm，然后按下 Enter 键，即完成圆角尺寸大小的修改，如图 2-45 所示。

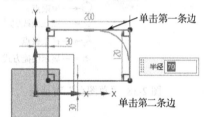

图 2-42　单击第二条边

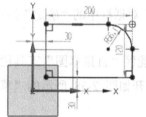

图 2-43　绘制的圆角

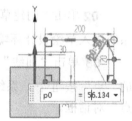

图 2-44　双击圆角尺寸 1

2．"取消修剪"圆角

09 单击"菜单栏"中的"撤消"按钮 ，按下两次撤消按钮，即取消所生成的"修剪"圆角的创建。

10 单击"曲线"功能区"直接草图"工具栏中的"取消修剪"按钮 ，然后单击如图 2-46 所示矩形的一条边。

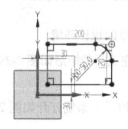

图 2-45　完成的圆角

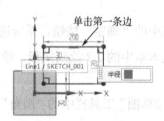

图 2-46　单击第一条边

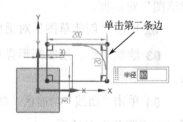

图 2-47　单击第二条边

11 单击如图 2-47 所示矩形的另外一条边，单击确定按钮，此时绘图区的效果如图 2-48 所示。

12 左手按下 Esc 键，然后双击所选圆角的尺寸，此时绘图区的效果如图 2-49 所示。

13 修改"尺寸"文本框中的尺寸值为 50mm，然后按下 Enter 键，即完成圆角尺寸大小的修改，如图 2-50 所示。

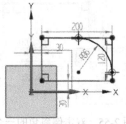

图 2-48　绘制的圆角

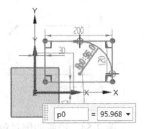

图 2-49　双击圆角尺寸 2

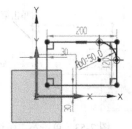

图 2-50　完成的圆角

2.10　绘制倒斜角

倒斜角是草图基本曲线的重要组成部分，主要用于修改图形，按照前面绘制的长方形，按照下面的操作方法绘制倒斜角。

操作步骤

01 单击"菜单栏"中的"撤消"按钮 ↰，按下两次撤消按钮，即取消所生成的"取消修剪"圆角的创建。

02 单击"曲线"功能区"直接草图"工具栏中的"倒斜角"按钮 ⌐，系统打开如图 2-51 所示的"倒斜角"对话框。

1．"对称"倒斜角

03 选择"倒斜角"对话框中的"偏置"选项下的"倒斜角"中的"对称"选项，然后单击如图 2-52 所示矩形的一条边。

图 2-51　"倒斜角"对话框

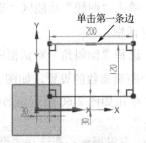

图 2-52　单击第一条边

04 单击如图 2-53 所示矩形的另外一条边。

05 单击确定按钮，此时绘图区的效果如图 2-54 所示。

06 左手按下 Esc 键，然后双击所倒斜角的一个尺寸，此时绘图区的效果如图 2-55 所示。

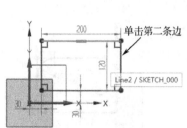

图 2-53　单击第二条边

图 2-54　绘制的倒斜角

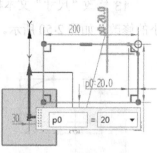

图 2-55　双击倒斜角的一个尺寸

07 修改"尺寸"文本框中的尺寸值为 30mm，然后按下 Enter 键，即完成一个倒斜角尺寸大小的修改，如图 2-56 所示。

08 双击所倒斜角的另外一个尺寸，此时绘图区的效果如图 2-57 所示。

09 修改"尺寸"文本框中的尺寸值为 30mm，然后按下 Enter 键，即完成另外一个倒斜角尺寸大小的修改，如图 2-58 所示。

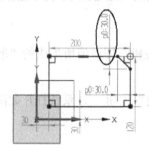

图 2-56　完成的一个倒斜角尺寸

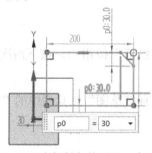

图 2-57　双击倒斜角的另外一个尺寸

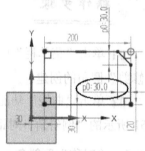

图 2-58　完成倒斜角尺寸的修改

2．"非对称"倒斜角

10 单击"菜单栏"中的"撤消"按钮 ，按下撤消按钮直至为长方形，即取消所生成的"对称"倒斜角的创建。

11 单击"曲线"功能区"直接草图"工具栏中的"倒斜角"按钮 ，系统打开"倒斜角"对话框。

12 选择"倒斜角"对话框中的"偏置"选项下的"倒斜角"中的"非对称"选项，以及两个距离参数的设置，如图 2-59 所示。

13 单击如图 2-60 所示矩形的一条边，然后单击如图 2-61 所示矩形的另外一条边。

　专家提示：在选择"倒斜角"对话框中的距离参数时，应该在距离前面的方框内选择，即是对距离的选择，没有勾选就不是所生成的距离。

14 单击"倒斜角"对话框中的"关闭"按钮，此时绘图区的效果如图 2-62 所示。

图 2-59　"倒斜角"对话框

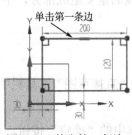

图 2-60　单击第一条边

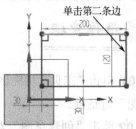

图 2-61　单击第二条边

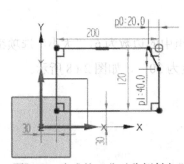

图 2-62　生成的"非对称倒斜角"

图 2-63　"倒斜角"对话框

3．"偏置和角度"倒斜角

15 单击"菜单栏"中的"撤消"按钮 ，按下撤消按钮直至为长方形，即取消所生成的"非对称"倒斜角的创建。

16 单击"曲线"功能区"直接草图"工具栏中的"倒斜角"按钮 ，系统打开"倒斜角"对话框。

17 选择"倒斜角"对话框中的"偏置"选项下的"倒斜角"中的"偏置和角度"选项，以及两个参数的设置，如图 2-63 所示。

18 单击如图 2-64 所示矩形的一条边，然后单击如图 2-65 所示矩形的另外一条边。

19 单击"倒斜角"对话框中的"关闭"按钮，此时绘图区的效果如图 2-66 所示。

图 2-64　单击第一条边

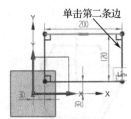

图 2-65　单击第二条边

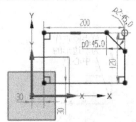

图 2-66　生成的"偏置和角度"倒斜角

2.11　绘制多边形

多边形及椭圆是草图基本曲线的重要组成部分，下面将介绍绘制多边形的方法。

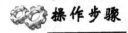操作步骤

01 单击"主页"功能区中的"直接草图"工具栏中的"草图"按钮，系统弹出"创建草图"对话框。

02 单击"创建草图"对话框中的"确定"按钮，系统进入草绘设计环境。

03 单击"曲线"功能区"直接草图"工具栏中的"多边形"按钮，或者选择"菜单"→"插入"→"草绘曲线"→"多边形"命令，系统打开如图 2-67 所示的"多边形"对话框。

1．"内切圆半径"多边形

04 选择"多边形"对话框中的"边"选项组中的边数为 6，"大小"选项组中的大小为"内切圆半径"，半径大小为 45mm，旋转角度为 30°，如图 2-68 所示。

图 2-67　"多边形"对话框

图 2-68　"边"和"大小"选项组

05 单击绘图区中的原点作为多边形的中心点，如图 2-69 所示。放开鼠标左键，此时绘图区的效果如图 2-70 所示。

06 左手按下 Esc 键，退出多边形的绘制，然后将多边形的尺寸移至合适的位置，此时绘图区的效果如图 2-71 所示。

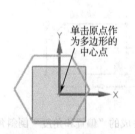

图 2-69　放置多边形

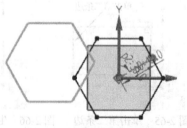

图 2-70　放置完成后的效果

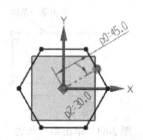

图 2-71　完成的"内切圆半径"多边形

2．"外接圆半径"多边形

07 单击"菜单栏"中的"撤消"按钮 ↶，按下撤消按钮直至为长方形，即取消所生成"内切圆半径"多边形的创建。

08 单击"曲线"功能区"直接草图"工具栏中的"多边形"按钮 ⊙，或者选择"菜单"→"插入"→"草绘曲线"→"多边形"命令，系统打开"多边形"对话框。

09 选择"多边形"对话框中的"边"选项组中的边数为 6，"大小"选项组中的大小为"外接圆半径"，半径大小为 45mm，旋转角度为 30°，如图 2-72 所示。

10 单击绘图区中的原点作为多边形的中心点，如图 2-73 所示。放开鼠标左键，此时绘图区的效果如图 2-74 所示。

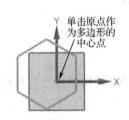
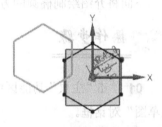

图 2-72 "边"和"大小"选项组 　 图 2-73 放置多边形 　 图 2-74 放置完成后的效果

11 左手按下 Esc 键，退出多边形的绘制，然后将多边形的尺寸移至合适的位置，此时绘图区的效果如图 2-75 所示。

3．"边长"多边形

12 单击"菜单栏"中的"撤消"按钮 ↶，按下撤消按钮直至为长方形，即取消所生成的"内切圆半径"多边形的创建。

13 单击"曲线"功能区"直接草图"工具栏中的"多边形"按钮 ⊙，或者选择"菜单"→"插入"→"草绘曲线"→"多边形"命令，系统打开"多边形"对话框。

14 选择"多边形"对话框中的"边"选项组中的边数为 6，"大小"选项组中的大小为"边长"，半径大小为 65mm，旋转角度为 30°，如图 2-76 所示。

15 单击绘图区中的原点作为多边形的中心点，如图 2-77 所示。放开鼠标左键，此时绘图区的效果如图 2-78 所示。

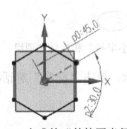
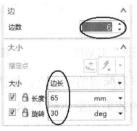
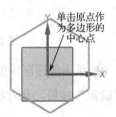

图 2-75 完成的"外接圆半径" 　 图 2-76 "边"和"大小"选项组 　 图 2-77 放置多边形
多边形

16 左手按下 Esc 键，退出多边形的绘制，然后将多边形的尺寸移至合适的位置，此时绘图区的效果如图 2-79 所示。

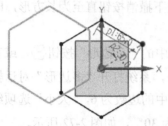

图 2-78 放置完成后的效果

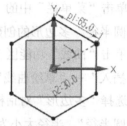

图 2-79 完成的"边长"多边形

2.12 绘制椭圆

下面将介绍绘制椭圆的方法。

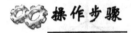 **操作步骤**

01 单击"主页"功能区中的"直接草图"工具栏中的"草图"按钮，系统弹出"创建草图"对话框。

02 单击"创建草图"对话框中的"确定"按钮，系统进入草绘设计环境。

03 单击"曲线"功能区"直接草图"工具栏中的"椭圆"按钮，或者选择"菜单"→"插入"→"草绘曲线"→"椭圆"命令，系统打开如图 2-80 所示的"椭圆"对话框。

04 选择"椭圆"对话框中的"大半径"选项组中的大半径为 100，"小半径"选项组中的大半径为 70，旋转角度为 0°，如图 2-81 所示。

图 2-80 "椭圆"对话框

图 2-81 "大小半径"和旋转选项组

05 单击绘图区中的原点作为椭圆的中心点，如图 2-82 所示。单击"椭圆"对话框中的"确定"按钮，此时绘图区的效果如图 2-83 所示。

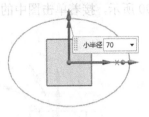
图 2-82　放置后的效果

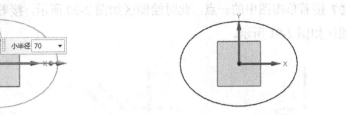
图 2-83　完成的椭圆

2.13　绘制艺术样条

艺术样条是草图基本曲线的重要组成部分，下面将介绍绘制艺术样条的方法。

操作步骤

01 单击"主页"功能区中的"直接草图"工具栏中的"草图"按钮，系统弹出"创建草图"对话框。

02 单击"创建草图"对话框中的"确定"按钮，系统进入草绘设计环境。

03 单击"曲线"功能区"直接草图"工具栏中的"艺术样条"按钮，或者选择"菜单"→"插入"→"草绘曲线"→"艺术样条"命令，系统打开如图 2-84 所示的"艺术样条"对话框。

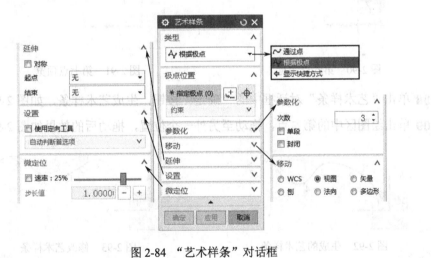
图 2-84　"艺术样条"对话框

04 选择"艺术样条"对话框中的"类型"选项组中的"通过点"选项，然后单击绘图区中的一点，此时绘图区如图 2-85 所示。

05 接着单击图中的一点，此时绘图区如图 2-86 所示，接着单击图中的另外一点，此时绘图区如图 2-87 所示。

06 接着单击图中的一点，此时绘图区如图 2-88 所示，接着单击图中的另外一点，此时绘图区如图 2-89 所示。

07 接着单击图中的一点，此时绘图区如图 2-90 所示，接着单击图中的另外一点，此时绘图区如图 2-91 所示。

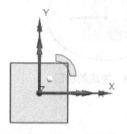
图 2-85　单击一点预览

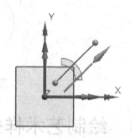
图 2-86　第二点预览

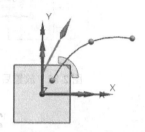
图 2-87　第三点预览

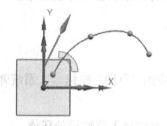
图 2-88　第四点预览

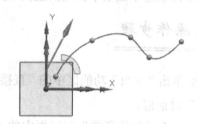
图 2-89　第五点预览

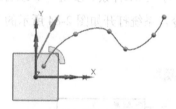
图 2-90　第六点预览

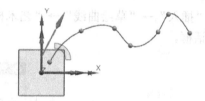
图 2-91　第七点预览

08 单击"艺术样条"对话框中的"确定"按钮，生成艺术样条，如图 2-92 所示。

09 单击绘图区中的第二点，拖动至另外一个位置，拖动后的效果如图 2-93 所示。

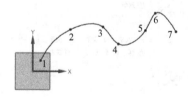
图 2-92　生成的艺术样条

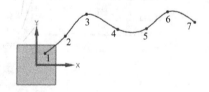
图 2-93　修改艺术样条

2.14　绘制二次曲线

二次曲线是草图基本曲线的重要组成部分，下面将介绍绘制二次曲线的方法。

操作步骤

01 单击"主页"功能区中的"直接草图"工具栏中的"草图"按钮，系统弹出"创建草图"对话框。

02 单击"创建草图"对话框中的"确定"按钮，系统进入草绘设计环境。

03 单击"曲线"功能区"直接草图"工具栏中的"二次曲线"按钮 ⌒，或者选择"菜单"→"插入"→"草绘曲线"→"二次曲线"命令，系统打开如图 2-94 所示的"二次曲线"对话框。

04 选择"二次曲线"对话框中的"限制"选项组中的"指定起点"选项，然后单击图中的一点，此时绘图区如图 2-95 所示。

05 选择"二次曲线"对话框中的"限制"选项组中的"指定终点"选项，然后单击图中的一点，此时绘图区如图 2-96 所示。

图 2-94 "二次曲线"对话框

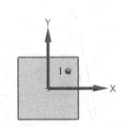

图 2-95 "指定起点"预览

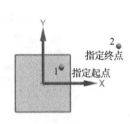

图 2-96 "指定终点"预览

06 选择"二次曲线"对话框中的"控制点"选项组中的"指定控制点"选项，然后单击图中的一点，此时绘图区如图 2-97 所示。

07 在"二次曲线"对话框中的"Rho"选项组中，设置的 Rho 值为 0.7，如图 2-98 所示。

08 单击"二次曲线"对话框中的"确定"按钮，生成的二次曲线，如图 2-99 所示。

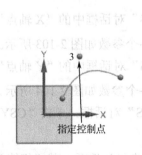

图 2-97 "指定控制点"预览

图 2-98 "二次曲线"对话框

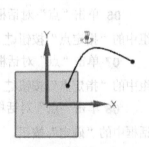

图 2-99 生成的二次曲线

2.15 绘制螺旋线

螺旋线是草图基本曲线的重要组成部分，下面将介绍绘制螺旋线的方法。

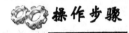操作步骤

01 单击"主页"功能区中的"直接草图"工具栏中的"草图"按钮 ，系统弹出"创建草图"对话框。

02 单击"创建草图"对话框中的"确定"按钮，系统进入草绘设计环境。

03 单击"曲线"功能区"曲线"工具栏中的"螺旋线"按钮 螺旋线，或者选择"菜单"→"插入"→"曲线"→"螺旋线"命令，系统打开如图2-100所示的"螺旋线"对话框。

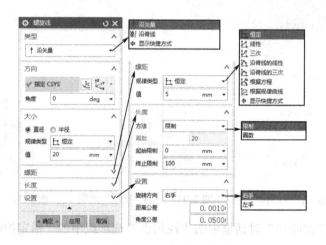

图2-100 "螺旋线"对话框

04 选择"螺旋线"对话框中的"类型"选项组中的"沿矢量"选项，选择"方位"选项组中的"指定CSYS"选项组中的下拉菜单后的"原点，X点，Y点"按钮 ，然后单击"CSYS"对话框按钮 ，系统弹出如图2-101所示的"CSYS"对话框。

05 选择"CSYS"对话框中的"原点"选项组中的"指定点"按钮 ，此时弹出"点"对话框，设置各个参数如图2-102所示。

06 单击"点"对话框中的"确定"按钮，选择"CSYS"对话框中的"X轴点"选项组中的"指定点"按钮 ，此时弹出"点"对话框，设置各个参数如图2-103所示。

07 单击"点"对话框中的"确定"按钮，选择"CSYS"对话框中的"Y轴点"选项组中的"指定点"按钮 ，此时弹出"点"对话框，设置各个参数如图2-104所示。

08 单击"点"对话框中的"确定"按钮，返回"CSYS"对话框，单击"CSYS"对话框中的"确定"按钮。

09 选择"螺旋线"对话框中的"大小"选项组中的"直径"选项，其"规律类型"为"恒定"选项，设置的值为20，如图2-105所示。

图 2-101　"CSYS" 对话框

图 2-102　"点" 对话框　　　　图 2-103　"点" 对话框

10 选择"螺旋线"对话框中的"螺距"选项组中的"规律类型"为"恒定"选项，设置的值为 6，如图 2-106 所示。

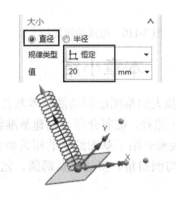

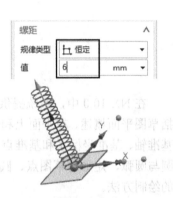

图 2-104　"点" 对话框　　　图 2-105　设置"大小"选项　　　图 2-106　设置"螺距"选项

11 选择"螺旋线"对话框中的"长度"选项组中的"方法"为"限制"选项，设置起始限制的值为 0，终止限制的值为 150，如图 2-107 所示。

12 选择"螺旋线"对话框中的"设置"选项组中的"旋转方向"为"右手"选项，预览效果如图 2-108 所示。

13 选择"螺旋线"对话框中的"设置"选项组中的"旋转方向"为"左手"选项，预览效果如图 2-109 所示。

14 单击"螺旋线"对话框中的"确定"按钮，即生成螺旋线特征，其效果如图 2-110 所示。

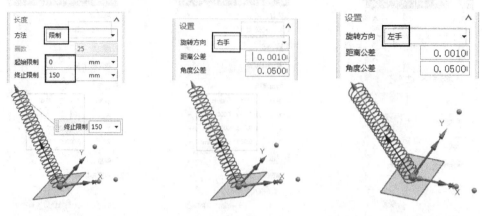

图 2-107 设置"长度"选项　　图 2-108 设置"设置"选项 1　　图 2-109 设置"设置"选项 2

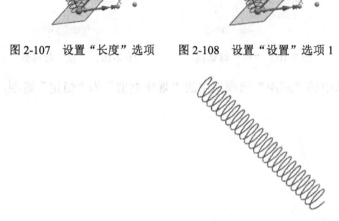

图 2-110 生成的螺旋线

本章小结

在 NX 10.0 中，系统提供了强大的草图绘制功能。本章首先介绍了草图工作平面，包括草图平面概述、在平面上和基于路径，接着介绍了创建基准特征的方法，包括基准平面、基准轴、基准坐标系和基准点，接着介绍了草图绘制的相关命令，主要包括轮廓线与直线、圆与圆弧、矩形与草图点、圆角与倒斜角、多边形及椭圆、艺术样条、二次曲线和螺旋线的绘制方法。

第 3 章　草图的编辑与约束

Chapter

03

草图的编辑与约束

草图编辑的内容包括创建来自曲线集的曲线（如偏置曲线、阵列曲线、镜像曲线、交点和现有曲线等），还有就是草图的典型编辑。

草图约束包括几何约束和尺寸约束。所谓的几何约束就是确定草图对象之间的相互关系，如平行、垂直、重合、固定、同心、共线、水平、竖直、相切、等长度、等半径和点在曲线上等。尺寸约束用于确定草图曲线的形状大小和放置位置，包括水平尺寸、竖直尺寸、平行尺寸、垂直尺寸、角度尺寸、直径尺寸、半径尺寸和周长尺寸。

学习重点

☑ 偏置曲线

☑ 阵列曲线

☑ 镜像曲线

☑ 派生直线

☑ 快速修剪、延伸和制作拐角

☑ 手动添加几何约束、自动约束、自动判断约束和尺寸

☑ 备选解及自动判断尺寸

☑ 水平和竖直、平行和垂直尺寸

☑ 角度、直径、半径和周长尺寸

3.1 偏置曲线

"偏置曲线"命令在实际的绘制草图的过程中经常使用，下面以具体的实例来说明如何创建偏置曲线。

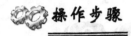

01 单击"主页"功能区中的"直接草图"中的"草图"按钮，系统弹出"创建草图"对话框。

02 单击"创建草图"对话框中的"确定"按钮，系统进入草绘设计环境。

3.1.1 偏置矩形

03 单击"曲线"功能区"直接草图"选项组中的"矩形"按钮，系统打开"矩形"对话框。

04 单击"矩形"对话框中的"按 2 个点"按钮，绘制出如图 3-1 所示的矩形。

05 单击"曲线"功能区"派生曲线"选项组中的"偏置曲线"按钮，或者选择"菜单"→"插入"→"派生曲线"→"偏置"命令，系统打开如图 3-2 所示的"偏置曲线"对话框。

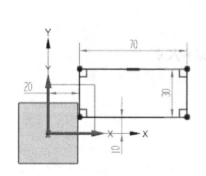

图 3-1　绘制的矩形

图 3-2　"偏置曲线"对话框

06 选择"偏置曲线"对话框中的"偏置"选项组中的距离为 10，然后单击所绘制的矩形，所设置的参数及偏置预览如图 3-3 所示。

07 单击"偏置曲线"对话框中的"确定"按钮，即生成偏置曲线特征，如图 3-4 所示。

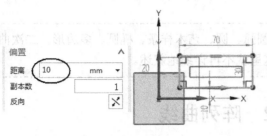

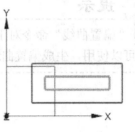

图 3-3　设置的参数及偏置预览　　　　　　　图 3-4　生成的偏置曲线

3.1.2　偏置直线

08 单击"菜单栏"中的"撤消"按钮 ↻，单击撤消按钮，即取消所绘制及生成的矩形。

09 单击"曲线"功能区"直接草图"选项组中的"直线"按钮 ✎，系统打开"直线"对话框，在绘图区域中绘制出如图 3-5 所示的直线。

10 单击"曲线"功能区"派生曲线"选项组中的"偏置曲线"按钮 ◻，或者选择"菜单"→"插入"→"派生曲线"→"偏置"命令，系统弹出"偏置曲线"对话框。

11 选择"偏置曲线"对话框中的"偏置"选项组中的距离为 20，然后单击所绘制的直线，所设置的参数及偏置预览如图 3-6 所示。

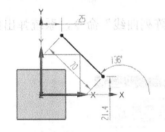

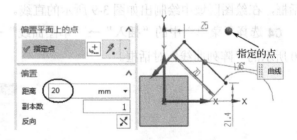

图 3-5　绘制的直线　　　　　　　图 3-6　设置的参数及偏置预览

12 单击"偏置"选项组中的"反向"按钮 ✗，所设置的参数及偏置预览如图 3-7 所示。

13 单击"偏置曲线"对话框中的"确定"按钮，即生成偏置曲线特征，如图 3-8 所示。

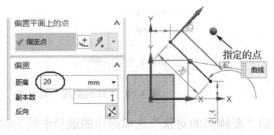

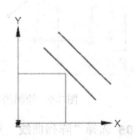

图 3-7　反向偏置预览　　　　　　　图 3-8　生成的偏置曲线

提示

"偏置曲线"命令对于轮廓线、圆弧、圆、艺术样条、椭圆、多边形、二次曲线等都可以使用，生成偏置曲线特征，这里就不再详细地叙述。

3.2 阵列曲线

"阵列曲线"命令在实际绘制草图的过程中经常使用，下面以具体的实例来说明如何创建阵列曲线。

操作步骤

01 单击"主页"功能区中的"直接草图"中的"草图"按钮，系统弹出"创建草图"对话框。

02 单击"创建草图"对话框中的"确定"按钮，系统进入草绘设计环境。

3.2.1 线性阵列曲线

03 单击"曲线"功能区"直接草图"选项组中的"直线"按钮，系统打开"直线"对话框，在绘图区域中绘制出如图3-9所示的直线。

04 选择"菜单"中的"插入"→"草图曲线"→"阵列曲线"命令，系统弹出如图3-10所示的"阵列曲线"对话框。

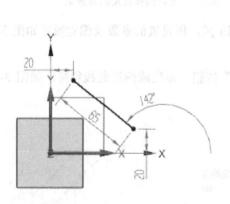

图3-9　绘制的直线

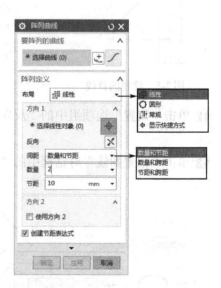

图3-10　"阵列曲线"对话框

05 选择"阵列曲线"对话框中的"要阵列的对象"选项组中的选择曲线为绘制的直线，然后单击所绘制的直线，选择"阵列定义"选项组中的"布局"为线性，所设置的参

数如图 3-11 所示。

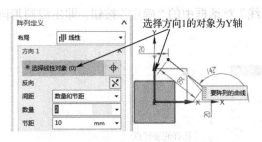

图 3-11 设置的参数及选择对象

06 选择"阵列曲线"对话框中的"阵列定义"选项组中的方向 1 的选择线性对象为
Y 轴，然后单击 Y 轴，所设置的参数及阵列预览如图 3-12 所示。

07 单击"阵列曲线"对话框中的"确定"按钮，即生成线性阵列曲线特征，如图 3-13
所示。

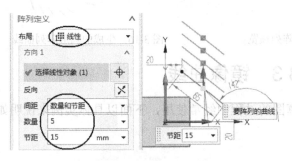

图 3-12 设置的参数及阵列预览

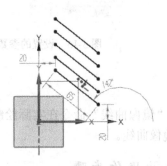

图 3-13 生成的线性阵列曲线

3.2.2 圆形阵列曲线

08 单击"菜单栏"中的"撤消"按钮，单击
撤消按钮，即取消所生成的阵列曲线。

09 选择"菜单"中的"插入"→"草图曲线"
→"阵列曲线"命令，系统弹出"阵列曲线"对话框。

10 选择"阵列曲线"对话框中的"要阵列的对
象"选项组中的选择曲线为绘制的直线，然后单击所
绘制的直线，选择"阵列定义"选项组中的"布局"
为圆形。

11 单击"旋转点"选项下的"指定点"后的"点
对话框"按钮，弹出"点"对话框，设置"坐标"
选项组中的参数，所设置的参数及偏置预览如图 3-14
所示。

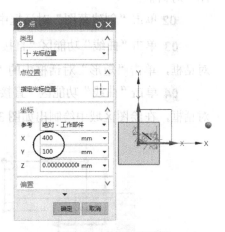

图 3-14 "点"对话框

12 单击"点"对话框中的"确定"按钮，返回到"阵列曲线"对话框，所设置的参
数及阵列预览如图 3-15 所示，其"角度方向"选项组中的"间距"选项选择"数量和节距"

选项，数量为12，节距角值为10。

13 单击"阵列曲线"对话框中的"确定"按钮，即生成圆形阵列曲线特征，如图3-16所示。

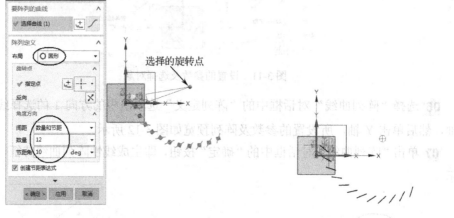

图 3-15　设置的参数及阵列预览　　　　图 3-16　生成的圆形阵列曲线

3.3　镜像曲线

"镜像曲线"命令在实际绘制草图的过程中经常使用，下面以具体实例来说明如何创建镜像曲线。

操作步骤

01 单击"主页"功能区中的"直接草图"中的"草图"按钮，系统弹出"创建草图"对话框。

02 单击"创建草图"对话框中的"确定"按钮，系统进入草绘设计环境。

03 单击"曲线"功能区"直接草图"选项组中的"矩形"按钮，系统打开"矩形"对话框，单击"矩形"对话框中的"按2个点"按钮，绘制出如图3-17所示的矩形。

04 单击"曲线"功能区"直接草图"选项组中的"直线"按钮，系统打开"直线"对话框，在绘图区域中绘制出如图3-18所示的直线。

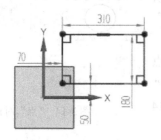
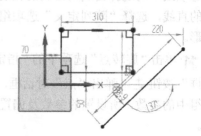

图 3-17　绘制的矩形　　　　　　　　图 3-18　绘制的直线

05 选择"菜单"中的"插入"→"草图曲线"→"镜像曲线"命令，系统弹出如图 3-19 所示的"镜像曲线"对话框。

06 选择"镜像曲线"对话框中的"选择对象"选项组中的选择曲线为绘制的矩形，然后单击所绘制的矩形，所生成的预览如图 3-20 所示。

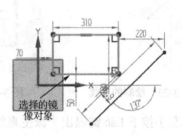

图 3-19　"镜像曲线"对话框　　　　图 3-20　选择的镜像对象

07 选择"阵列曲线"对话框中的"中心线"选项组中的选择中心线为绘制的直线，然后单击所绘制的直线，所设置的参数及镜像预览如图 3-21 所示。

08 单击"镜像曲线"对话框中的"确定"按钮，即生成镜像曲线特征，如图 3-22 所示。

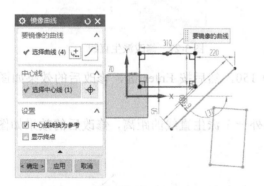

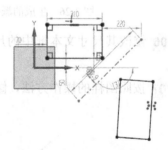

图 3-21　设置的参数及镜像预览　　　　图 3-22　生成的圆形镜像曲线

3.4　派生直线

"派生直线"命令在实际绘制草图的过程中使用比较少，下面以具体实例来说明如何创建派生直线。

操作步骤

01 单击"主页"功能区中的"直接草图"中的"草图"按钮，系统弹出"创建草图"对话框。

02 单击"创建草图"对话框中的"确定"按钮，系统进入草绘设计环境。

03 单击"草图工具"工具栏中的"直线"按钮 ，系统打开"直线"对话框，在绘图区域中绘制出如图 3-23 所示的直线。

04 选择"菜单"中的"插入"→"草图曲线"→"派生直线"命令，单击所绘制的直线，所生成的派生直线预览如图 3-24 所示。单击鼠标确定，接着生成第二条派生直线，预览如图 3-25 所示。

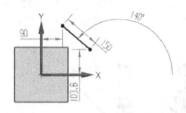 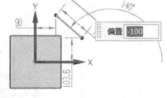 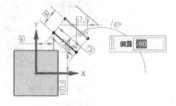

图 3-23　绘制的直线　　　　图 3-24　派生直线预览　　　图 3-25　第二条派生直线预览

05 左手按下 Esc 键退出"派生直线"命令，所生成的派生直线如图 3-26 所示。双击所选择派生直线的间距，绘图区出现尺寸文本框，如图 3-27 所示。

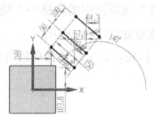 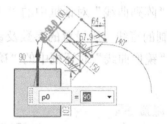

图 3-26　生成的派生直线　　　　　　图 3-27　修改派生直线

06 修改其尺寸文本框中的尺寸为 150，然后按 Enter 键，修改后的效果如图 3-28 所示。

07 按照图样的操作方法，修改另外一个派生直线的距离，修改后的效果如图 3-29 所示。

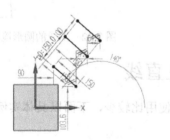 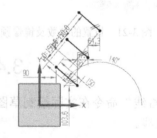

图 3-28　修改后的派生直线　　　　图 3-29　修改后的派生直线

3.5　快速修剪、延伸和制作拐角

"快速修剪"是常用的编辑工具命令，使用它可以很方便地将草图曲线中不需要的部分删除掉。下面以具体实例来说明如何使用快速修剪命令。

3.5.1　快速修剪

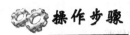

01 单击"主页"功能区中的"直接草图"中的"草图"按钮，系统弹出"创建草图"对话框。

02 单击"创建草图"对话框中的"确定"按钮，系统进入草绘设计环境。

03 单击"曲线"功能区"直接草图"选项组中的"圆"按钮○，系统打开"圆"对话框，单击"圆"对话框中的"圆心和直径定圆"按钮⊙，绘制出如图 3-30 所示的圆。

04 按照同样的操作方法，绘制另外一个圆，效果如图 3-31 所示。

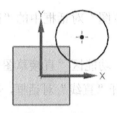

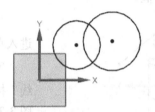

图 3-30　绘制的圆　　　　　　　　　图 3-31　绘制的另外一个圆

05 单击"草图工具"工具栏中的"快速修剪"按钮，系统打开如图 3-32 所示的"快速修剪"对话框，单击"要修剪的曲线"选项组，然后单击如图 3-33 所示的边，然后放开鼠标，即完成快速修剪，效果如图 3-34 所示。

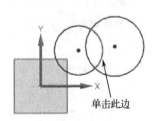

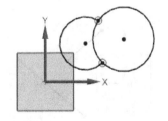

图 3-32　"快速修剪"对话框　　　图 3-33　单击边　　　　图 3-34　完成的修剪

06 按照同样的操作方法，单击如图 3-35 所示的边，然后放开鼠标，即完成快速修剪，效果如图 3-36 所示。

"快速延伸"是常用的编辑工具命令，使用它可以很方便地将曲线延伸到另一临近曲线或选定的边界。下面以具体实例来说明如何使用快速延伸命令。

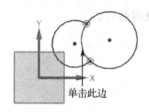

图 3-35　单击修剪

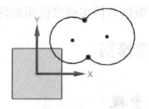

图 3-36　完成的修剪

3.5.2　快速延伸

操作步骤

01 单击"主页"功能区中的"直接草图"中的"草图"按钮，系统弹出"创建草图"对话框。

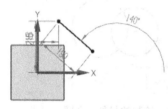

图 3-37　绘制的直线

02 单击"创建草图"对话框中的"确定"按钮，系统进入草绘设计环境。

03 单击"曲线"功能区"直接草图"选项组中的"直线"按钮，系统打开"直线"对话框，在绘图区绘制出如图 3-37 所示的直线。

04 按照同样的操作方法，绘制另外一条直线，效果如图 3-38 所示。

05 单击"草图工具"工具栏中的"快速延伸"按钮，系统打开如图 3-39 所示的"快速延伸"对话框，单击如图 3-40 所示的边，然后放开鼠标，即完成边界曲线的选择。

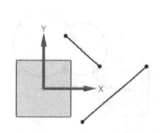

图 3-38　绘制的直线

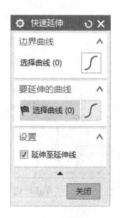

图 3-39　"快速延伸"对话框

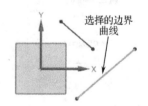

图 3-40　选择的边界曲线

06 单击如图 3-41 所示的直线，然后放开鼠标，即完成快速延伸，如图 3-42 所示。完成快速延伸后，单击"快速延伸"对话框中的"关闭"按钮。

　　"制作拐角"是常用的编辑工具命令，可以延伸或者修剪两条曲线来制作拐角。下面以具体实例来说明如何使用制作拐角命令。

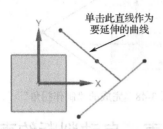

图 3-41 选择需要延伸的直线

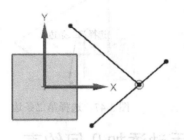

图 3-42 完成的快速延伸

3.5.3 制作拐角

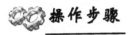
操作步骤

01 单击"主页"功能区中的"直接草图"中的"草图"按钮 ，系统弹出"创建草图"对话框。

02 单击"创建草图"对话框中的"确定"按钮，系统进入草绘设计环境。

03 单击"曲线"功能区"直接草图"选项组中的"直线"按钮 ，系统打开"直线"对话框，在绘图区绘制出如图 3-43 所示的直线。

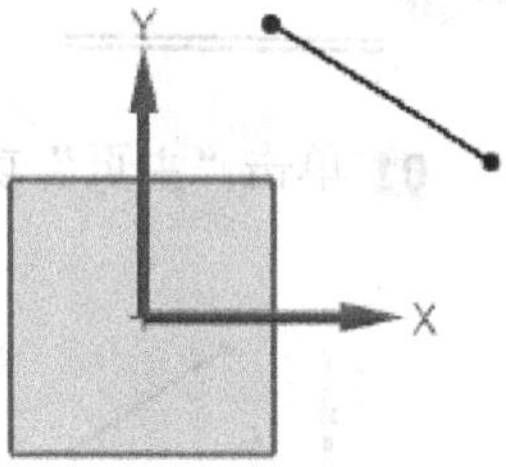

04 按照同样的操作方法，绘制另外一条直线，效果如图 3-44 所示。

图 3-43 绘制的直线

05 单击"草图工具"工具栏中的"制作拐角"按钮 ，系统打开如图 3-45 所示的"制作拐角"对话框，单击如图 3-46 所示的边，即完成"制作拐角"第一条边的选择。

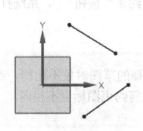

图 3-44 绘制的直线

图 3-45 "制作拐角"对话框

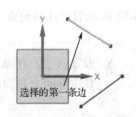

图 3-46 选择第一条边

06 单击如图 3-47 所示的边，即选择"制作拐角"第二条边的选择，然后放开鼠标左键，即生成"制作拐角"特征，如图 3-48 所示。

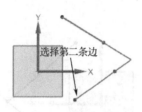

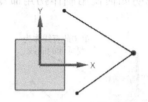

图 3-47 选择第二条边   图 3-48 完成的"制作拐角"

3.6 手动添加几何约束、自动约束、自动判断约束和尺寸

草图约束包括几何约束和尺寸约束。草图几何约束就是确定草图对象之间的相互关系，比如平行、垂直、重合、固定、同心、共线、水平、竖直、相切、等长度、等半径和点在曲线上等。

3.6.1 几何约束

 操作步骤

01 单击"主页"功能区中的"直接草图"中的"草图"按钮，系统弹出"创建草图"对话框。

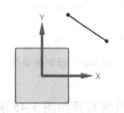

02 单击"创建草图"对话框中的"确定"按钮，系统进入草绘设计环境。

03 单击"曲线"功能区"直接草图"选项组中的"直线"按钮，系统打开"直线"对话框，在绘图区绘制出如图 3-49所示的直线。

图 3-49 绘制第一条直线

04 按照同样的操作方法，绘制另外一条直线，效果如图3-50 所示。

05 单击"曲线"功能区"直接草图"选项组中的"几何约束"按钮，系统打开如图 3-51 所示的"几何约束"对话框。

 专家提示：在单击"几何约束"按钮后，若选择的草图对象不相同，那么其出现的"几何约束"对话框中显示可以创建的几何约束图标也不相同。

06 单击"几何约束"对话框中的"约束"选项组中的"垂直"按钮，在"要约束的几何体"选项组中单击"选择要约束的对象"选项，然后单击如图 3-52 所示的直线。

07 在"要约束的几何体"选项组中单击"选择要约束到的对象"选项，然后单击如图 3-53 所示的直线，完成单击要约束到的对象后，绘图区的效果如图 3-54 所示。

08 单击"菜单栏"中的"撤消"按钮 ，单击撤消按钮，即取消所完成的垂直约束。

09 单击"几何约束"对话框中的"约束"选项组中的"平行"按钮 //，在"要约束的几何体"选项组中单击"选择要约束的对象"选项，然后单击如图 3-55 所示的直线。

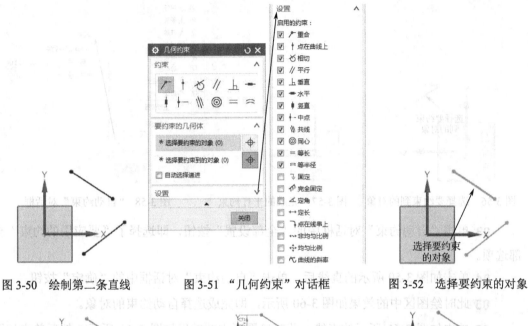

图 3-50　绘制第二条直线　　　图 3-51　"几何约束"对话框　　　图 3-52　选择要约束的对象

图 3-53　选择要约束到的对象　　　图 3-54　完成的垂直约束　　　图 3-55　选择要约束的对象

10 在"要约束的几何体"选项组中单击"选择要约束到的对象"选项，然后单击如图 3-56 所示的直线，完成单击要约束到的对象后，绘图区的效果如图 3-57 所示。

3.6.2　自动约束

自动约束即自动施加几何约束，是指用户指定一些几何约束后，系统根据所指草图对象自动施加合适的几何约束。

操作步骤

01 单击"菜单栏"中的"撤消"按钮 ，单击撤消按钮，即取消所完成的垂直约束。

02 单击"曲线"功能区"直接草图"选项组中的"更多"选项下的"草图工具"选项组中的"自动约束"按钮 ，系统打开如图 3-58 所示的"自动约束"对话框。

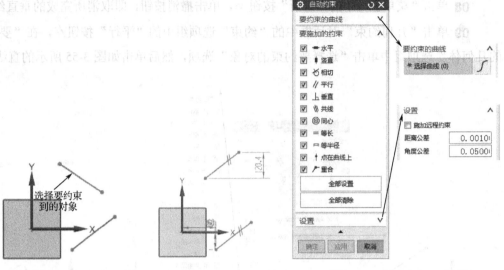

图 3-56　选择要约束到的对象　　图 3-57　完成的平行约束　　　　图 3-58　"自动约束"对话框

03 单击"自动约束"对话框中的"全部设置"按钮,即选择了"要应用的约束"全部选项。

04 单击如图 3-59 所示的直线后,单击"自动约束"对话框中的"确定"按钮。

05 此时绘图区中的效果如图 3-60 所示,即完成选择自动约束的对象。

06 单击如图 3-61 所示的直线,此时绘图区中的效果如图 3-61 所示。然后单击如图 3-61 所示的工具条中的"水平"按钮━━,此时绘图区中的效果如图 3-62 所示。

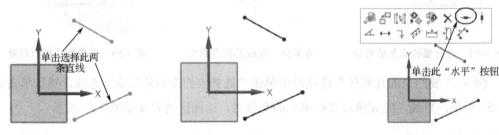

图 3-59　选择的自动约束直线　　图 3-60　选择自动约束后的效果　　图 3-61　单击直线选择"水平"按钮

07 单击如图 3-63 所示的直线,此时绘图区中的效果如图 3-63 所示。然后单击如图 3-63 所示的工具条中的"垂直"按钮 ┃,此时绘图区中的效果如图 3-64 所示。

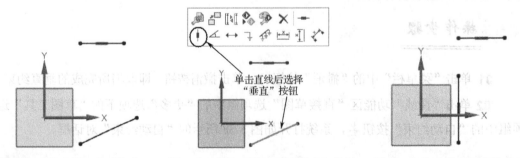

图 3-62　生成的"水平约束"　　图 3-63　单击直线选择"垂直"按钮　　图 3-64　生成的"垂直约束"

3.6.3　自动判断约束和尺寸

可以设置自动判断约束和尺寸，这些默认设置的选项在所创建的自动判断约束和尺寸时起作用。

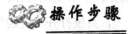

01 单击"曲线"功能区"直接草图"选项组中的"自动判断约束和尺寸"按钮，如图 3-65 所示。系统弹出"自动判断约束和尺寸"对话框，如图 3-66 所示。

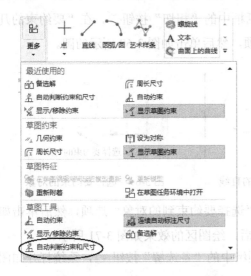

图 3-65　选择"自动判断约束和尺寸"按钮　　　　图 3-66　"自动判断约束和尺寸"对话框

02 在该对话框中设置要自动判断约束和应用的约束，设置由捕捉点识别的约束，设置绘制草图时自动判断尺寸。

03 单击"自动判断约束和尺寸"对话框中的"确定"按钮，即完成"自动判断约束和尺寸"的设置。

3.7　备选解及自动判断尺寸

在草图设计过程中，有时候指定一个约束类型后，可能存在满足当前约束的条件有多种解的情况。下面以具体实例来说明如何使用备选解命令。

3.7.1　备选解

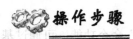

01 单击"主页"功能区中的"直接草图"中的"草图"按钮，系统弹出"创建草

图"对话框。

02 单击"创建草图"对话框中的"确定"按钮，系统进入草绘设计环境。

03 单击"曲线"功能区"直接草图"选项组中的"圆"按钮◯，系统打开"圆"对话框。

04 单击"圆"对话框中的"圆心和直径定圆"按钮⊙，绘制出如图 3-67 所示的圆。

05 单击"曲线"功能区"直接草图"选项组中的"直线"按钮╱，系统打开"直线"对话框，在绘图区域中绘制出如图 3-68 所示的直线。

06 单击"曲线"功能区"直接草图"选项组中的"几何约束"按钮╱⊥，系统打开"几何约束"对话框。

07 选择直线和圆，单击"几何约束"对话框中的"相切"按钮◯，在"要约束的几何体"选项组中单击"选择要约束的对象"选项，然后单击如图 3-69 所示的圆。

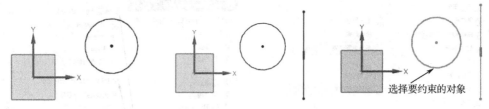

图 3-67 绘制的圆　　　　　图 3-68 绘制的直线　　　　　图 3-69 选择要约束的对象

08 在"要约束的几何体"选项组中单击"选择要约束到的对象"选项，然后单击如图 3-70 所示的直线，完成单击要约束到的对象后，绘图区的效果如图 3-71 所示。

09 单击"曲线"功能区"直接草图"选项组中的"备选解"按钮，系统打开如图 3-72 所示的"备选解"对话框。

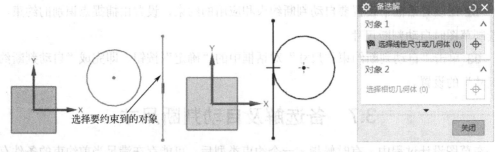

图 3-70 选择要约束到的对象　　　图 3-71 绘制的直线　　　图 3-72 "备选解"对话框

10 单击绘图区中的一个对象（圆或者是直线）即可切换约束解，此时绘图区的效果如图 3-73 所示。

11 单击"备选解"对话框中的"关闭"按钮，即可完成备选解的设置，切换后的效果图如图 3-74 所示。

自动判断的尺寸是系统默认的尺寸类型。使用"自动判断尺寸"命令功能，可通过基于选定的对象和光标的位置自动判断尺寸类型来创建尺寸约束。此命令为最常用的尺寸标注命令，可以创建各种尺寸。

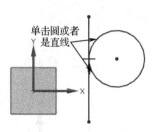

图 3-73 单击选择对象

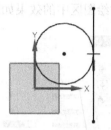

图 3-74 切换后的效果

用于进行草图尺寸自动判断的命令如图 3-75 所示，相应的工具按钮如图 3-76 所示。

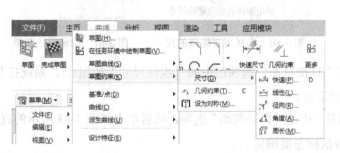

图 3-75 "菜单"→"草图约束"→"尺寸"→"自动判断"级联菜单

图 3-76 "自动判断尺寸"选项

下面以具体实例来说明如何使用自动判断尺寸命令。

3.7.2 自动判断尺寸

操作步骤

01 单击"主页"功能区中的"直接草图"中的"草图"按钮，系统弹出"创建草图"对话框。

02 单击"创建草图"对话框中的"确定"按钮，系统进入草绘设计环境。

03 单击"曲线"功能区"直接草图"选项组中的"直线"按钮，系统打开"直线"对话框，在绘图区域中绘制出如图 3-77 所示的直线。

04 选择"工具栏"下方的"隐藏"选项，如图 3-78 所示，系统打开如图 3-79 所示的"类选择"对话框。

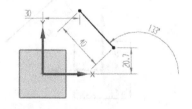

图 3-77 绘制的直线

图 3-78 选择"隐藏"选项

05 单击如图 3-80 所示的需要隐藏的尺寸，然后单击"类选择"对话框中的"确定"按钮，此时绘图区中的效果如图 3-81 所示。

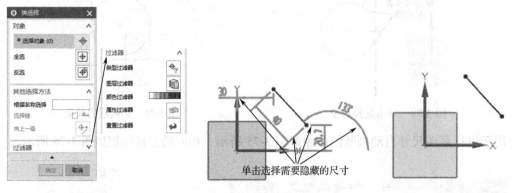

图 3-79 "类选择"对话框　　图 3-80 选择需要隐藏的尺寸　　图 3-81 隐藏后的效果

06 单击"曲线"功能区"直接草图"选项组中的"线性尺寸"按钮⊢⊣，系统打开如图 3-82 所示的"线性尺寸"对话框。

07 选择对话框中的"测量"中的"自动判断"选项，然后单击如图 3-83 所示的直线，拖动直线至合适位置后，单击鼠标左键确定。

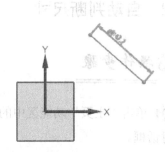

图 3-82 "线性尺寸"对话框　　　　　图 3-83 单击直线效果

08 此时绘图区中的效果如图 3-84 所示，单击"线性尺寸"对话框中的"关闭"按钮，此时绘图区中的效果如图 3-85 所示。

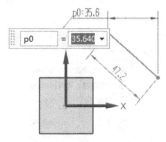

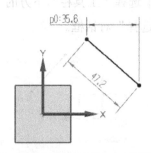

图 3-84 完成鼠标单击效果　　　　　图 3-85 完成自动判断尺寸的效果

3.8 水平和竖直、平行和垂直尺寸

下面将分别讲解水平和竖直、平行和垂直尺寸的创建方法。

3.8.1 水平和竖直尺寸

水平尺寸是指在两点之间创建的水平距离约束的尺寸。

竖直尺寸是指在两点之间创建的竖直距离约束的尺寸。

操作步骤

01 单击"主页"功能区中的"直接草图"中的"草图"按钮，系统弹出"创建草图"对话框。

02 单击"创建草图"对话框中的"确定"按钮，系统进入草绘设计环境。

03 单击"曲线"功能区"直接草图"选项组中的"轮廓"按钮，系统打开"轮廓"对话框，在绘图区域中绘制出如图 3-86 所示的轮廓线。

04 单击"曲线"功能区"直接草图"选项组中的"线性尺寸"按钮，系统打开如图 3-82 所示的"线性尺寸"对话框。

05 选择对话框中的"测量"中的"水平"选项，然后单击如图 3-86 所示的直线，再标注如图 3-86 所示水平尺寸；选择对话框中的"测量"中的"竖直"选项，然后单击如图 3-86 所示的直线，再标注如图 3-86 所示竖直尺寸。

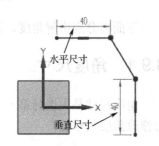

图 3-86　创建的水平和竖直尺寸

3.8.2 平行和垂直尺寸

平行尺寸是指在两点之间创建的平行距离约束的尺寸。

垂直尺寸是指在直线和点之间创建的垂直距离约束的尺寸。

操作步骤

01 单击"主页"功能区中的"直接草图"中的"草图"按钮，系统弹出"创建草图"对话框。

02 单击"创建草图"对话框中的"确定"按钮，系统进入草绘设计环境。

03 单击"曲线"功能区"直接草图"选项组中的"点"按钮，系统打开"草图点"对话框，在绘图区域中绘制出如图 3-87 所示的点。

04 单击"曲线"功能区"直接草图"选项组中的"直线"按钮，系统打开"直线"

对话框，在绘图区域中绘制出如图 3-88 所示的直线。

05 单击"曲线"功能区"直接草图"选项组中的"线性尺寸"按钮⊟，系统打开如图 3-82 所示的"线性尺寸"对话框。

06 选择对话框中的"测量"中的"水平"选项⊟，单击如图 3-88 所示的直线，标注如图 3-88 所示平行尺寸，选择对话框中的"测量"中的"竖直"选项Ⅰ，单击如图 3-88 所示的直线，标注如图 3-88 所示垂直尺寸。

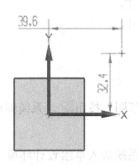

图 3-87　绘制的点

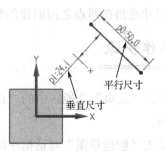

图 3-88　平行和垂直尺寸

3.9　角度、直径、半径和周长尺寸

下面将分别讲解角度、直径、半径和周长尺寸的创建方法。

3.9.1　角度尺寸

角度尺寸是先选择第一条直线，接着选择第二条直线，然后指定尺寸放置的位置，并可修改角度尺寸值。

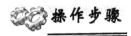操作步骤

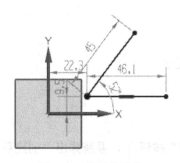

图 3-89　绘制的直线

01 单击"主页"功能区中的"直接草图"中的"草图"按钮，系统弹出"创建草图"对话框。

02 单击"创建草图"对话框中的"确定"按钮，系统进入草绘设计环境。

03 单击"曲线"功能区"直接草图"选项组中的"直线"按钮，系统打开"直线"对话框，在绘图区域中绘制出如图 3-89 所示的两条直线。

04 单击"曲线"功能区"直接草图"选项组中的"角度尺寸"按钮，此时弹出如图 3-90 所示的"角度尺寸"对话框，然后单击如图 3-91 所示的两条直线，单击鼠标确定，此时绘图区如图 3-92 所示。

05 单击"角度尺寸"对话框中的"关闭"按钮，此时绘图区中的效果如图 3-93 所示。

06 选择"工具栏"中的"隐藏"选项，系统打开"类选择"对话框。

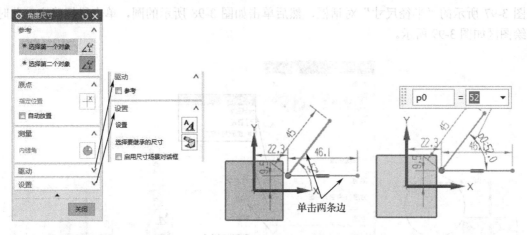

图 3-90　"角度尺寸"对话框　　　　图 3-91　选择两条边　　　　图 3-92　角度文本框

07 单击如图 3-94 所示的需要隐藏的尺寸，然后单击"类选择"对话框中的"确定"按钮，此时绘图区中的效果如图 3-95 所示。

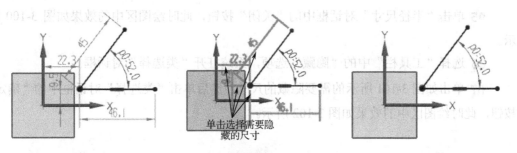

图 3-93　标注的角度　　　图 3-94　选择需要隐藏的尺寸　　　图 3-95　角度尺寸

3.9.2　直径和半径尺寸

直径和半径尺寸用来标注圆或者圆弧的尺寸大小。一般情况下，圆标注为直径尺寸约束，圆弧标注为半径尺寸约束。

操作步骤

01 单击"主页"功能区中的"直接草图"中的"草图"按钮，系统弹出"创建草图"对话框。

02 单击"创建草图"对话框中的"确定"按钮，系统进入草绘设计环境。

03 单击"曲线"功能区"直接草图"选项组中的"圆"按钮○，系统打开"圆"对话框，在绘图区域中绘制出如图 3-96 所示的圆。

1. 直径尺寸

04 单击"曲线"功能区"直接草图"选项组中的"径向尺寸"按钮，此时弹出如

图 3-97 所示的"半径尺寸"对话框，然后单击如图 3-98 所示的圆，单击鼠标确定，此时绘图区如图 3-99 所示。

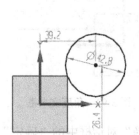

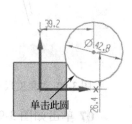

图 3-96　绘制的圆　　　　图 3-97　"半径尺寸"对话　　框　　　图 3-98　单击选择对象

05 单击"半径尺寸"对话框中的"关闭"按钮，此时绘图区中的效果如图 3-100 所示。

06 选择"工具栏"中的"隐藏"选项，系统打开"类选择"对话框。

07 单击如图 3-101 所示的需要隐藏的尺寸，然后单击"类选择"对话框中的"确定"按钮，此时绘图区中的效果如图 3-102 所示。

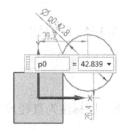

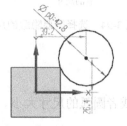

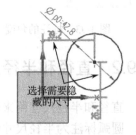

图 3-99　直径文本框　　　　图 3-100　绘图区效果　　　　图 3-101　选择所要隐藏的尺寸

2．半径尺寸

08 单击"菜单栏"中的"撤消"按钮，单击撤消按钮，即取消所绘制的圆及标注的直径。

09 单击"曲线"功能区"直接草图"选项组中的"圆弧"按钮，系统打开"圆弧"对话框，在绘图区域中绘制出如图 3-103 所示的圆弧。

10 单击"曲线"功能区"直接草图"选项组中的"半径尺寸"按钮，此时弹出"半径尺寸"对话框，然后单击如图 3-104 所示的圆弧，单击鼠标确定，此时绘图区如图 3-105 所示。

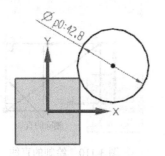

图 3-102　直径标注

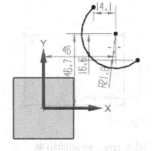

图 3-103　绘制的圆弧

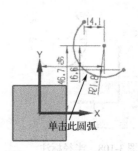

单击此圆弧

图 3-104　单击选择对象

11 单击"半径尺寸"对话框中的"关闭"按钮，此时绘图区中的效果如图 3-106 所示。

12 选择"工具栏"中的"隐藏"选项，系统打开"类选择"对话框。

13 单击如图 3-107 所示的需要隐藏的尺寸，然后单击"类选择"对话框中的"确定"按钮，此时绘图区中的效果如图 3-108 所示。

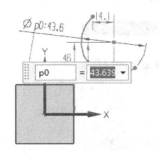

图 3-105　圆弧文本框

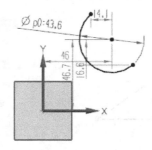

图 3-106　绘图区效果

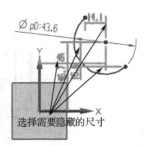

选择需要隐藏的尺寸

图 3-107　选择所要隐藏的尺寸

3.9.3　周长尺寸

周长尺寸约束用来创建所选草图对象的周长约束，以控制选定直线和圆弧的总长度。

操作步骤

01 单击"主页"功能区中的"直接草图"中的"草图"按钮，系统弹出"创建草图"对话框。

02 单击"创建草图"对话框中的"确定"按钮，系统进入草绘设计环境。

03 单击"曲线"功能区"直接草图"选项组中的"矩形"按钮，系统打开"矩形"对话框，在绘图区域中绘制出如图 3-109 所示的矩形。

04 单击"曲线"功能区"直接草图"选项组中的"直线"按钮，系统打开"直线"对话框，在绘图区域中绘制出如图 3-110 所示的直线。

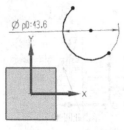

图 3-108　半径标注

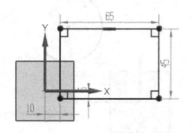

图 3-109　绘制的矩形

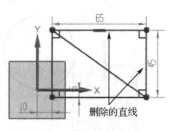

图 3-110　绘制的直线

05 单击"草图工具"工具栏中的"快速修剪"按钮 ，系统打开"快速修剪"对话框。

06 在绘图区域中删除如图 3-110 所示的直线，删除后的效果如图 3-111 所示。

07 单击"曲线"功能区中的"直接草图"中的"周长尺寸"按钮 ，此时弹出如图 3-112 所示的"周长尺寸"对话框，然后单击如图 3-113 所示的直线，此时"周长尺寸"对话框中的"尺寸"选项组中所显示的周长尺寸如图 3-114 所示。

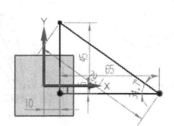

图 3-111　删除后的效果

图 3-112　"周长尺寸"对话框

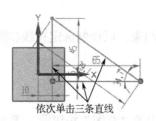

依次单击三条直线

图 3-113　选择的对象

图 3-114　标注的周长尺寸

本章小结

草图的编辑与约束在绘制二维图形时经常使用到。草图的编辑主要包括：偏置曲线、阵列曲线、镜像曲线、派生直线、快速修剪、快速延伸、制作拐角等。草图的约束主要包括：几何约束、自动约束、自动判断约束和尺寸、备选解及自动判断尺寸。另外还介绍了尺寸的标注方法，主要包括：水平和竖直尺寸、平行和垂直尺寸、角度尺寸、直径和半径尺寸、周长尺寸等。

第 4 章 创建空间曲线

Chapter

04

创建空间曲线

空间曲线是曲面设计和实体设计的一个重要基础，而特征的创建有时需要用到相关空间曲线的知识。

基本的空间曲线包括直线、圆弧/圆、直线和圆弧、螺旋线和艺术样条等。其中读者要熟悉"直线和圆弧"命令集的相关命令。来自实体的曲线有求交曲线、截面曲线、抽取曲线、抽取虚拟曲线和等参数曲线。

学习重点

☑ 绘制直线

☑ 绘制圆弧/圆

☑ 绘制直线和圆弧

☑ 绘制螺旋线

☑ 绘制艺术样条

☑ 绘制求交曲线

☑ 绘制截面曲线

☑ 绘制抽取曲线

☑ 绘制抽取虚拟曲线

☑ 绘制等参数曲线

4.1 绘制直线

空间曲线的绘制，包括基本曲线的绘制，下面将具体地介绍绘制基本空间曲线的方法。选择"菜单"→"插入"→"曲线"级联菜单来绘制基本曲线，如图 4-1 所示。

选择"菜单"→"插入"→"曲线"→"直线"命令，除了可以在平面草图中创建直线外，还可以直接在设计环境中创建一条直线。下面将讲述在设计环境中绘制直线的操作方法。

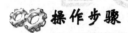 **操作步骤**

01 打开文件。单击"主页"功能区中的"打开"按钮🗁，系统弹出"打开"对话框。

02 在"打开"对话框中选定文件名为"4-1"，然后单击"OK"按钮，或者双击所选定的文件，即打开所选文件，如图 4-2 所示。

图 4-1 "菜单"→"插入"→"曲线"级联菜单　　　图 4-2 原始文件

03 选择"菜单"→"插入"→"曲线"→"直线"命令，系统弹出如图 4-3 所示的"直线"对话框。

系统提示：指定起点、定义第一约束，或者选择成一角度的直线。

04 选择"起点"选项组中的"起点选项"中的"点"选项，接着选择如图 4-4 所示的参考定义起点。

此时系统提示：指定终点、定义第二约束或选择成一角度的直线。

05 选择"终点或方向"选项组中的"终点选项"中的"点"选项，接着选择如图 4-5 所示的参考定义起点。

选择起点参考

选择终点参考

图 4-3　"直线"对话框　　　　　图 4-4　选择起点参考　　　图 4-5　选择终点参考

 专家提示： 在选择"起点"或"终点或方向"时，可以单击选项组中的"点"对话框按钮 ，弹出如图 4-6 所示的"点"对话框，通过"点"对话框来指定直线的起点或终点。

06 选择"支持平面"选项组中的"平面选项"中的"自动平面"选项，选择"限制"选项组中的"起始限制"中的"在点上"选项，选择"终止限制"中的"在点上"选项，其设置参数如图 4-7 所示，其生成的直线预览如图 4-8 所示。

图 4-6　"点"对话框　　　　　　图 4-7　设置其他选项

07 单击"直线"对话框中的"确定"按钮，即生成直线特征，如图 4-9 所示。

图 4-8 生成的直线预览

图 4-9 生成的直线特征

4.2 绘制圆弧/圆

选择"菜单"→"插入"→"曲线"→"圆弧/圆"命令，除了可以在平面草图中创建圆弧/圆外，还可以直接在设计环境中创建圆弧/圆。下面将讲述在设计环境中绘制圆弧/圆的操作方法。

操作步骤

01 选择"菜单"→"插入"→"曲线"→"圆弧/圆"命令，系统弹出如图 4-10 所示的"圆弧/圆"对话框。此时系统提示为指定起点或定义第一约束。

02 单击绘图区中任意一点，此时绘图区中的指定起点预览如图 4-11 所示。此时系统提示为指定终点或定义第二约束。

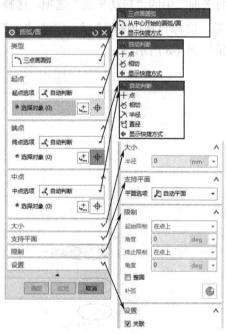

图 4-10 "圆弧/圆"对话框

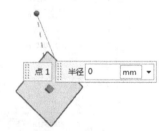

图 4-11 指定起点的预览

03 单击绘图区中任意一点，此时绘图区中的指定终点预览如图 4-12 所示。此时系统提示为指定终点或定义第二约束。

04 单击绘图区中任意一点，此时绘图区中的指定中点预览如图 4-13 所示。此时系统提示为指定中点位置。

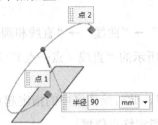

图 4-12 指定终点的预览

图 4-13 指定中点的预览

05 选择坐标文本框中的 "XC"、"YC"、"ZC" 选项，其修改中点参数如图 4-14 所示。

06 单击 "圆弧/圆" 对话框中的 "确定" 按钮，即生成圆弧特征，如图 4-15 所示。

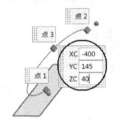

图 4-14 修改中点参数

图 4-15 生成的圆弧

4.3 绘制直线和圆弧

选择 "菜单" → "插入" → "曲线" → "直线和圆弧" 命令，如图 4-16 所示。除了可以在平面草图中创建直线和圆弧外，还可以直接在设计环境中创建直线和圆弧。下面将讲述在设计环境中绘制直线和圆弧的操作方法。

图 4-16 "插入" → "曲线" → "直线和圆弧" 级联菜单

操作步骤

01 选择"菜单"→"插入"→"曲线"→"直线和圆弧"→"直线"命令，系统弹出如图 4-17 所示的"直线（点—点）"对话框，此时系统提示为指定起点位置。

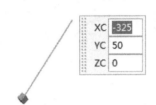

图 4-17 "直线（点—点）"对话框

02 单击绘图区中任意一点，此时绘图区中的指定起点的预览如图 4-18 所示。此时系统提示为指定终点位置。

03 单击绘图区中任意一点，此时绘图区中的指定终点的预览如图 4-19 所示。此时完成直线的绘制，完成后的效果如图 4-20 所示。

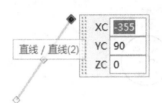

图 4-18　指定起点的预览　　　　图 4-19　指定终点的预览　　　图 4-20　绘制的直线

其他绘制直线、圆弧或者圆的方法这里就不再详细叙述，请读者自行体会。

4.4　绘制螺旋线

选择"菜单"→"插入"→"曲线"→"螺旋线"命令，除了可以在平面草图中创建螺旋线外，还可以直接在设计环境中创建螺旋线。下面将讲述在设计环境中绘制螺旋线的操作方法。

操作步骤

01 选择"菜单"→"插入"→"曲线"→"螺旋线"命令，系统弹出如图 4-21 所示的"螺旋线"对话框。

02 选择"螺旋线"对话框中的"类型"选项组中的"沿矢量"选项，选择"方位"选项组中的"指定 CSYS"选项组中的下拉菜单后的"原点，X 点，Y 点"按钮，然后单击"CSYS"对话框按钮，此时弹出如图 4-22 所示的"CSYS"对话框。

03 选择"CSYS"对话框中的"原点"选项组中的"指定点"按钮，此时弹出"点"对话框（一），设置各个参数如图 4-23 所示。

04 单击"点"对话框中的"确定"按钮，选择"CSYS"对话框中的"X 轴点"选项组中的"指定点"按钮，此时弹出"点"对话框（二），设置各个参数如图 4-24 所示。

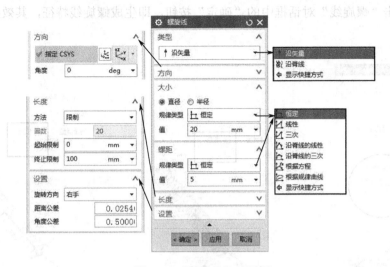

图 4-21　"螺旋线"对话框

图 4-22　"CSYS"对话框　　图 4-23　"点"对话框（一）　　图 4-24　"点"对话框（二）

05 单击"点"对话框中的"确定"按钮，选择"CSYS"对话框中的"Y 轴点"选项组中的"指定点"按钮，此时弹出"点"对话框，设置各个参数如图 4-25 所示。

06 单击"点"对话框中的"确定"按钮，返回"CSYS"对话框，单击"CSYS"对话框中的"确定"按钮。

07 选择"螺旋线"对话框中的"大小"选项组中的"直径"选项，其"规律类型"为"恒定"选项，设置的值为 25，如图 4-26 所示。

08 选择"螺旋线"对话框中的"螺距"选项组中的"规律类型"为"恒定"选项，设置的值为 8，如图 4-27 所示。

09 选择"螺旋线"对话框中的"长度"选项组中的"方法"为"限制"选项，设置起始限制的值为 0，终止限制的值为 200，如图 4-28 所示。

10 选择"螺旋线"对话框中的"设置"选项组中的"旋转方向"为"右手"选项，预览效果如图 4-29 所示。

11 单击"螺旋线"对话框中的"确定"按钮，即生成螺旋线特征，其效果如图 4-30 所示。

图 4-25 "点"对话框

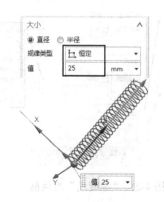

图 4-26 设置"大小"选项

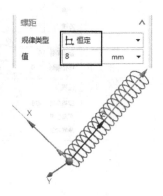

图 4-27 设置"螺距"选项

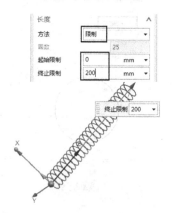

图 4-28 设置"长度"选项

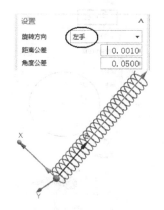

图 4-29 设置"螺距"选项

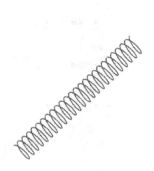

图 4-30 生成的螺旋线

4.5 绘制艺术样条

选择"菜单"→"插入"→"曲线"→"艺术样条"命令，除了可以在平面草图中创建艺术样条外，还可以直接在设计环境中创建艺术样条。下面将讲述在设计环境中绘制艺术样条的操作方法。

操作步骤

01 单击"曲线"功能区"曲线"选项组中的"艺术样条"按钮 ，或者选择"菜单"→"插入"→"曲线"→"艺术样条"命令，系统弹出如图 4-31 所示的"艺术样条"对话框。

02 选择"艺术样条"对话框中的"类型"选项组中的"通过点"选项，然后单击图中的一点，此时绘图区如图 4-32 所示。

03 接着单击图中的一点，此时绘图区如图 4-33 所示，接着单击图中的另外一点，此时绘图区如图 4-34 所示。

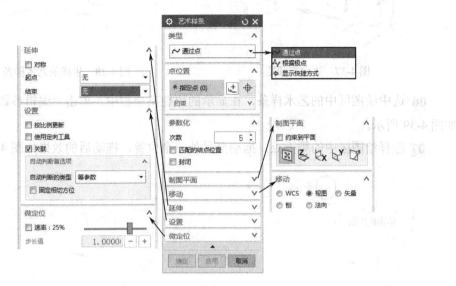

图 4-31 "艺术样条"对话框

  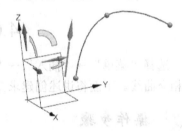

图 4-32 单击一点预览　　　　图 4-33 第二点预览　　　　图 4-34 第三点预览

04 接着单击图中的一点，此时绘图区如图 4-35 所示，接着单击图中的另外一点，此时绘图区如图 4-36 所示。

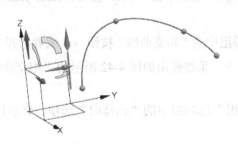 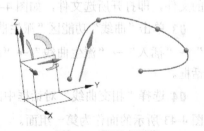

图 4-35 第四点预览　　　　　　　图 4-36 第五点预览

05 接着单击图中的一点，此时绘图区如图 4-37 所示，单击"艺术样条"对话框中的"确定"按钮，生成艺术样条，如图 4-38 所示。

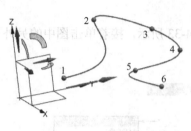

图 4-37　第六点预览

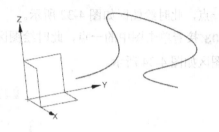

图 4-38　生成的艺术样条

06 选中绘图区中的艺术样条，在显示的快捷菜单栏中，单击"编辑参数"按钮![button]，如图 4-39 所示。

07 选择绘图区中的第五点，拖动至另外一个位置，拖动后的效果如图 4-40 所示。

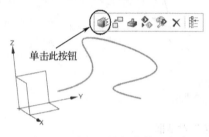

图 4-39　选择"编辑参数"命令

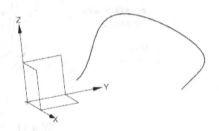

图 4-40　修改艺术样条

4.6　绘制求交曲线

选择"菜单"→"插入"→"派生曲线"→"相交"命令，可以创建两个对象集之间的相交曲线。下面将讲述创建求交曲线的操作方法。

操作步骤

01 打开文件。单击"主页"功能区中的"打开"按钮![button]，系统弹出"打开"对话框。

02 在"打开"对话框中选定文件名为"qj"，然后单击"OK"按钮，或者双击所选定的文件，即打开所选文件，如图 4-41 所示。

03 单击"曲线"功能区"派生曲线"选项组中的"相交曲线"按钮![button]，或者选择"菜单"→"插入"→"派生曲线"→"相交"命令，系统弹出如图 4-42 所示的"相交曲线"对话框。

04 选择"相交曲线"对话框中的"第一组"选项组中的"选择面"选项，然后选择如图 4-43 所示的面作为第一组面。

05 选择"相交曲线"对话框中的"第二组"选项组中的"选择面"选项，然后选择如图 4-44 所示的面作为第二组面。

06 选择"设置"选项组，确定"关联"复选框的状态，在"高级曲线拟合"下拉列表框中选择所需要的一种拟合选项，并设置相关值，如图 4-45 所示。

07 单击"相交曲线"对话框中的"确定"按钮，完成的相交曲线如图 4-46 所示。

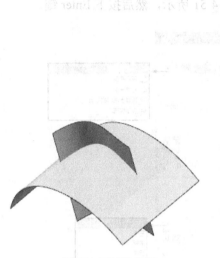

图 4-41　原始文件

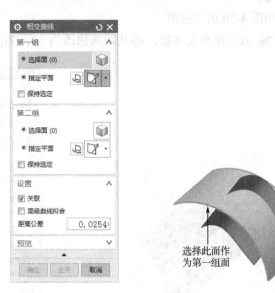

图 4-42　"相交曲线"对话框

选择此面作为第一组面

图 4-43　选择第一组面

选择此面作为第二组面

图 4-44　选择第二组面

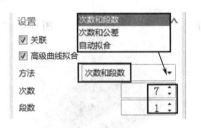

图 4-45　"设置"选项组

创建的相交曲线

图 4-46　创建的相交曲线

4.7　绘制截面曲线

选择"菜单"→"插入"→"派生曲线"→"截面"命令，可以通过将平面与体、面或曲线相交来创建曲线，下面将讲述创建截面曲线的操作方法。

操作步骤

01 打开文件。单击"主页"功能区中的"打开"按钮，系统弹出"打开"对话框。

02 在"打开"对话框中选定文件名为"jm"，然后单击"OK"按钮，或者双击所选定的文件，即打开所选文件，如图 4-47 所示。

03 单击"曲线"功能区"派生曲线"选项组中的"截面"按钮，或者选择"菜单"→"插入"→"派生曲线"→"截面"命令，系统弹出如图 4-48 所示的"截面曲线"对话框。

04 选择"截面曲线"对话框中的"类型"选项组中的"选定的平面"选项，选择"要剖切的对象"选项组中的"选择对象"选项，然后选择如图 4-49 所示的面作为选择对象。

05 选择"截面曲线"对话框中的"剖切平面"选项组中的"指定平面"选项，然后选择如图 4-50 所示的面。

06 双击距离文本框，将其距离修改为 30，如图 4-51 所示，然后按下 Enter 键。

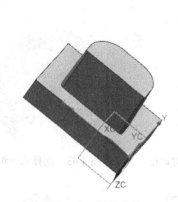

图 4-47　原始文件　　　　　　　　　　　图 4-48　"截面曲线"对话框

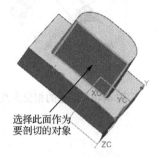

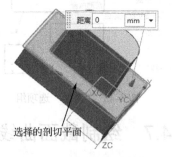

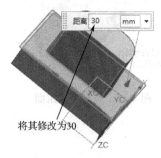

图 4-49　选择要剖切的对象　　　　图 4-50　选择此面作为参考　　　　图 4-51　修改距离

07 选择"设置"选项组，确定"关联"复选框的状态，在"高级曲线拟合"下拉列表框中选择所需要的一种拟合选项，并设置相关值，如图 4-52 所示。

08 单击"截面曲线"对话框中的"确定"按钮，创建的截面曲线如图 4-53 所示。

图 4-52　"设置"选项组　　　　　　　图 4-53　创建的截面曲线

4.8 绘制抽取曲线

选择"菜单"→"插入"→"派生曲线"→"抽取"命令，可以选择边曲线、轮廓曲线、完全在工作视图中、等斜度曲线、阴影轮廓和精确轮廓等来创建曲线。下面将讲述创建抽取曲线的操作方法。

操作步骤

01 打开文件。单击"主页"功能区中的"打开"按钮，系统弹出"打开"对话框。

02 在"打开"对话框中选定文件名为"cq"，然后单击"OK"按钮，或者双击所选定的文件，即打开所选文件，如图 4-54 所示。

03 选择"菜单"→"插入"→"派生曲线"→"抽取"命令，系统弹出如图 4-55 所示的"抽取曲线"对话框。

04 单击"抽取曲线"对话框中的"边曲线"按钮，打开如图 4-56 所示的"单边曲线"对话框，然后单击实体的上边曲线作为抽取的曲线。

05 选择完实体的上边曲线后，单击"单边曲线"对话框的"确定"按钮，系统返回"抽取曲线"对话框。

06 单击"抽取曲线"对话框中的"取消"按钮，系统生成抽取曲线，如图 4-57 所示。

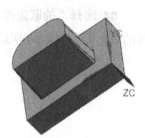

图 4-54 原始文件

图 4-55 "抽取曲线"对话框

图 4-56 "单边曲线"对话框

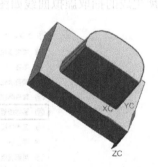

图 4-57 生成的抽取曲线

4.9 绘制抽取虚拟曲线

选择"菜单"→"插入"→"派生曲线"→"抽取虚拟曲线"命令，可以选择边曲线、轮廓曲线、完全在工作视图中、等斜度曲线、阴影轮廓和精确轮廓等来创建曲线，下面将讲述创建抽取虚拟曲线的操作方法。

操作步骤

01 打开文件。单击"主页"功能区中的"打开"按钮，系统弹出"打开"对话框。

02 在"打开"对话框中选定文件名为"cqxn"，然后单击"OK"按钮，或者双击所选定的文件，即打开所选文件，如图4-58所示。

03 选择"菜单"→"插入"→"派生曲线"→"抽取虚拟曲线"命令，系统弹出如图4-59所示的"抽取虚拟曲线"对话框。

04 选择"抽取虚拟曲线"对话框中的"类型"选项组中的"倒圆中心线"选项，选择的圆角面如图4-60所示。

图4-58　原始文件　　　　　图4-59　"抽取虚拟曲线"对话框　　　图4-60　选择的圆角面对象

05 单击"抽取虚拟曲线"对话框中的"确定"按钮，即生成抽取虚拟曲线。

06 选择工具栏中的"模型显示"选项中的"静态线框"选项，如图4-61所示。此时所生成的抽取虚拟曲线如图4-62所示。

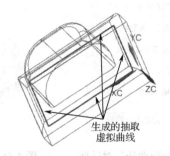

图4-61　选择的模型显示　　　　　图4-62　生成的抽取虚拟曲线

4.10　绘制等参数曲线

选择"菜单"→"插入"→"派生曲线"→"等参数曲线"命令，可以选择边曲线、轮廓曲线、完全在工作视图中、等斜度曲线、阴影轮廓和精确轮廓等来创建曲线。下面将讲述创建等参数曲线的操作方法。

操作步骤

01 打开文件。单击"主页"功能区中的"打开"按钮，系统弹出"打开"对话框。

02 在"打开"对话框中选定文件名为"cq"，然后单击"OK"按钮，或者双击所选定的文件，即打开所选文件，如图 4-63 所示。

03 单击"曲线"功能区"派生曲线"选项组中的"等参数曲线"按钮，或者选择"菜单"→"插入"→"派生曲线"→"等参数曲线"命令，系统弹出如图 4-64 所示的"等参数曲线"对话框。

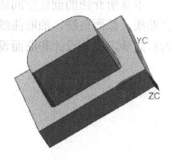

图 4-63　原始文件

图 4-64　"等参数曲线"对话框

图 4-65　"等参数曲线"选项设置

04 选择"等参数曲线"对话框中的"等参数曲线"选项组中的"方向"选项为 U，"位置"选项为均匀，"数量"选项为 5，设置的参数如图 4-65 所示，选择的面如图 4-66 所示。

05 单击"抽取虚拟曲线"对话框中的"确定"按钮，即生成等参数曲线，如图 4-67 所示。

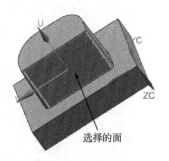

图 4-66　选择的面

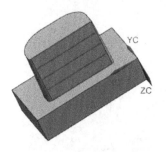

图 4-67　生成的等参数曲线

本章小结

　　本书第 2 章中介绍了如何在草图平面中绘制平面曲线，而这一章则介绍如何在空间中创建 3D 曲线特征。

　　本章所介绍的创建空间曲线包括直线、圆弧/圆、直线和圆弧、螺旋线、艺术样条、求交曲线、截面曲线、抽取曲线、抽取虚拟曲线，以及等参数曲线等。通过对本章的学习，为后面学习实体设计和曲面设计打下了扎实的基础。

第二篇

进 阶 篇

第 5 章 实体特征设计

Chapter
05
实体特征设计

在 NX 10.0 中，系统提供了强大的实体建模功能。所谓建模就是基于特征和约束建模技术的一种复合建模技术，它具有参数化设计和编辑复杂视图模型的能力。

本章从介绍实体建模特征概述入手，接着介绍如何创建长方体、圆柱体、圆锥体/圆台、球体、扫掠、管道、键槽、拉伸、旋转、孔、凸台、腔体、垫块、凸起、螺纹等特征。

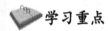 **学习重点**

实体建模特征概述

☑ 创建长方体特征

☑ 创建圆柱体特征

☑ 创建圆锥体/圆台特征

☑ 创建球体特征

☑ 创建扫掠特征

☑ 创建管道特征

创建键槽特征

☑ 创建拉伸特征

☑ 创建旋转特征

☑ 创建孔特征

☑ 创建凸台特征

☑ 创建腔体特征

☑ 创建垫块特征

☑ 创建凸起特征

5.1 实体建模特征概述

下面将介绍实体建模的相关操作命令。

NX 10.0 提供了实体建模的操作命令，可以单击"主页"功能区中的"特征"面板中命令，来进行实体建模，如果在"特征"面板中没有相关命令，可以单击"特征"面板下的"下拉"菜单，在弹出的"特征"下拉选项中，选择"设计特征下拉菜单"，系统显示各个命令，勾选需要添加的命令，即可在"特征"工具栏面板中添加其命令，如图 5-1 所示。

另外，可以通过选择"菜单"→"插入"→"设计特征"级联菜单，如图 5-2 所示，即可选择设计特征的相关命令。

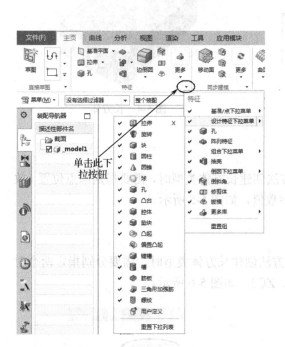

图 5-1 "特征"→"设计特征下拉菜单"选项　图 5-2 "菜单"→"插入"→"设计特征"级联菜单

5.2 创建长方体特征

创建长方体之前，应该确定这些体素特征的类型、尺寸、空间方向和位置这些参数。下面将具体讲解创建长方体的方法。

1. 原点和边长

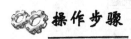

01 单击"主页"功能区中的"特征"工具栏中的"块"按钮，系统弹出如图 5-3 所示的"块"对话框。

02 在"类型"选项中选择"原点和边长"选项组,在"尺寸"选项组中分别输入长度、宽度、高度参数值,如图 5-3 所示。

03 单击"块"对话框中的"确定"按钮,即完成长方体的创建,如图 5-4 所示。

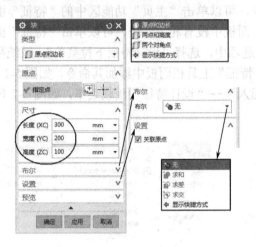

图 5-3 "块"对话框

图 5-4 长方体

2. 两点和高度

选择"两点和高度"类型的时候,以此方法创建长方体类型时,需要指定原点位置(放置基准),并在"尺寸"选项组中设置高度参数值,如图 5-5 所示。

3. 两个对角点

选择"两个对角点"类型的时候,以此方法创建长方体类型时,需要分别指定两个对角点,即原点和从原点出发的点(XC、YC、ZC),如图 5-6 所示。

图 5-5 选择"两点和高度"创建类型

图 5-6 选择"两个对角点"创建类型

5.3　创建圆柱体特征

下面将具体讲解创建圆柱体的方法。

1. 轴、直径和高度

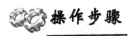

01 单击"主页"功能区中的"特征"工具栏中的"圆柱体"按钮 ▯，系统弹出如图 5-7 所示的"圆柱"对话框。

02 选择"类型"选项组中的"轴、直径和高度"选项，通过指定轴（包括指定轴矢量方向和确定原点位置），并在"尺寸"选项组中分别输入直径和高度参数值，如图 5-7 所示。

03 单击"圆柱"对话框中的"确定"按钮，即完成圆柱体的创建，如图 5-8 所示。

2. 圆弧和高度

选择"圆弧和高度"类型的时候，以此方法创建圆柱体类型时，需要分别指定圆弧、圆（定义圆柱体直径）以及设置高度参数值，如图 5-9 所示。

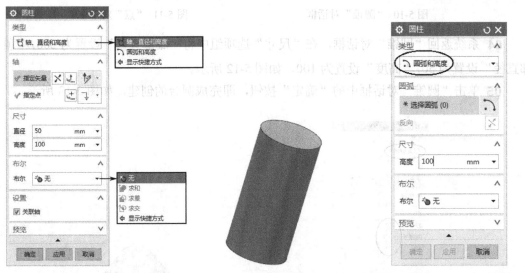

图 5-7　"圆柱"对话框　　　　图 5-8　圆柱体　　图 5-9　选择"圆弧和高度"创建类型

5.4　创建圆锥体/圆台特征

下面将具体讲解创建圆锥体/圆台的方法。

01 单击"主页"功能区中的"特征"工具栏中的"圆锥"按钮 △，系统弹出如图 5-10

所示的"圆锥"对话框。

02 在"类型"选项中选择"直径和高度"选项组，选择 Z 轴定义矢量，接着在"轴"选项组中单击位于"指定点"右侧的"点对话框"按钮 。

03 系统弹出"点"对话框，设置如图 5-11 所示，然后单击"确定"按钮。

图 5-10 "圆锥"对话框　　　　　　　　　图 5-11 "点"对话框

04 系统返回"圆锥"对话框，在"尺寸"选项组中将"底部直径"设置为 200，"顶部直径"设置为 50，"高度"设置为 100，如图 5-12 所示。

05 单击"圆锥"对话框中的"确定"按钮，即完成圆台的创建，如图 5-13 所示。

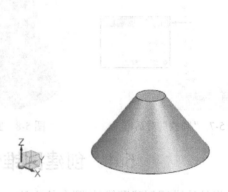

图 5-12 "圆锥"对话框　　　　　　　　　图 5-13 创建的圆台

5.5 创建球体特征

下面将具体讲解创建球体的方法。

1．中心点和直径

操作步骤

01 单击"主页"功能区中的"特征"工具栏中的"球"按钮⚪，系统弹出如图 5-14 所示的"球"对话框。

02 在"尺寸"选项组中分别输入直径参数值，如图 5-14 所示。

03 单击"球"对话框中的"确定"按钮，即完成球的创建，如图 5-15 所示。

2．圆弧

选择"圆弧"类型时候，以此方法创建球类型时，需要通过选择圆弧来创建球体，如图 5-16 所示。

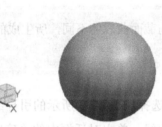

图 5-14　"球"对话框（一）　　　图 5-15　绘制的球　　　图 5-16　"球"对话框（二）

5.6　创建扫掠特征

5.6.1　扫掠

下面将具体讲解创建扫掠的方法。

操作步骤

01 打开文件。单击"主页"功能区中的"打开"按钮🗁，系统弹出"打开"对话框。

02 在"打开"对话框中选定文件名为"sq"，然后单击"OK"按钮，或者双击所选定的文件，即打开所选文件，如图 5-17 所示。

03 单击"主页"功能区中的"曲面"工具栏中的"扫掠"按钮🎨，系统弹出如图 5-18 所示的"扫掠"对话框。

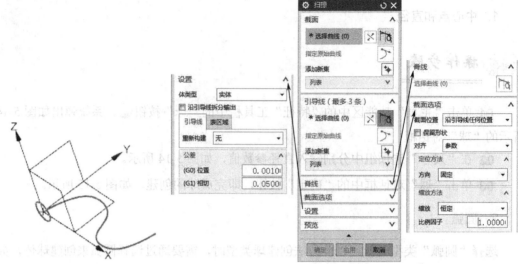

图 5-17　源文件　　　　　　　　　　图 5-18　"扫掠"对话框

04 在"引导线"选项中选择如图 5-19 所示的引导线，接着在"截面曲线"选项组中选择如图 5-19 所示的截面曲线，单击对话框中的"确定"按钮，生成的扫掠特征，如图 5-19 所示。

　专家提示： 引导线与截面曲线的不同，所生成的扫掠特征将不一样，下面将介绍其特征。

05 在"引导线"选项中选择如图 5-20 所示的引导线，接着在"截面曲线"选项组中选择如图 5-20 所示的截面曲线，单击对话框中的"确定"按钮，生成的扫掠特征，如图 5-20 所示。

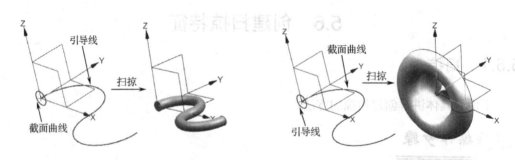

图 5-19　创建扫掠特征（一）　　　　　图 5-20　创建扫掠特征（二）

　提示

引导线的方向不同，所生成的扫掠特征将不一样，下面将介绍其特征。

06 在"引导线"选项中选择如图 5-21 所示的引导线，接着在"截面曲线"选项组中选择如图 5-21 所示的截面曲线，单击对话框中的"应用"按钮，系统预览的扫掠特征如图 5-21 所示，单击对话框中的"引导线"选项下的"选择曲线"后的"方向"按钮 ✕，然后单击"应用"按钮，系统预览的扫掠特征如图 5-21 所示。

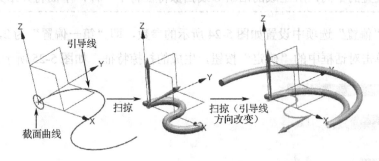

图 5-21 扫掠特征预览

5.6.2 沿引导线扫掠

可以通过沿着引导线扫掠截面来创建实体或者曲面片体。
下面将具体讲解创建沿引导线扫掠的方法。

操作步骤

01 打开文件。单击"主页"功能区中的"打开"按钮 🖱，系统弹出"打开"对话框。

02 在"打开"对话框中选定文件名为"sq"，然后单击"OK"按钮，或者双击所选定的文件，即打开所选文件，如图 5-17 所示。

03 单击"主页"功能区中的"曲面"工具栏中的"沿引导线扫掠"按钮 ，系统弹出如图 5-22 所示的"沿引导线扫掠"对话框。

04 在"引导线"选项中选择如图 5-23 所示的引导线，接着在"截面曲线"选项组中选择如图 5-23 所示的截面曲线，单击对话框中的"确定"按钮，生成的扫掠特征，如图 5-23 所示。

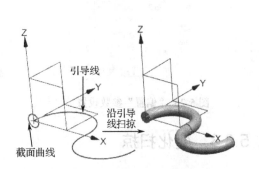

图 5-22 "沿引导线扫掠"对话框   图 5-23 创建沿引导线扫掠特征

提示

偏置设置的不同，所生成的沿引导线扫掠特征将不一样，下面将介绍其特征。

05 在"偏置"选项中设置如图 5-24 所示的参数，即"第一偏置"为 2，"第二偏置"为 0，然后单击对话框中的"确定"按钮，生成的扫掠特征，如图 5-25 所示。

图 5-24 "偏置"参数设置

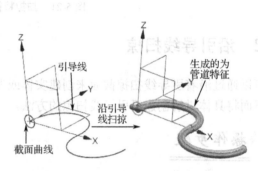

图 5-25 创建沿引导线扫掠特征

06 在"偏置"选项中设置如图 5-26 所示的参数，即"第一偏置"为 0，"第二偏置"为 4，然后单击"扫掠"对话框中的"确定"按钮，系统生成扫掠特征如图 5-27 所示。

图 5-26 "偏置"参数设置

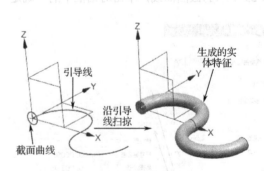

图 5-27 创建沿引导线扫掠特征

5.6.3 变化扫掠

下面将介绍如何创建"变化的扫掠"特征。

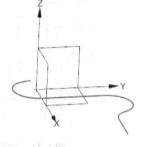

图 5-28 源文件

操作步骤

01 打开文件。单击"主页"功能区中的"打开"按钮![icon]，系统弹出"打开"对话框。

02 在"打开"对话框中选定文件名为"bhsq"，然后单击"OK"按钮，或者双击所选定的文件，即打开所选文件，如图 5-28 所示。

03 单击"主页"功能区中的"曲面"工具栏中的"变化扫掠"按钮![icon]，系统弹出如图 5-29 所示的"变化扫掠"对话框。

04 单击对话框中"截面"选项组中的"绘制截面"按钮![icon]，此时系统弹出"创建草图"对话框，选择图中的曲线。

05 在"平面位置"选项组中的"位置"下拉菜单中选择"弧长"选项，在"弧长"文本框中输入"0"，"平面方位"选项组选择为"垂直于路径"，"草图方向"选项采用默认的设置，如图 5-30 所示。

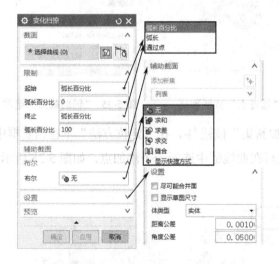

图 5-29 "变化扫掠"对话框

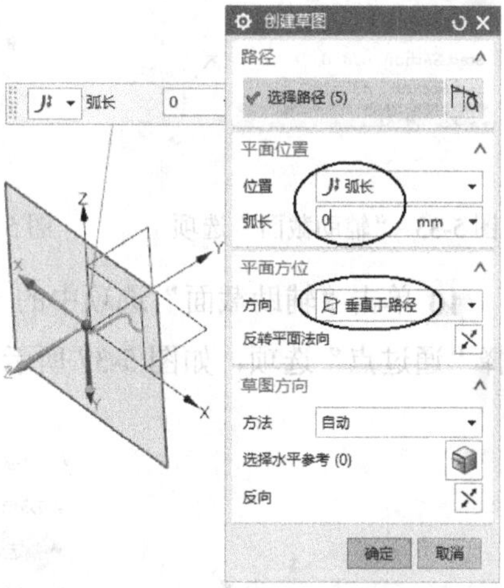

图 5-30 "创建草图"对话框

06 单击"创建草图"对话框中的"确定"按钮，系统出现草绘界面，绘制如图 5-31 所示的矩形，矩形的大小为 20×14，并标注其尺寸。

07 单击"工具栏"中的"完成草图"按钮![icon]，此时"变化扫掠"对话框和预览特征如图 5-32 所示，其"设置"选项组选择"显示草图尺寸"选项，"体类型"选择"实体"选项。

08 展开"变化扫掠"对话框中的"辅助截面"选项组，单击"添加新集"按钮![icon]，在"定位方法"下拉列表框中选择"通过点"选项，如图 5-33 所示，然后在曲线链中选择一个添加点，如图 5-34 所示。

09 单击"辅助截面"选项中的"添加新集"按钮![icon]，在"定位方法"下拉列表框中选择"通过点"选项，如图 5-35 所示，然后在曲线链中选择一个添加点，如图 5-36 所示。

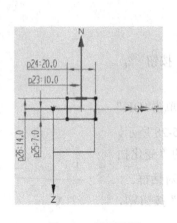

图 5-31　绘制矩形　　　　　　　　　图 5-32　"变化扫掠"对话框和预览特征

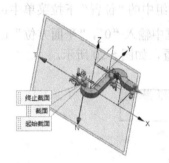

图 5-33　"辅助截面"选项　　　　图 5-34　"通过点"特征预览　　　　图 5-35　"辅助截面"选项

10 单击"辅助截面"选项中的"添加新集"按钮 ，在"定位方法"下拉列表框中选择"通过点"选项，如图 5-37 所示，然后在曲线链中选择一个添加点，如图 5-38 所示。

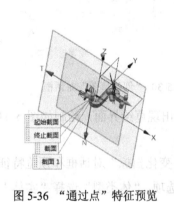

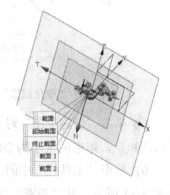

图 5-36　"通过点"特征预览　　　　图 5-37　"辅助截面"选项　　　　图 5-38　"通过点"特征预览

11 选择"辅助截面"选项中的"Section1"选项，在"定位方法"下拉列表框中选择"弧长"选项，此时图中点的尺寸以蓝色表示，然后双击该截面要修改的尺寸，如图 5-39 所示。

12 单击"下拉"按钮 ，接着从打开的菜单中选择"设为常量"选项，如图 5-40 所示。

13 此时尺寸选项框为可以修改选项，将该尺寸弧长百分比修改为 30，如图 5-41 所示。

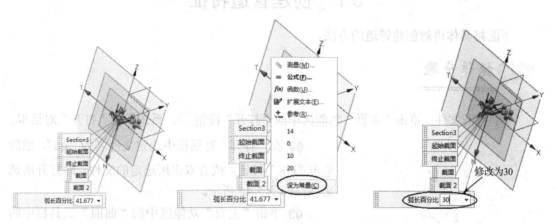

图 5-39 选择要修改的尺寸　　图 5-40 选择"设为常量"选项　　图 5-41 修改的尺寸（一）

14 按照同样的操作方法修改截面 1 的另外一个长度尺寸，将该弧长百分比修改为 20，如图 5-42 所示。

15 按照同样的方法修改截面 2 的尺寸，将弧长百分比为 20 的尺寸不变，将弧长百分比为 14 的尺寸修改为 8，如图 5-43 所示。

16 按照同样的方法修改截面 3 的尺寸，将弧长百分比为 20 的尺寸修改为 30，将弧长百分比为 14 的尺寸修改为 18，如图 5-44 所示。

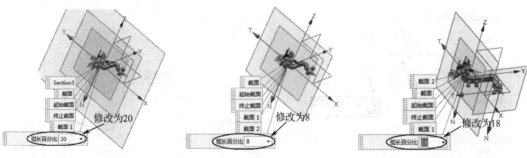

图 5-42 修改的尺寸（二）　　图 5-43 修改的尺寸（三）　　图 5-44 修改的尺寸（四）

17 单击"变化扫掠"对话框中的"确定"按钮，生成的变化扫掠特征，如图 5-45 所示。

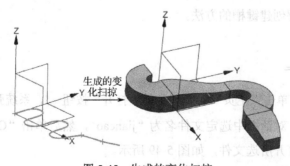

图 5-45 生成的变化扫掠

5.7 创建管道特征

下面将具体讲解创建管道的方法。

操作步骤

01 打开文件。单击"主页"功能区中的"打开"按钮，系统弹出"打开"对话框。

02 在"打开"对话框中选定文件名为"gd"，然后单击"OK"按钮，或者双击所选定的文件，即打开所选文件，如图 5-46 所示。

03 单击"主页"功能区中的"曲面"工具栏中的"管道"按钮，系统弹出如图 5-47 所示的"管道"对话框。

图 5-46 源文件

04 在"路径"选项中选择如图 5-48 所示的路径曲线，接着在"横截面"选项组中分别设置外径和内径尺寸，在"设置"选项组中设置"输出"选项和"公差"。

05 单击"管道"对话框中的"确定"按钮，生成的管道特征，如图 5-48 所示。

图 5-47 "管道"对话框

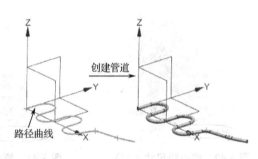

图 5-48 创建管道

5.8 创建键槽特征

下面将具体讲解创建键槽的方法。

操作步骤

01 打开文件。单击"主页"功能区中的"打开"按钮，系统弹出"打开"对话框。

02 在"打开"对话框中选定文件名为"jiancao"，然后单击"OK"按钮，或者双击所选定的文件，即打开所选文件，如图 5-49 所示。

03 创建基准平面。

创建基准平面详见第 2 章 2.2 基准特征的创建。

其"基准平面"对话框的设置参数如图 5-50 所示，选择的相切面如图 5-51 所示，最后生成的基准平面如图 5-52 所示。

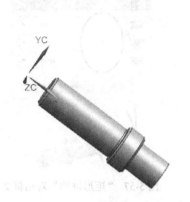

选择的参考面

图 5-49　源文件　　　　图 5-50　"基准平面"对话框　　　图 5-51　选择的参考面

04 单击"主页"功能区中的"特征"工具栏中的"键槽"按钮 ，系统弹出如图 5-53 所示的"键槽"对话框。

05 单击"键槽"对话框中的"确定"按钮，系统弹出如图 5-54 所示的"矩形键槽"对话框 1。

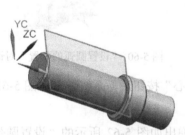

图 5-52　生成的基准平面　　　图 5-53　"键槽"对话框　　图 5-54　"矩形键槽"对话框 1

06 选择所创建的基准平面作为参考面，此时绘图区中的效果如图 5-55 所示。

07 单击如图 5-55 所示的对话框中"确定"按钮，系统弹出如图 5-56 所示的"水平参考"对话框。

08 选择如图 5-56 所示的平面作为参考平面，系统弹出如图 5-57 所示的"矩形键槽"对话框 2，其尺寸参数设置如图 5-57 所示。

09 单击如图 5-57 所示对话框中的"确定"按钮，系统弹出如图 5-58 所示的"定位"对话框。

10 单击如图 5-58 所示对话框中的"水平"按钮 ，系统弹出如图 5-59 所示的"水平"对话框。

11 选择如图 5-59 所示的边作为参考边，系统弹出如图 5-60 所示的"设置圆弧的位置"对话框。

图 5-55　绘图区效果

图 5-56　"水平参考"对话框

图 5-57　"矩形键槽"对话框 2

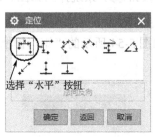

图 5-58　"定位"对话框

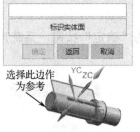

图 5-59　"水平"对话框

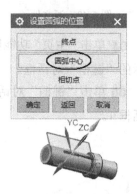

图 5-60　"设置圆弧的位置"对话框

12 单击"设置圆弧的位置"对话框中的"圆弧中心"按钮后，系统弹出如图 5-61 所示的"水平"对话框。

13 单击如图 5-61 所示的边作为参考边后，系统弹出如图 5-62 所示的"设置圆弧的位置"对话框 2。

14 单击"设置圆弧的位置"对话框中的"相切点"按钮后，系统弹出如图 5-63 所示的"创建表达式"对话框。

图 5-61　"水平"对话框

图 5-62　"设置圆弧的位置"对话框 2

图 5-63　"创建表达式"对话框

15 输入水平定位尺寸距离 63.5mm，然后单击"创建表达式"对话框中的"确定"按钮，系统弹出如图 5-64 所示的"矩形键槽"对话框 1。

16 单击"矩形键槽"对话框 1 中的"关闭"按钮✕，生成的矩形键槽特征，如图 5-65 所示。

图 5-64　"矩形键槽"对话框 1

图 5-65　生成的矩形键槽

提示

"键槽"对话框中的选项有"矩形槽"、"球形端槽"、"U 形槽"、"T 型键槽"和"燕尾槽"，读者可以自行慢慢熟悉这些类型的差异特点。

5.9　创建拉伸特征

下面将具体讲解创建拉伸特征的方法。

操作步骤

01 打开文件。单击"主页"功能区中的"打开"按钮，系统弹出"打开"对话框。

02 在"打开"对话框中选定文件名为"ls"，然后单击"OK"按钮，或者双击所选定的文件，即打开所选文件，如图 5-66 所示。

03 单击"主页"功能区中的"特征"工具栏中的"拉伸"按钮，系统弹出如图 5-67 所示的"拉伸"对话框。

1．"方向"选项

04 在"截面"选项中选择如图 5-68 所示的曲线，输入拉伸距离 50mm，此时生成如图 5-68 所示的拉伸效果，接着在"方向"选项组中单击"反向"按钮，生成如图 5-68 所示的拉伸效果。

2．"拔模"选项

05 在"拔模"选项中选择"从起始限制"选项，输入拔模角度 2，然后单击"预览"选项中的"显示结果"按钮，生成如图 5-69 所示的拔模拉伸效果。

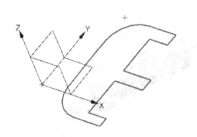

图 5-66 截面曲线

图 5-67 "拉伸"对话框

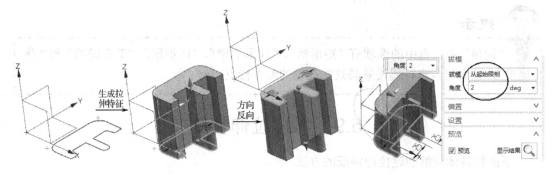

图 5-68 生成的拉伸特征   图 5-69 生成的拔模拉伸特征

3．"偏置"选项

06 在"偏置"选项中选择"无"选项，生成如图 5-70 所示的偏置拉伸效果。在"偏置"选项中选择"单侧"选项，在"结束"选项中输入 2，生成如图 5-71 所示的偏置拉伸效果。

07 在"偏置"选项中选择"两侧"选项，在"开始"选项中输入 4，在"结束"选项中输入 2，生成如图 5-72 所示的偏置拉伸效果。

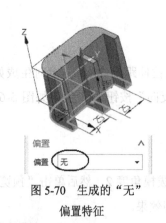

图 5-70 生成的"无"
偏置特征

图 5-71 生成的"单侧"
偏置特征

图 5-72 生成的"两侧"
偏置特征

08 在"偏置"选项中选择"对称"选项，在"结束"选项中输入 2，生成如图 5-73 所示的偏置拉伸效果。

4．"设置"选项

09 在"设置"选项中选择"实体"选项，生成如图 5-74 所示的拉伸效果。在"设置"选项中选择"片体"选项，生成如图 5-75 所示的拉伸效果。

图 5-73　生成的"对称"偏置特征

图 5-74　生成的实体拉伸特征

图 5-75　生成的片体拉伸特征

5.10　创建旋转特征

下面将具体讲解创建旋转特征的方法。

操作步骤

01 新建文件。单击"主页"功能区中的"新建"按钮 ，系统弹出"新建"对话框。

02 在"模型"选项卡的"模板"列表中选择名称为"模型"的模板，在"新文件名"选项组的"名称"文本框中输入名称"xuanzhuan"，在"文件夹"框中指定文件的存放目录。

03 在"新建"对话框中设置好相关的内容后，单击"确定"按钮。

04 单击"主页"功能区中的"特征"工具栏中的"旋转"按钮 ，系统弹出如图 5-76 所示的"旋转"对话框。

05 单击"旋转"对话框中的"截面"选项组下的"绘制截面"按钮 ，系统弹出如图 5-77 所示的"创建草图"对话框。

06 选择"类型"下拉列表中的"在平面上"选项，在"草图平面"选项组中选择"平面方法"下拉列表下的"自动判断"选项，单击"确定"按钮。

07 在绘图区域中绘制出如图 5-78 所示的图元，然后单击"完成草图"按钮 。

08 在"轴"选项组中的"指定矢量"选项后的下拉菜单中选择"两点"选项 ，其指定的两点为绘制直线的两点，如图 5-79 所示。

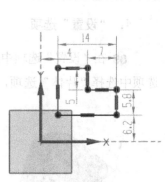

图 5-76　"旋转"对话框　　　　图 5-77　"创建草图"对话框　　　　图 5-78　草绘的图元

09 设置"限制"选项组中的开始角度值为 0°，结束角度值为 300°，其"布尔"、"偏置"和"设置"选项组中的选项介绍默认值，如图 5-80 所示。

10 单击"旋转"对话框中的"确定"按钮，所生成的旋转实体特征，如图 5-81 所示。

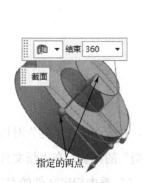

图 5-79　指定两点　　　　图 5-80　"旋转"相关设置　　　　图 5-81　生成的旋转特征

5.11　创建孔特征

下面将具体讲解创建孔特征的方法。

🔧 **操作步骤**

01 新建文件。单击"主页"功能区中的"新建"按钮 📄，系统弹出"新建"对话框。

02 在"模型"选项卡的"模板"列表中选择名称为"模型"的模板，在"新文件名"选项组的"名称"文本框中输入名称"kong"，在"文件夹"框中指定文件的存放目录。

03 在"新建"对话框中设置好相关的内容后，单击"确定"按钮。

04 创建长方体。

创建长方体详见本章中的 5.2 节。

其相关设置见如图 5-82 所示的"块"对话框，最后生成的长方体特征，如图 5-83 所示。

图 5-82　"块"对话框　　　　　　　　图 5-83　创建的长方体

1. "常规孔"选项

05 单击"主页"功能区中的"特征"工具栏中的"孔"按钮。

06 系统弹出如图 5-84 所示的"孔"对话框。

07 在"类型"下拉列表框中选择"常规孔"选项。

08 指定点位置。单击"位置"选项组中的"绘制截面"按钮，系统弹出"创建草图"对话框，选择对话框中的"类型"下拉列表框中的"在平面上"选项，"平面方法"选项为"自动判断"，然后选择长方体的上表面作为草图平面，如图 5-85 所示。

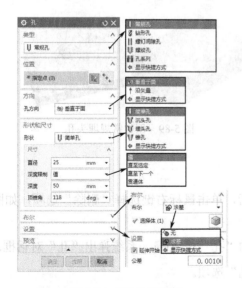

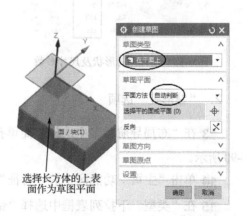

图 5-84　"孔"对话框　　　　　　　　图 5-85　"创建草图"对话框

09 单击"创建草图"对话框中的"确定"按钮后，系统弹出如图 5-86 所示的"草图点"对话框，单击"草图点"对话框中的"点对话框"按钮 ↓。

10 系统弹出"点"对话框，选择"自动判断点"选项，接着单击如图 5-87 所示的点，将点定义在长方体表面上，然后单击"确定"按钮，并单击"草图点"对话框中的"关闭"按钮，单击"完成草图"按钮 。

图 5-86 "草图点"对话框   图 5-87 "点"对话框

11 "方向"选项组选择默认的"垂直于面"，"形状和尺寸"选项组选择"埋头孔"选项，"尺寸"选项中设置"埋头直径"为 80，"埋头角度"值为 90，"直径"为 35，"深度"为 100，"顶锥角"为 118°，如图 5-88 所示。

12 单击"孔"对话框中的"确定"按钮，即完成孔的创建，如图 5-89 所示。

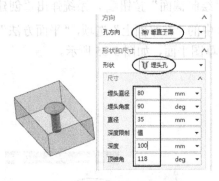

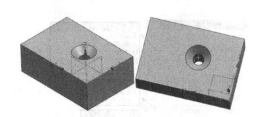

图 5-88 设置孔的形状及尺寸参数   图 5-89 创建常规埋头孔

2. "钻形孔"选项

13 在"布局导航器"中选择"简单孔"后，单击鼠标右键选择"删除"选项，如图 5-90 所示。

14 单击"主页"功能区中的"特征"中的"孔"按钮 ⊡，系统弹出"孔"对话框。

15 在"类型"下拉列表框中选择"钻形孔"选项。

16 单击模型的上表面，如图 5-91 所示，系统弹出"草图点"对话框，然后单击"确定"按钮。

17 指定点位置。在图中绘制出如图 5-92 所示的点，并修改点的位置，然后单击"完成草图"按钮。

图 5-90　选择"删除"选项

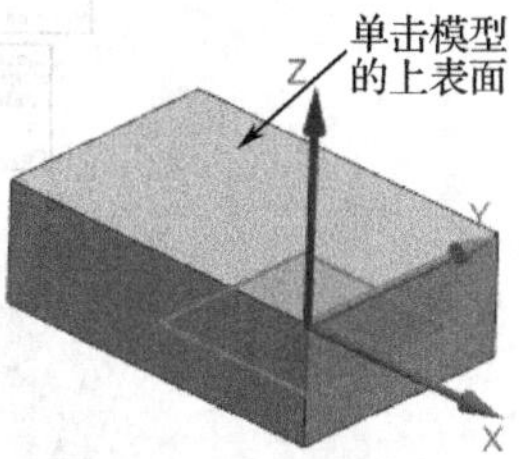

图 5-91　单击模型的上表面

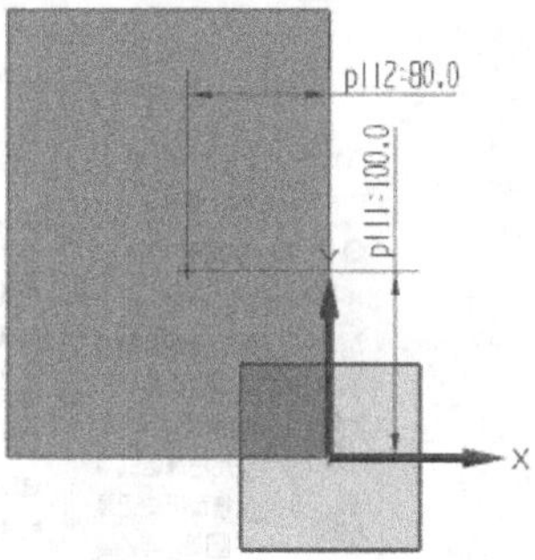

图 5-92　创建点

18 返回到"孔"对话框，在"形状和尺寸"选项组中，设置钻形孔的形状和尺寸如图 5-93 所示，大小为 25，拟合为 Exact，深度为 200。

19 单击"孔"对话框中的"确定"按钮，完成的钻形孔如图 5-94 所示。

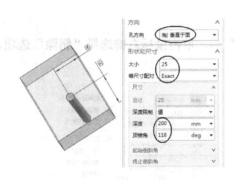

图 5-93　设置钻形孔的形状和尺寸

图 5-94　完成的钻形孔

3. "螺钉间隙孔"选项

20 在"布局导航器"中选择"钻形孔"后，单击鼠标右键选择"删除"选项，如图 5-95 所示。

21 单击"主页"功能区中的"特征"工具栏中的"孔"按钮，系统弹出"孔"对话框。

22 在"类型"下拉列表框中选择"螺钉间隙孔"选项。

23 单击模型的上表面，如图 5-91 所示，系统弹出"草图点"对话框，然后单击"确定"按钮。

24 指定点位置。在图中绘制出如图 5-92 所示的点，并修改点的位置，然后单击"完成草图"按钮。

25 返回到"孔"对话框，在"形状和尺寸"选项组中，设置螺钉间隙孔的形状和尺寸如图 5-96 所示，成型为沉头，螺钉类型为 Socket Head 4762，螺钉尺寸为 M30，拟合为 Normal，深度为 100。

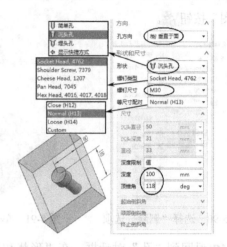

图 5-95　选择"删除"选项　　　　　图 5-96　设置螺钉间隙孔的形状和尺寸

26 单击"孔"对话框中的"确定"按钮，完成的钻形孔如图 5-97 所示。

4．"螺纹孔"选项

27 在"布局导航器"中选择"螺钉间隙孔"后，单击鼠标右键选择"删除"选项，如图 5-98 所示。

图 5-97　创建螺钉间隙孔　　　　　图 5-98　选择"删除"选项

28 单击"主页"功能区中的"特征"工具栏中的"孔"按钮，系统弹出"孔"对话框。

29 在"类型"下拉列表框中选择"螺纹孔"选项。

30 单击模型的上表面，如图 5-91 所示，系统弹出"草图点"对话框，然后单击"确定"按钮。

31 指定点位置。在图中绘制出如图 5-92 所示的点，并修改点的位置，然后单击"完成草图"按钮。

32 返回到"孔"对话框，在"形状和尺寸"选项组中，设置螺钉间隙孔的形状和尺寸如图 5-99 所示，螺纹大小为 M30×3.5，径向进刀为 0.75，深度类型为定制，螺纹深度为 45，深度尺寸为 100。

33 单击"孔"对话框中的"确定"按钮，完成的钻形孔如图 5-100 所示。

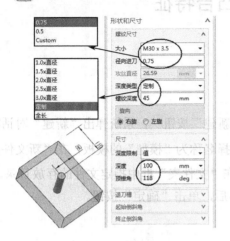

图 5-99 设置螺纹孔的形状和尺寸   图 5-100 创建螺纹孔

5．"孔系列"选项

34 在"布局导航器"中选择"螺纹孔"后，单击鼠标右键选择"删除"选项，如图 5-101 所示。

35 单击"主页"功能区中的"特征"工具栏中的"孔"按钮 ，系统弹出"孔"对话框。

36 在"类型"下拉列表框中选择"孔系列"选项。

37 单击模型的上表面，如图 5-91 所示，系统弹出"草图点"对话框，然后单击"确定"按钮。

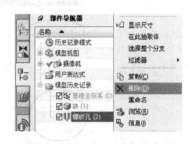

图 5-101 选择"删除"选项

38 指定点位置。在图中绘制出如图 5-92 所示的点，并修改点的位置，然后单击"完成草图"按钮 。

39 返回到"孔"对话框，在"规格"选项组中，设置孔系列的形状和尺寸如图 5-102 所示，"起始"选项中的成型为简单，螺钉尺寸为 M10，等尺寸配对为 Normal（13），"中间"选项为匹配起始孔的尺寸，"端点"选项中的形状为螺钉间隙，"孔尺寸"中的深度为 100。

40 单击"孔"对话框中的"确定"按钮，即完成的孔系列特征，如图 5-103 所示。

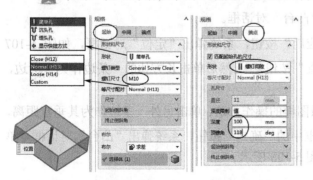

图 5-102 设置孔系列的形状和尺寸   图 5-103 创建的孔系列特征

5.12　创建凸台特征

下面将具体讲解创建凸台特征的方法。

操作步骤

01 新建文件。单击"主页"功能区中的"新建"按钮，系统弹出"新建"对话框。

02 在"模型"选项卡的"模板"列表中选择名称为"模型"的模板，在"新文件名"选项组的"名称"文本框中输入名称"tutai"，在"文件夹"框中指定文件的存放目录。

03 在"新建"对话框中设置好相关的内容后，单击"确定"按钮。

04 创建长方体。

创建长方体详见本章中的 5.2 节。

其相关设置见如图 5-104 所示的"块"对话框，最后生成的长方体特征，如图 5-105 所示。

图 5-104　"块"对话框

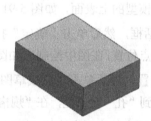

图 5-105　创建的长方体

05 单击"主页"功能区中的"特征"工具栏中的"凸台"按钮 🗐。

06 系统弹出如图 5-106 所示的"凸台"对话框。

07 单击"凸台"对话框中的"应用"按钮，系统弹出"定位"对话框，如图 5-107 所示。单击"定位"对话框中的"垂直"按钮 ，然后单击长方体的一条边作为参考边，设置其距离为70。

08 设置其一边垂直距离后，按照图样的操作方法，单击另外一条边作为其垂直距离，其距离为70，然后单击"定位"对话框中的"确定"按钮，系统弹出"凸台"对话框，单击其"确定"按钮，所生成的凸台如图 5-108 所示。

单击此面作为
凸台的放置面

单击此边作为
参考边

图 5-106　"凸台"对话框　　　图 5-107　"定位"对话框　　　图 5-108　生成的凸台

5.13　创建腔体特征

下面将具体讲解创建腔体特征的方法。

操作步骤

01 新建文件。单击"主页"功能区中的"新建"按钮，系统弹出"新建"对话框。

02 在"模型"选项卡的"模板"列表中选择名称为"模型"的模板，在"新文件名"选项组的"名称"文本框中输入名称"qiangti"，在"文件夹"框中指定文件的存放目录。

03 在"新建"对话框中设置好相关的内容后，单击"确定"按钮。

04 创建长方体。

创建长方体详见本章中的 5.2 节。

其相关设置见如图 5-109 所示的"块"对话框，最后生成的长方体特征，如图 5-110 所示。

05 单击"主页"功能区中的"特征"工具栏中的"腔体"按钮。

06 系统弹出如图 5-111 所示的"腔体"对话框。

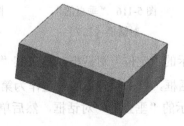

图 5-109　"块"对话框　　　图 5-110　创建的长方体　　　图 5-111　"腔体"对话框

1. "圆柱坐标系"腔体

07 单击"腔体"对话框中的"圆柱坐标系"按钮，系统打开如图 5-112 所示的"圆柱形腔体"对话框，然后单击长方体的上表面作为圆柱形腔体的放置面。

08 系统弹出如图 5-113 所示的"圆柱形腔体"对话框，设置其各个参数，其腔体直径为 80，深度为 10，锥角为 10。

09 单击"圆柱形腔体"对话框中的"确定"按钮，系统打开如图 5-114 所示的"定位"对话框，单击其"垂直"按钮，系统弹出如图 5-115 所示的"垂直的"对话框。

图 5-112 "圆柱形腔体"
对话框（一）

图 5-113 "圆柱形腔体"
对话框（二）

图 5-114 "定位"对话框

10 单击长方体的一边作为参考边，系统弹出如图 5-116 所示的"垂直的"对话框，然后单击长方体表面上的圆形作为第二参考对象。

11 系统弹出如图 5-117 所示的"设置圆弧的位置"对话框，单击其"相切点"按钮，系统弹出如图 5-118 所示的"创建表达式"对话框，设置其距离为 100，然后单击"确定"按钮。

图 5-115 "垂直的"
对话框（一）

图 5-116 "垂直的"
对话框（二）

图 5-117 "设置圆弧的位置"
对话框

12 系统弹出如图 5-119 所示的"定位"对话框，单击其"垂直"按钮，系统弹出如图 5-120 所示的"垂直的"对话框，单击长方体的一边作为第一参考。

13 系统弹出如图 5-121 所示的"垂直的"对话框，然后单击长方体表面上的圆形作为第二参考对象。

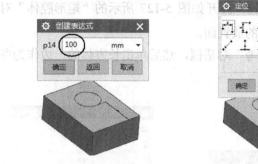

图 5-118 "创建表达式"
对话框（一）

图 5-119 "定位"对话框

图 5-120 "垂直的"
对话框（三）

14 系统弹出如图 5-122 所示的"设置圆弧的位置"对话框，单击其"相切点"按钮，系统弹出如图 5-123 所示的"创建表达式"对话框，设置其距离为 50。

图 5-121 "垂直的"
对话框（四）

图 5-122 "设置圆弧的位置"
对话框

图 5-123 "创建表达式"
对话框（二）

15 单击"创建表达式"对话框中的"确定"按钮，即生成"圆柱坐标系"腔体，如图 5-124 所示。

2．"矩形"腔体

16 在"布局导航器"中选择"圆柱形腔体"后，单击鼠标右键选择"删除"选项，如图 5-125 所示。

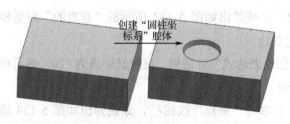

图 5-124 生成的"圆柱坐标系"腔体

图 5-125 选择"删除"选项

17 单击"主页"功能区中的"特征"工具栏中的"腔体"按钮 ⬜，系统弹出如图 5-126 所示的"腔体"对话框。

18 单击"腔体"对话框中的"矩形"按钮，打开如图 5-127 所示的"矩形腔体"对话框，然后单击长方体的上表面作为矩形腔体的放置面。

19 系统弹出如图 5-128 所示的"水平参考"对话框，然后单击长方体的一边作为参考边。

图 5-126 "腔体"对话框　　图 5-127 "矩形腔体"对话框（一）　　图 5-128 "水平参考"对话框

20 系统弹出如图 5-129 所示的"矩形腔体"对话框，在该对话框中设置各个选项的参数，然后单击"确定"按钮。

21 系统弹出如图 5-130 所示的"定位"对话框，然后单击"垂直"按钮，系统弹出如图 5-131 所示的"垂直的"对话框。

图 5-129 "矩形腔体"对话框（二）　　　　图 5-130 "定位"对话框

22 单击长方体的一边作为参考边，系统弹出如图 5-132 所示的"垂直的"对话框，然后单击矩形腔体的一条边作为参考工具边。

23 系统弹出如图 5-133 所示的"创建表达式"对话框，设置其距离为120，然后单击"创建表达式"对话框中的"确定"按钮。

24 系统弹出"定位"对话框，然后单击"垂直"按钮，系统弹出如图 5-134 所示的"垂直的"对话框。

25 单击长方体的一边作为参考边，系统弹出如图 5-135 所示的"垂直的"对话框，然后单击矩形腔体的中心线作为参考工具边。

26 系统弹出如图 5-136 所示的"创建表达式"对话框，设置其距离为 120，然后单击"创建表达式"对话框中的"确定"按钮。

图 5-131 "垂直的"对话框（五）　　图 5-132 "垂直的"对话框（六）　　图 5-133 "创建表达式"对话框（三）

图 5-134 "垂直的"对话框（七）　　图 5-135 "垂直的"对话框（八）　　图 5-136 "创建表达式"对话框（四）

27 单击"定位"对话框中的"确定"按钮，然后单击"矩形腔体"对话框中的"取消"按钮，所生成的矩形腔体如图 5-137 所示。

03　"常规"腔体

28 单击"主页"功能区中的"特征"工具栏中的"腔体"按钮，系统弹出"腔体"对话框。

29 单击"腔体"对话框中的"常规"按钮，打开如图 5-138 所示的"常规腔体"对话框，然后定义该腔体的相关参数及其选项，这里就不再详细叙述。

图 5-137　生成的"矩形"腔体　　　　　　　图 5-138　"常规腔体"对话框

5.14　创建垫块特征

下面将具体讲解创建垫块特征的方法。

操作步骤

01 新建文件。单击"主页"功能区中的"新建"按钮 📄，系统弹出"新建"对话框。

02 在"模型"选项卡的"模板"列表中选择名称为"模型"的模板，在"新文件名"选项组的"名称"文本框中输入名称"diankuai"，在"文件夹"框中指定文件的存放目录。

03 在"新建"对话框中设置好相关的内容后，单击"确定"按钮。

04 创建长方体。

创建长方体详见本章中的 5.2 节。

其相关设置见如图 5-139 所示的"块"对话框，最后生成的长方体特征，如图 5-140 所示。

05 单击"主页"功能区中的"特征"工具栏中的"腔体"按钮 🔲。

06 系统弹出如图 5-141 所示的"垫块"对话框。

图 5-139　"块"对话框　　　图 5-140　创建的长方体　　　图 5-141　"垫块"对话框

1. "矩形"垫块

07 单击"垫块"对话框中的"矩形"按钮，打开如图 5-142 所示的"矩形垫块"对话框，然后单击长方体的上表面作为矩形垫块的放置面。

08 系统弹出如图 5-143 所示的"水平参考"对话框，单击长方体的一边作为参考边，系统弹出如图 5-144 所示的"矩形垫块"对话框，设置其各个参数，其长度为 70，宽度为 40，高度为 20。

09 单击"矩形垫块"对话框中的"确定"按钮，系统弹出如图 5-145 所示的"定位"对话框，单击其"垂直"按钮 ⚓，系统弹出如图 5-146 所示的"垂直的"对话框。

图 5-142 "矩形垫块"对话框（一）　图 5-143 "水平参考"对话框　图 5-144 "矩形垫块"对话框（二）

10 单击长方体的一边作为参考边，系统弹出如图 5-147 所示的"垂直的"对话框，然后单击长方体表面上的圆形作为参考工具边。

图 5-145 "定位"对话框　　　图 5-146 "垂直的"对话框（一）　　图 5-147 "垂直的"对话框（二）

11 系统弹出如图 5-148 所示的"创建表达式"对话框，设置其距离为 60，然后单击"创建表达式"对话框中的"确定"按钮。

12 系统弹出"定位"对话框，然后单击"垂直"按钮，系统弹出如图 5-149 所示的"垂直的"对话框。

13 单击长方体的另外一边作为参考边，系统弹出如图 5-150 所示的"垂直的"对话框，然后单击矩形垫块的一边作为参考工具边。

图 5-148 "创建表达式"　　　　图 5-149 "垂直的"　　　　图 5-150 "垂直的"
　　　对话框（一）　　　　　　　对话框（三）　　　　　　对话框（四）

14 系统弹出如图 5-151 所示的"创建表达式"对话框，设置其距离为 80mm，然后单击"创建表达式"对话框中的"确定"按钮。

15 系统弹出"定位"对话框，然后单击"确定"按钮，系统弹出"矩形垫块"对话框，单击"取消"按钮，即完成矩形垫块的创建，其效果如图 5-152 所示。

2．"常规"垫块

16 单击"主页"功能区中的"特征"中的"垫块"按钮 📦，系统弹出"垫块"对话框。

17 单击"垫块"对话框中的"常规"按钮，打开如图 5-153 所示的"常规垫块"对话框，然后定义该垫块的相关参数及其选项，这里就不再详细叙述。

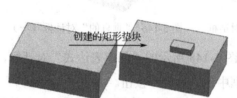

图 5-151 "创建表达式"
对话框（二）
图 5-152 创建的矩形垫块
图 5-153 "常规垫块"
对话框

5.15 创建凸起特征

下面将具体讲解创建凸起特征的方法。

🔧⚙️ **操作步骤**

01 打开文件。单击"主页"功能区中的"打开"按钮 📂，系统弹出"打开"对话框。

02 在"打开"对话框中选定文件名为"tuqi"，然后单击"OK"按钮，或者双击所选定的文件，即打开所选文件，如图 5-154 所示。

03 单击"主页"功能区中的"特征"工具栏中的"凸起"按钮 📦，系统弹出如图 5-155 所示的"凸起"对话框。

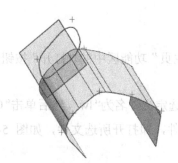

图 5-154 打开的模型及曲线

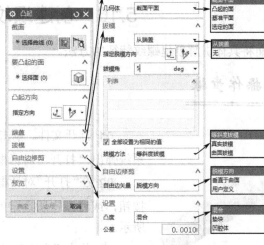

图 5-155 "凸起"对话框

04 单击文件中的任意一段曲线，即选中整条相连曲线，如图 5-156 所示。

05 单击"凸起"对话框中"要凸起的面"选项组中的"要凸起的面"按钮 ，选择如图 5-157 所示的曲面，并默认凸起的方向。

图 5-156 选择截面曲线

图 5-157 选择要凸起的面

06 选择"端盖"选项组下的"截面平面"选项，然后在"拔模"选项组下输入拔模角度 5°，如图 5-158 所示，在"自由边修剪"选项组下选择"脱模方向"选项，在"设置"选项组下选择"混合"选项。

07 单击"凸起"对话框中的"确定"按钮，即完成凸起特征的创建，其效果如图 5-159 所示。

图 5-158 "拔模"选项

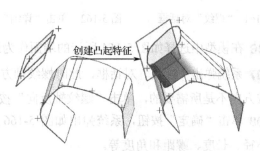

图 5-159 创建的凸起特征

5.16　创建螺纹特征

下面将具体讲解创建螺纹特征的方法。

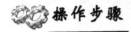

图 5-160　实体模型

01 打开文件。单击"主页"功能区中的"打开"按钮 ，系统弹出"打开"对话框。

02 在"打开"对话框中选定文件名为"lw",然后单击"OK"按钮，或者双击所选定的文件，即打开所选文件，如图 5-160 所示。

03 单击"主页"功能区中的"特征"工具栏中的"螺纹"按钮 ，系统弹出如图 5-161 所示的"螺纹"对话框。

04 单击"螺纹"对话框中的"螺纹类型"选项组下的"详细"单选按钮，此时"螺纹"对话框如图 5-162 所示。

05 在模型中选择如图 5-163 所示的面作为螺纹附着面。

选择圆柱面作为螺纹附着面

图 5-161　"螺纹"对话框　　图 5-162　单击"详细"单选按钮　　图 5-163　选择圆柱面

06 在模型中选择如图 5-164 所示的端面作为螺纹起始面。

07 系统弹出"螺纹"对话框，此时螺纹轴方向的效果如图 5-165 所示，如果螺纹轴线生成方向不是所需要的，单击"螺纹轴反向"按钮。

08 单击"确定"按钮，系统弹出如图 5-166 所示的"编辑螺纹"对话框，分别设置螺纹小径、长度、螺距和角度等。

图 5-164 选择螺纹起始面

图 5-165 螺纹轴方向的效果

图 5-166 "编辑螺纹"对话框

09 单击"螺纹"对话框中的"确定"按钮,生成螺纹特征的效果如图 5-167 所示。

图 5-167 生成螺纹特征

本章小结

本章介绍了实体特征设计,具体内容包括创建长方体、圆柱体、圆锥体、圆台、球体、扫掠、拉伸、旋转、孔、凸台、腔体、垫块、凸起和螺纹特征的方法,通过对这些三维实体特征的操作必学练习,使读者能够更好地掌握三维特征实体设计的功能模块,提高设计效率。

第 6 章 三维特征的创建

Chapter
06
三维特征
的操作

在实际的设计工作中，经常要修改各种实体模型或特征，编辑特征中的各种参数。

本章将介绍特征操作的相关必学技能，具体包括边倒圆、面倒圆、倒斜角\三角形加强筋、抽壳、拔模；布尔运算的方法包括"求和"、"求差"和"求交"；以及创建凸起体、抽取几何体、镜像、阵列等。

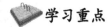 学习重点

- ☑ 创建边倒圆特征
- ☑ 创建面倒圆特征
- ☑ 创建倒斜角特征
- ☑ 创建三角形加强筋特征
- ☑ 创建抽壳特征
- ☑ 创建拔模特征
- ☑ 布尔运算
- ☑ 创建凸起体特征
- ☑ 创建抽取几何体特征
- ☑ 创建镜像特征
- ☑ 创建阵列特征

6.1 创建边倒圆特征

下面将具体讲解创建边倒圆特征的方法。

操作步骤

01 新建文件。单击"主页"功能区中的"新建"按钮，系统弹出"新建"对话框。

02 在"模型"选项卡的"模板"列表中选择名称为"模型"的模板，在"新文件名"选项组的"名称"文本框中输入名称"bdy"，在"文件夹"框中指定文件的存放目录。

03 在"新建"对话框中设置好相关的内容后，单击"确定"按钮。

04 创建长方体。

创建长方体详见第 5 章中的 5.2 节。

其相关设置见如图 6-1 所示的"块"对话框，最后生成的长方体特征，如图 6-2 所示。

图 6-1 "块"对话框

图 6-2 创建的长方体

1．恒定半径的边倒圆

05 单击"主页"功能区中的"特征"工具栏中的"边倒圆"按钮。

06 系统弹出如图 6-3 所示的"边倒圆"对话框。

07 在"边倒圆"对话框中设置边的"形状"为圆形，半径为10，接着选择要倒圆的边，如图 6-4 所示。

08 单击"边倒圆"对话框中的"确定"按钮，即生成恒定半径的边倒圆，如图 6-5 所示。

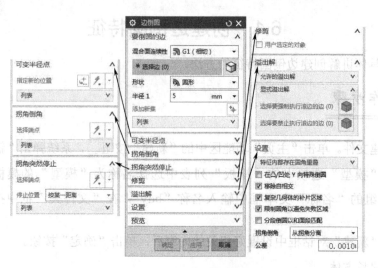

图 6-3 "边倒圆"对话框

图 6-4 选择要倒圆的边参考及设置参数

图 6-5 生成恒定的边倒圆

2．可变半径的边倒圆

图 6-6 选择"删除"选项

09 在"部件导航器"中选择"边倒圆"后，单击鼠标右键选择"删除"选项，如图 6-6 所示。

10 单击"主页"功能区中的"特征"中的"边倒圆"按钮，系统弹出如图 6-3 所示的"边倒圆"对话框。

11 在"边倒圆"对话框中设置边的"形状"为圆形，半径为 10mm，接着选择要倒圆的边，如图 6-7 所示。

12 打开"边倒圆"对话框中的"可变半径点"选项组，从一个下拉列表框中选择"点在曲线/边上"选项按钮，如图 6-8 所示。

13 单击如图 6-9 所示的模型边界，接着设置该点处的半径大小为 5，位置选项组中设置为"弧长百分比"，其值为 25。

14 按照图样的操作方法，指定模型中其他 3 个可变半径点，并设置其相关的参数，如图 6-10 所示。

15 单击对话框中的"确定"按钮，即完成可变倒圆的创建，如图 6-11 所示。

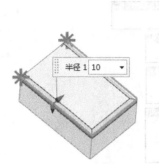

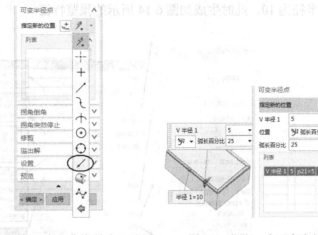

图 6-7　选择要倒圆的边　　图 6-8　选择"点在曲线/边上"选项　　图 6-9　指定一个可变半径的点

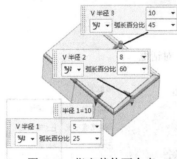

图 6-10　指定其他两个点

图 6-11　生成的可变半径的边倒圆

6.2　创建面倒圆特征

下面将具体讲解创建面倒圆特征的方法。

操作步骤

01 新建文件。单击"主页"功能区中的"新建"按钮，系统弹出"新建"对话框。

02 在"模型"选项卡的"模板"列表中选择名称为"模型"的模板，在"新文件名"选项组的"名称"文本框中输入名称"mdy"，在"文件夹"框中指定文件的存放目录。

03 在"新建"对话框中设置好相关的内容后，单击"确定"按钮。

04 创建长方体。

创建长方体详见第 5 章中的 5.2 节。

其相关设置如图 6-1 所示的"块"对话框，最后生成的长方体特征，如图 6-2 所示。

05 单击"主页"功能区中的"特征"工具栏中的"面倒圆"按钮，系统弹出如图 6-12 所示的"面倒圆"对话框，在"类型"下拉列表框中选择"两个定义面链"选项。

06 指定面链位置。单击如图 6-13 所示的边作为选择的面链，在"横截面"选项组中的"横截面方向"为滚球，"圆角宽度方法"为自然变化，"形状"为圆形，"半径方法"为恒定，半径为10，此时生成如图6-14所示的预览特征。

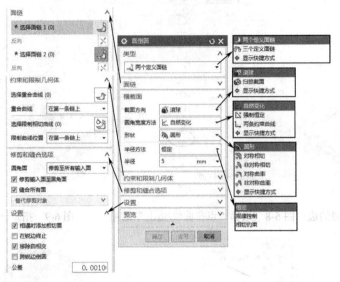

图6-12　"面倒圆"对话框

图6-13　选择面链

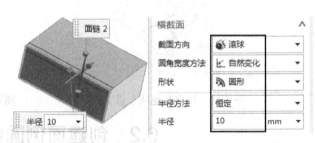

图6-14　面链特征预览

07 单击"面倒圆"对话框中的"确定"按钮，即生成的面倒圆特征，如图6-15所示。

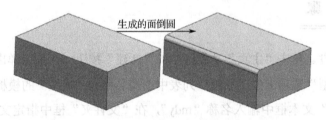

图6-15　生成的面倒圆

6.3　创建倒斜角特征

下面将具体讲解创建倒斜角特征的方法。

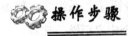操作步骤

01 新建文件。单击"主页"功能区中的"新建"按钮，系统弹出"新建"对话框。

02 在"模型"选项卡的"模板"列表中选择名称为"模型"的模板,在"新文件名"选项组的"名称"文本框中输入名称"dxj",在"文件夹"框中指定文件的存放目录。

03 在"新建"对话框中设置好相关的内容后,单击"确定"按钮。

04 创建长方体。

创建长方体详见第 5 章中的 5.2 节。

其相关设置如图 6-1 所示的"块"对话框,最后生成的长方体特征,如图 6-2 所示。

1. 对称

05 单击"主页"功能区中的"特征"工具栏中的"倒斜角"按钮 ,系统弹出如图 6-16 所示的"倒斜角"对话框。

06 选择"偏置"选项组的"横截面"下拉列表框中的"对称"选项,即设置的距离参数为两个偏置距离相同的值,且为 45°,如图 6-17 所示。

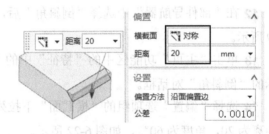

图 6-16　"倒斜角"对话框　　　　　　　　　　图 6-17　对称的倒斜角设置

07 单击"倒斜角"对话框中的"确定"按钮,即生成对称的倒斜角特征,如图 6-18 所示。

2. 非对称

08 在"部件导航器"中选择"倒斜角"后,单击鼠标右键选择"删除"选项,如图 6-19 所示。

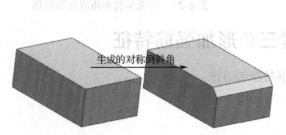

图 6-18　生成的对称倒斜角　　　　　　　　图 6-19　选择"删除"选项

09 单击"主页"功能区中的"特征"工具栏中的"倒斜角"按钮 📄，系统弹出如图 6-16 所示的"倒斜角"对话框。

10 选择"偏置"选项组的"横截面"下拉列表框中的"非对称"选项，即设置的距离 1 为 5，距离 2 为 20，如图 6-20 所示。

11 单击"倒斜角"对话框中的"确定"按钮，即生成非对称的倒斜角特征，如图 6-21 所示。

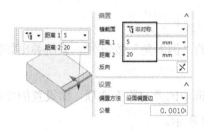

图 6-20　非对称的倒斜角设置

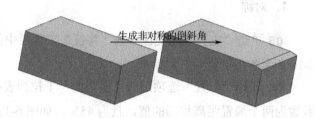

图 6-21　生成非对称的倒斜角

3．偏置和角度

12 在"部件导航器"中选择"倒斜角"后，单击鼠标右键选择"删除"选项，如图 6-19 所示。

13 单击"主页"功能区中的"特征"中的"倒斜角"按钮 📄，系统弹出如图 6-16 所示的"倒斜角"对话框。

14 选择"偏置"选项组的"横截面"下拉列表框中的"偏置和角度"选项，即设置的距离为 20，角度为 60°，如图 6-22 所示。

15 单击"倒斜角"对话框中的"确定"按钮，即生成偏置和角度的倒斜角特征，如图 6-23 所示。

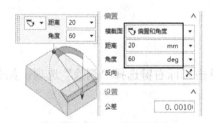

图 6-22　偏置和角度的倒斜角设置

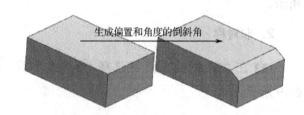

图 6-23　生成偏置和角度的倒斜角

6.4　创建三角形加强筋特征

下面将具体讲解创建三角形加强筋特征的方法。

操作步骤

01 打开文件。单击"主页"功能区中的"打开"按钮 📄，系统弹出"打开"对话框。

02 在 "打开" 对话框中选定文件名为 "sjxjqj"，然后单击 "OK" 按钮，或者双击所选定的文件，即打开所选文件，如图 6-24 所示。

03 单击 "主页" 功能区中的 "特征" 工具栏中的 "三角形加强筋" 按钮 ，系统弹出如图 6-25 所示的 "三角形加强筋" 对话框。

04 单击 "三角形加强筋" 对话框中的 "第一组" 按钮 ，然后选择如图 6-26 所示的面，接着单击 "三角形加强筋" 对话框中的 "第二组" 按钮 ，然后选择如图 6-27 所示的面。

图 6-24　原始文件　　　　图 6-25　"三角形加强筋" 对话框　　　图 6-26　选择第一组面

05 设置 "三角形加强筋" 对话框中的各个参数如图 6-28 所示，其生成的三角形加强筋预览如图 6-29 所示。

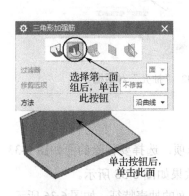

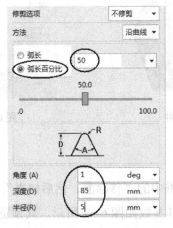

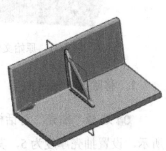

图 6-27　选择第二组面　　　　　图 6-28　参数设置　　　　　图 6-29　预览效果

06 单击"三角形加强筋"对话框中的"确定"按钮，即生成三角形加强筋特征，如
图 6-30 所示。

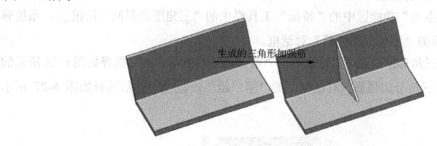

生成的三角形加强筋

图 6-30 生成的三角形加强筋特征

6.5 创建抽壳特征

下面将具体讲解创建抽壳特征的方法。

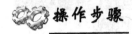

01 打开文件。单击"主页"功能区中的"打开"按钮 ，系统弹出"打开"对话框。

02 在"打开"对话框中选定文件名为"chouke"，然后单击"OK"按钮，或者双击
所选定的文件，即打开所选文件，如图 6-31 所示。

03 单击"主页"功能区中的"特征"工具栏中的"抽壳"按钮 ，系统弹出如图 6-32
所示的"抽壳"对话框。

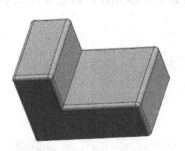

图 6-31 原始文件　　　　　　　　　图 6-32 "抽壳"对话框

1．移除面，然后抽壳

04 选择"抽壳"对话框中的"移除面，然后抽壳"选项，选择要移除的面如图 6-33
所示，设置抽壳厚度为 5，其参数如图 6-34 所示，其预览效果如图 6-35 所示。

05 单击"抽壳"对话框中的"确定"按钮，即生成移除面的抽壳特征，如图 6-36 所示。

2．对所有面抽壳

06 在"部件导航器"中选择"抽壳"后，单击鼠标右键选择"删除"选项，如图 6-37 所示。

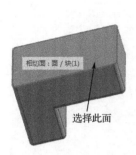

图 6-33　选择要移除的面

图 6-34　参数设置

图 6-35　预览效果

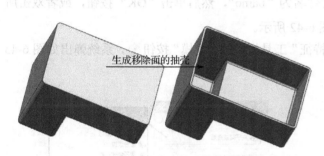

图 6-36　生成移除面的抽壳特征

图 6-37　选择"删除"选项

07 选择"抽壳"对话框中的"对所有面抽壳"选项，选择抽壳的实体如图 6-38 所示，设置抽壳厚度为 5，其参数如图 6-39 所示。

08 在"模型显示"下拉菜单中选择"静态线框"选项，如图 6-40 所示。

图 6-38　选择要抽壳的实体

图 6-39　参数设置

图 6-40　选择"静态线框"选项

09 单击"抽壳"对话框中的"确定"按钮，即生成对所有面抽壳特征，如图 6-41 所示。

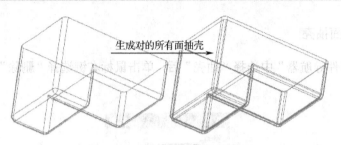

图 6-41　生成对所有面抽壳特征

6.6　创建拔模特征

下面将具体讲解创建拔模特征的方法。

操作步骤

01 打开文件。单击"主页"功能区中的"打开"按钮 ，系统弹出"打开"对话框。

02 在"打开"对话框中选定文件名为"bamo"，然后单击"OK"按钮，或者双击所选定的文件，即打开所选文件，如图 6-42 所示。

03 单击"主页"功能区中的"特征"工具栏中的"拔模"按钮 ，系统弹出如图 6-43 所示的"拔模"对话框。

图 6-42　原始文件

图 6-43　"拔模"对话框

04 选择"拔模"对话框中的"从平面或曲面"选项，单击对话框中的"拔模方向"选项组，然后单击如图 6-44 所示的拔模方向。

05 单击"拔模"对话框中的"拔模参考"选项组，然后单击如图 6-45 所示的拔模方向。

06 单击"拔模"对话框中的"要拔模的面"选项组，然后单击如图 6-46 所示的拔模曲面，输入拔模角度为 10°，其参数设置如图 6-46 所示。

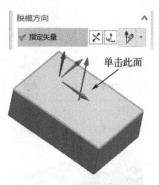

图 6-44　选择"拔模方向"

图 6-45　选择"拔模参考"

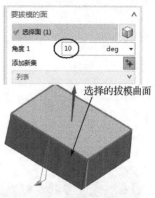

图 6-46　选择的拔模曲面

07 单击"拔模"对话框中的"确定"按钮，即生成拔模特征，如图 6-47 所示。

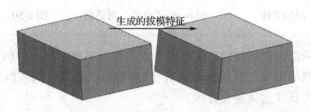

图 6-47　生成的拔模特征

6.7　布尔运算

布尔运算包括求和、求差和求交。下面将具体介绍这三个命令运算的方法。

6.7.1　求和

求和是指将两个或更多实体的体积合并为单个体。下面将具体介绍其操作方法。

操作步骤

01 打开文件。单击"主页"功能区中的"打开"按钮，系统弹出"打开"对话框。

02 在"打开"对话框中选定文件名"beryx"，然后单击"OK"按钮，或者双击所选定的文件，即打开所选文件，如图 6-48 所示。

03 单击"主页"功能区中的"特征"工具栏中的"合并"按钮，系统弹出如图 6-49 所示的"合并"对话框。

04 选择如图 6-50 所示的球体作为目标体，然后单击"合并"对话框中的"工具"选项组，选择如图 6-50 所示的长方体作为工具体（可以选择多个对象作为工具体）。

05 单击"合并"对话框中的"确定"按钮，即生成合并特征。

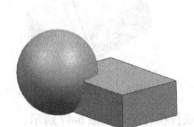

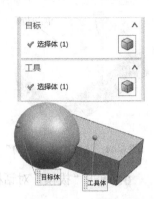

图 6-48　原始文件　　　图 6-49　"合并"对话框　　　图 6-50　选择目标及工具选项

 专家提示：选择对象时，先单击"求和"对话框中的"目标"选项组，然后单击要选择的目标（这里是球体），然后单击"工具"选项组，接着单击绘图区域中的工具（这里是长方体）。

6.7.2　求差

求差是指从一个实体的体积中减去另一个的实体的体积，留下的一个实体。下面将具体介绍其操作方法。

操作步骤

06 在"部件导航器"中选择"求和"后，单击鼠标右键选择"删除"选项，如图 6-51 所示。

07 单击"主页"功能区中的"特征"工具栏中的"减去"按钮 ，系统弹出如图 6-52 所示的"求差"对话框。

08 选择如图 6-53 所示的长方体作为目标体，然后单击"求和"对话框中的"工具"选项组，选择如图 6-53 所示的球作为工具体（可以选择多个对象作为工具体）。

09 单击"求差"对话框中的"确定"按钮，即生成求差特征，如图 6-54 所示。

选择的目标及工具不一样，所生成的求差特征也不一样。下面将选择球体作为目标体。

10 在"部件导航器"中选择"求差"后，单击鼠标右键选择"删除"选项，如图 6-55 所示。

11 选择如图 6-56 所示的球作为目标体，然后单击"求差"对话框中的"工具"选项组，选择如图 6-56 所示的长方体作为工具体（可以选择多个对象作为工具体）。

图 6-51　选择"删除"选项　　　图 6-52　"求差"对话框　　　图 6-53　选择的目标及工具

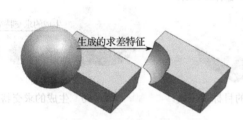

图 6-54　生成的求差特征　　　　　图 6-55　选择"删除"选项

12 单击"求差"对话框中的"确定"按钮，即生成求差特征，如图 6-57 所示。

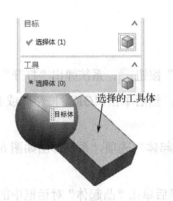

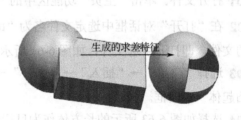

图 6-56　选择的目标及工具　　　　图 6-57　生成的求差特征

6.7.3　求交

求交是指创建一个体，其包含两个不同的体共享的体积。下面将具体介绍其操作方法。

操作步骤

13 在"部件导航器"中选择"求差"后，单击鼠标右键选择"删除"选项。

14 单击"主页"功能区中的"特征"工具栏中的"相交"按钮 ，系统弹出如图 6-58 所示的"求交"对话框。

15 选择如图 6-59 所示的长方体作为目标体，然后单击"求和"对话框中的"工具"选项组，选择如图 6-59 所示的球作为工具体（可以选择多个对象作为工具体）。

16 单击"求交"对话框中的"确定"按钮，即生成求交特征，如图 6-60 所示。

图 6-58 "求交"对话框　　　图 6-59 选择的目标及工具　　　图 6-60 生成的求交特征

6.8　创建凸起体特征

下面将具体讲解创建凸起体特征的方法。

操作步骤

01 打开文件。单击"主页"功能区中的"打开"按钮 ，系统弹出"打开"对话框。

02 在"打开"对话框中选定文件名为"tuqiti"，然后单击"OK"按钮，或者双击所选定的文件，即打开所选文件，如图 6-61 所示。

03 选择"菜单"→"插入"→"组合"→"凸起体"选项，系统弹出如图 6-62 所示的"凸起体"对话框。

04 选择如图 6-63 所示的长方体作为目标体，然后单击"凸起体"对话框中的"工具"选项组，选择如图 6-63 所示的圆柱体作为工具体（可以选择多个对象作为工具体），此时生成的预览特征如图 6-63 所示。

05 设置"凸起体"对话框中的各个参数及预览特征如图 6-64 所示。

06 单击"凸起体"对话框中的"确定"按钮，即生成凸起体特征，如图 6-65 所示。

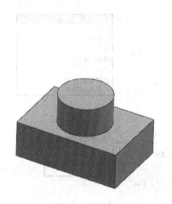

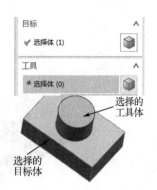

图 6-61　原始文件　　　图 6-62　"凸起体"对话框　　　图 6-63　选择目标及工具选项

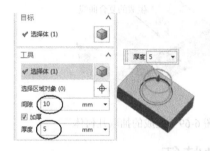

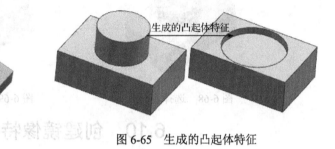

图 6-64　设置参数及预览特征　　　　　　图 6-65　生成的凸起体特征

6.9　创建抽取几何体特征

下面将具体讲解创建抽取几何体特征的方法。

操作步骤

01 打开文件。单击"主页"功能区中的"打开"按钮，系统弹出"打开"对话框。

02 在"打开"对话框中选定文件名为"cqjht"，然后单击"OK"按钮，或者双击所选定的文件，即打开所选文件，如图 6-66 所示。

03 选择"菜单"→"插入"→"关联复制"→"抽取几何特征"选项，系统弹出如图 6-67 所示的"抽取几何特征"对话框。

04 单击"抽取几何特征"对话框中的"类型"选项组，选择"复合曲线"选项。

05 单击"抽取几何特征"对话框中的"曲线"选项组，然后单击如图 6-68 所示的曲线。

06 单击"抽取几何特征"对话框中的"确定"按钮，即可生成如图 6-69 所示的复合曲线（在"部件导航器"中选中圆柱选项后，单击鼠标右键选择"隐藏"选项）。

图 6-66　原始文件　　　　　　　　　图 6-67　"抽取几何"对话框

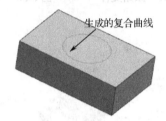

图 6-68　选择相交曲线　　　　　　　图 6-69　生成的抽取几何体

6.10　创建镜像特征

下面将具体讲解创建镜像特征的方法。

操作步骤

01 打开文件。单击"主页"功能区中的"打开"按钮，系统弹出"打开"对话框。

02 在"打开"对话框中选定文件名为"jx"，然后单击"OK"按钮，或者双击所选定的文件，即打开所选文件，如图 6-70 所示。

03 单击"主页"功能区中的"特征"工具栏中的"镜像特征"按钮，系统弹出如图 6-71 所示的"镜像特征"对话框。

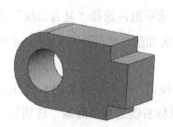

图 6-70　原始文件　　　　　　　　　图 6-71　"镜像特征"对话框

04 选择如图 6-72 所示的体作为要镜像的特征，然后单击"镜像特征"对话框中的"镜像平面"选项组，选择如图 6-72 所示的面作为镜像平面，其预览如图 6-73 所示。

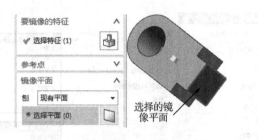

选择的镜像平面

图 6-72　选择镜像对象及镜像平面

图 6-73　镜像预览

05 单击"镜像特征"对话框中的"确定"按钮，即生成镜像特征，如图 6-74 所示。

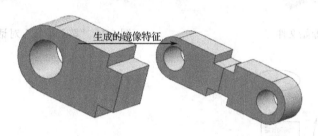

生成的镜像特征

图 6-74　生成的镜像特征

6.11　创建阵列特征

阵列特征包括线性、圆形、多边形、螺旋式、沿、常规和参考。下面将具体介绍这些阵列命令的方法。

1."线性"阵列

"线性"阵列是使用一个或者是两个线性方向定义布局的一种阵列方法。下面将具体介绍其操作方法。

操作步骤

01 打开文件。单击"主页"功能区中的"打开"按钮，系统弹出"打开"对话框。

02 在"打开"对话框中选定文件名为"zl"，然后单击"OK"按钮，或者双击所选定的文件，即打开所选文件，如图 6-75 所示。

03 单击"主页"功能区中的"特征"工具栏中的"阵列特征"按钮，系统弹出如图 6-76 所示的"阵列特征"对话框。

04 单击"阵列特征"对话框中的"要形成阵列的特征"选项组，然后单击长方体图中的孔。单击"阵列定义"选项组，然后按照如图 6-77 所示的提示定义方向参考。

05 单击"阵列定义"选项组中的"方向 1"选项下的"指定矢量"，然后单击如图 6-78

所示的边。单击"阵列定义"选项组中的"方向2"选项下的"指定矢量",然后单击如图 6-79 所示的边。

图 6-75　原始文件

图 6-76　"阵列特征"对话框

图 6-77　"阵列定义"选项组

图 6-78　"方向1"的指定矢量方向所选择的边

06 单击"阵列特征"对话框中的"确定"按钮,即生成线性阵列特征,如图 6-80 所示。

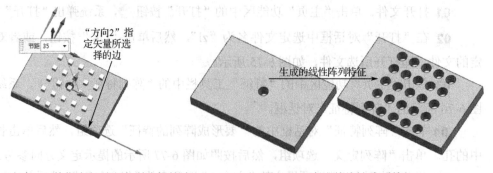

图 6-79　"方向2"的指定矢量方向所选择的边　　　图 6-80　生成的线性阵列特征

2. "圆形"阵列

"圆形"阵列是使用旋转轴和可选的径向间距参数定义布局的一种阵列方法。下面将具体介绍其操作方法。

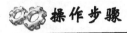

01 打开文件。单击"主页"功能区中的"打开"按钮 ，系统弹出"打开"对话框。

02 在"打开"对话框中选定文件名为"zl",然后单击"OK"按钮,或者双击所选定的文件,即打开所选文件,如图 6-75 所示。

03 单击"主页"功能区中的"特征"中的"阵列特征"按钮 ，系统弹出"阵列特征"对话框。

04 单击"阵列特征"对话框中的"要形成阵列的特征"选项组,然后单击长方体图中的孔,单击"阵列定义"选项组,然后按照如图 6-81 所示的提示定义方向参考。

05 单击"阵列定义"选项组中的"旋转轴"选项下的"指定矢量",然后单击如图 6-82 所示的基准坐标系的 Z 轴,在"角度方向"选项下输入相应的数值,如图 6-82 所示。

图 6-81 "阵列定义"选项组　　　　图 6-82 选择基准坐标系的 Z 轴作为旋转轴

06 单击"阵列特征"对话框中的"确定"按钮,即生成圆形阵列特征,如图 6-83 所示。

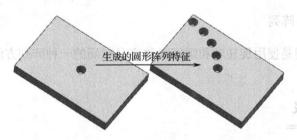

图 6-83 生成的圆形阵列特征

3. "多边形"阵列

"多边形"阵列是使用旋转轴和多边形参数定义布局的一种阵列方法。下面将具体介绍其操作方法。

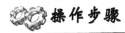 操作步骤

01 打开文件。单击"主页"功能区中的"打开"按钮，系统弹出"打开"对话框。

图 6-84 "阵列定义"选项组

02 在"打开"对话框中选定文件名为"zl"，然后单击"OK"按钮，或者双击所选定的文件，即打开所选文件，如图 6-75 所示。

03 单击"主页"功能区中的"特征"中的"阵列特征"按钮 ，系统弹出"阵列特征"对话框。

04 单击"阵列特征"对话框中的"要形成阵列的特征"选项组，然后单击长方体图中的孔，单击"阵列定义"选项组，然后按照如图 6-84 所示的提示定义方向参考。

05 单击"阵列定义"选项组中的"旋转轴"选项下的"指定矢量"，然后单击如图 6-85 所示的基准坐标系的 Z 轴。在"多边形定义"选项下输入相应的数值，如图 6-85 所示。

06 单击"阵列特征"对话框中的"确定"按钮，即生成多边形阵列特征，如图 6-86 所示。

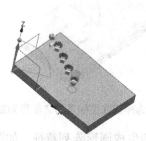

图 6-85 选择基准坐标系的 Z 轴作为旋转轴

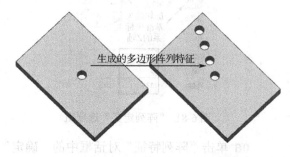

生成的多边形阵列特征

图 6-86 生成的多边形阵列特征

4. "螺旋式"阵列

"螺旋式"阵列是使用旋转轴和螺旋参数定义布局的一种阵列方法。下面将具体介绍其操作方法。

 操作步骤

01 打开文件。单击"主页"功能区中的"打开"按钮，系统弹出"打开"对话框。

02 在"打开"对话框中选定文件名为"zl"，然后单击"OK"按钮，或者双击所选

定的文件，即打开所选文件，如图 6-75 所示。

03 单击"主页"功能区中的"特征"中的"阵列特征"按钮 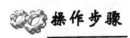，系统弹出"阵列特征"对话框。

04 单击"阵列特征"对话框中的"要形成阵列的特征"选项组，然后单击长方体图中的孔，单击"阵列定义"选项组，然后按照如图 6-87 所示的提示定义方向参考。

05 单击"阵列定义"选项组中的"螺旋式"选项下的"指定平面法向"，然后单击如图 6-88 所示的长方体的上平面。

06 单击"阵列定义"选项组中的"螺旋式"选项下的"参考矢量"，然后单击如图 6-89 所示的基准坐标系的 Z 轴。在相关选项下输入相应的数值，如图 6-87 所示。

图 6-87　"阵列定义"选项组

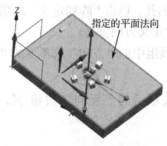

图 6-88　选择的平面法向

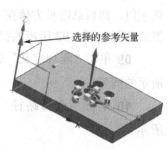

图 6-89　选择的参考矢量

07 单击"阵列特征"对话框中的"确定"按钮，即生成螺旋式阵列特征，如图 6-90 所示。

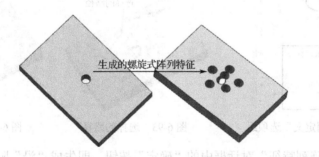

图 6-90　生成的螺旋式阵列特征

5．"沿"阵列

"沿"阵列是定义一个布局，该布局遵循一个连续的曲线链和可选的第二曲线链或矢量。下面将具体介绍其操作方法。

操作步骤

01 打开文件。单击"主页"功能区中的"打开"按钮，系统弹出"打开"对话框。

02 在"打开"对话框中选定文件名为"zl",然后单击"OK"按钮,或者双击所选定的文件,即打开所选文件,如图 6-75 所示。

03 单击"工具栏"中的"草图"按钮图,系统弹出"创建草图"对话框。

04 单击"创建草图"对话框中的"确定"按钮,系统进入草绘设计环境。

05 绘制圆弧。

绘制圆弧详见第 2 章的 2.6 节。

06 单击"完成草图"按钮,即完成创建草图,如图 6-91 所示。

07 单击"主页"功能区中的"特征"中的"阵列特征"按钮,系统弹出"阵列特征"对话框。

08 单击"阵列特征"对话框中的"要形成阵列的特征"选项组,然后单击长方体图中的孔,单击"阵列定义"选项组,然后按照如图 6-92 所示的提示定义方向参考。

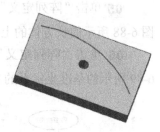

图 6-91　创建的草图

09 单击"阵列定义"选项组中的"方向"选项下的"选择路径",然后单击如图 6-93 所示的圆弧。

10 单击"选择路径"选项后的"反向"按钮,所生成的预览特征如图 6-94 所示。

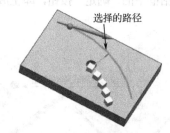

选择的路径

图 6-92　"阵列定义"选项组　　　图 6-93　选择的路径　　　图 6-94　阵列预览

11 单击"阵列特征"对话框中的"确定"按钮,即生成"沿"阵列特征,如图 6-95 所示。

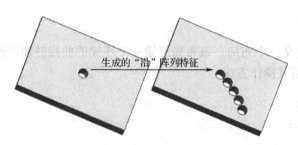

生成的"沿"阵列特征

图 6-95　生成的"沿"阵列特征

6.　"常规"阵列

　　"常规"阵列是使用按一个或多个目标点或者坐标系定义的位置来定义布局。下面将具体介绍其操作方法。

🔧🔧 **操作步骤**

　　01 打开文件。单击"主页"功能区中的"打开"按钮 ☁，系统弹出"打开"对话框。

　　02 在"打开"对话框中选定文件名为"zl"，然后单击"OK"按钮，或者双击所选定的文件，即打开所选文件，如图 6-75 所示。

　　03 单击"工具栏"中的"草图"按钮 🔳，系统弹出"创建草图"对话框。

　　04 单击"创建草图"对话框中的"确定"按钮，系统进入草绘设计环境。

　　05 绘制草图点。

　　绘制草图点详见第 2 章的 2.8 节。

　　06 单击"完成草图"按钮 🏁，即完成创建草图，如图 6-96 所示。

　　07 单击"主页"功能区中的"特征"中的"阵列特征"按钮 ⚙，系统弹出"阵列特征"对话框。

　　08 单击"阵列特征"对话框中的"要形成阵列的特征"选项组，然后单击长方体图中的孔，单击"阵列定义"选项组，然后按照如图 6-97 所示的提示定义布局参考，定义出发指定点效果如图 6-98 所示。

图 6-96　创建的草图　　　图 6-97　"阵列定义"选项组　　　图 6-98　定义出发指定点

　　09 单击"阵列特征"对话框中的"确定"按钮，即生成"常规"阵列特征，如图 6-99 所示。

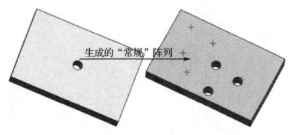

图 6-99　生成的"常规"阵列特征

7. "参考"阵列

"参考"阵列是使用现有阵列的定义来定义布局。其创建的方法与创建其他阵列方法相似，这里就不再叙述。

本章小结

本章介绍了特征操作，具体内容包括创建边倒圆、面倒圆、倒斜角、三角形加强筋、抽壳、拔模、凸起体、抽取几何体、镜像和阵列特征的方法，以及布尔运算（求和、求差和求交）的方法，通过对这些三维特征的操作必学练习，使读者能够更好地掌握三维设计的功能模块，提高设计效率。

第 7 章 特征的编辑

Chapter

07

特征的编辑

编辑特征包括编辑特征参数、位置、移动、替换、由表达式抑制、特征回放、编辑参数、可回滚编辑、特征重排序、抑制和取消抑制等。

学习重点

☑ 编辑特征尺寸

☑ 编辑位置、移动、替换特征和替换为独立草图

☑ 由表达式抑制和实体密度

☑ 回放、编辑参数和可回滚编辑

☑ 特征重排序、抑制和取消抑制

7.1 编辑特征尺寸

编辑特征尺寸的方法，即选择"菜单"→"编辑"→"特征"→"特征尺寸"级联菜单来编辑特征尺寸，如图 7-1 所示。

图 7-1 "编辑"→"特征"→"特征尺寸"级联菜单

选择"菜单"→"编辑"→"特征"→"特征尺寸"命令，可以编辑修改相关特征的尺寸。下面将介绍其具体的操作方法。

操作步骤

01 打开文件。单击"主页"功能区中的"打开"按钮 📂，系统弹出"打开"对话框。

02 在"打开"对话框中选定文件名为"7-1"，然后单击"OK"按钮，或者双击所选定的文件，即打开所选文件，如图 7-2 所示。

03 选择"菜单"→"编辑"→"特征"→"特征尺寸"命令，系统弹出如图 7-3 所示的"特征尺寸"对话框。

04 选择"特征"选项组中的"选择特征"选项，接着选择如图 7-4 所示的"拉伸 2"选项，其"尺寸"选项组如图 7-5 所示。

05 输入数值"110"，然后单击"特征尺寸"对话框中的"确定"按钮，即完成编辑特征尺寸的修改，如图 7-6 所示。

图 7-2　原始文件

图 7-3　"特征尺寸"对话框

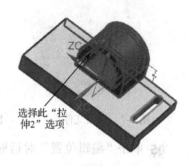

图 7-4　选择编辑特征尺寸的对象

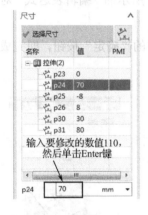

图 7-5　"尺寸"选项组

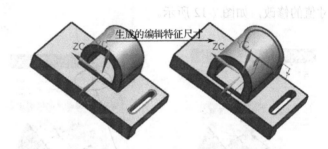

图 7-6　生成的编辑特征尺寸

7.2　编辑位置、移动、替换特征和替换为独立草图

下面将具体讲解编辑位置、移动特征、替换特征和替换为独立草图的方法。

7.2.1　编辑位置

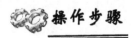 操作步骤

01 打开文件。单击"主页"功能区中的"打开"按钮🗁，系统弹出"打开"对话框。

02 在"打开"对话框中选定文件名为"7-2"，然后单击"OK"按钮，或者双击所选定的文件，即打开所选文件，如图 7-7 所示。

03 选择"菜单"→"编辑"→"特征"→"编辑位置"命令，系统弹出如图 7-8 所示的"编辑位置"对话框 1。

04 双击"编辑位置"对话框中的"矩形腔体（2）"选项，系统弹出如图 7-9 所示的"编辑位置"对话框 2。

图 7-7　原始文件　　　　图 7-8　"编辑位置"对话框 1　　图 7-9　"编辑位置"对话框 2

05 单击"编辑位置"对话框 2 中的"编辑尺寸值"按钮，系统弹出如图 7-10 所示的"编辑位置"对话框 3 及图中效果如图 7-10 所示。

06 单击如图 7-11 所示的尺寸选项，系统弹出如图 7-11 所示的"编辑表达式"对话框及图中效果如图 7-11 所示。

07 输入数值"40"，然后单击"编辑表达式"对话框中的"确定"按钮，即完成编辑尺寸值的修改，如图 7-12 所示。

图 7-10　"编辑位置"对话框 3　　图 7-11　"编辑表达式"对话框　　图 7-12　"编辑位置"对话框 4

08 单击"编辑位置"对话框 3 中的"确定"按钮，系统弹出"编辑位置"对话框 2，然后单击"确定"按钮，系统弹出"编辑位置"对话框 1，然后单击"确定"按钮，即完成编辑位置的修改，如图 7-13 所示。

图 7-13　生成的编辑位置特征

7.2.2　移动特征

操作步骤

01 打开文件。单击"主页"功能区中的"打开"按钮 ![打开], 系统弹出"打开"对话框。

02 在"打开"对话框中选定文件名为"7-2", 然后单击"OK"按钮, 或者双击所选定的文件, 即打开所选文件, 如图 7-7 所示。

03 选择"菜单"→"编辑"→"特征"→"移动"命令, 系统弹出如图 7-14 所示的"移动特征"对话框 1。

04 双击"编辑位置"对话框中的"基准坐标系（0）"选项, 系统弹出如图 7-15 所示的"移动特征"对话框 2。

05 选择"移动特征"对话框 2 中的"DXC"选项, 将其数值修改为 50, 然后单击"移动特征"对话框 2 中的"确定"按钮, 即完成编辑位置的修改, 如图 7-16 所示。

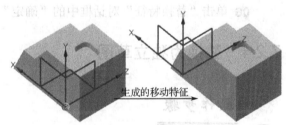

图 7-14　"移动特征"　　图 7-15　"移动特征"　　　　图 7-16　生成的移动特征
　　　对话框 1　　　　　　　　对话框 2

7.2.3　替换特征

操作步骤

01 打开文件。单击"主页"功能区中的"打开"按钮 ![打开], 系统弹出"打开"对话框。

02 在"打开"对话框中选定文件名为"7-3", 然后单击"OK"按钮, 或者双击所选定的文件, 即打开所选文件, 如图 7-17 所示。

03 选择"菜单"→"编辑"→"特征"→"替换"命令, 系统弹出如图 7-18 所示的"替换特征"对话框。

04 单击"替换特征"对话框中的"要替换的特征"选项组中的"选择特征", 然后单击长方体。

05 单击"替换特征"对话框中的"替换特征"选项组中的"选择特征", 然后单击圆台体，其"设置"选项及选择的对象如图7-19所示。

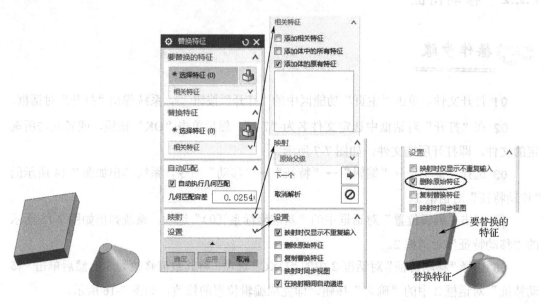

图7-17　原始文件　　　　图7-18　"替换特征"对话框　　　图7-19　"设置"选项及选择的对象

06 单击"替换特征"对话框中的"确定"按钮，即生成替换特征，如图7-20所示。

7.2.4　替换为独立草图

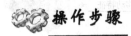 操作步骤

01 选择"菜单"→"编辑"→"特征"→"替换为独立草图"命令，系统弹出如图
7-21所示的"替换为独立草图"对话框。

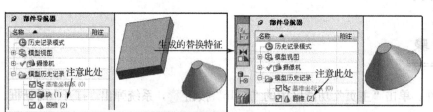

图7-20　生成的替换特征

图7-21　"替换为独立
草图"对话框

02 利用该对话框指定要替换的链接特征和候选特征，然后单击"确定"按钮，即生成替换为独立草图特征。

7.3　由表达式抑制和实体密度

可以使用表达式来抑制特征。其好处在于可以使模型更新速度加快。下面将具体讲解由表达式抑制的方法。

7.3.1　由表达式抑制

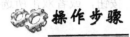

01 打开文件。单击"主页"功能区中的"打开"按钮 ，系统弹出"打开"对话框。

02 在"打开"对话框中选定文件名为"7-4"，然后单击"OK"按钮，或者双击所选定的文件，即打开所选文件，如图 7-22 所示。

图 7-22　原始文件

03 选择"菜单"→"编辑"→"特征"→"由表达式抑制"命令，系统弹出如图 7-23 所示的"由表达式抑制"对话框。

04 选择绘图区中的实体特征，然后单击"由表达式抑制"对话框中的"应用"按钮，接着单击"显示表达式"按钮，系统弹出如图 7-24 所示的"信息"窗口。

图 7-23　"由表达式抑制"对话框

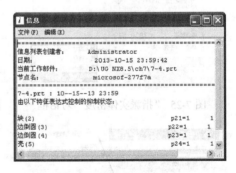

图 7-24　"信息"窗口

专家提示：在"信息"窗口中，可以查看由特征表达式控制的抑制状态。

更改实体密度和密度单位，使没有材料属性的实体具有密度特征。下面将具体讲解由表达式抑制的方法。

7.3.2 实体密度

操作步骤

01 打开文件。单击"主页"功能区中的"打开"按钮，系统弹出"打开"对话框。

02 在"打开"对话框中选定文件名为"7-4"，然后单击"OK"按钮，或者双击所选定的文件，即打开所选文件，如图 7-22 所示。

03 选择"菜单"→"编辑"→"特征"→"实体密度"命令，系统弹出如图 7-25 所示的"指派实体密度"对话框。

04 选择绘图区中的实体特征，然后单击"指派实体密度"对话框中的"确定"按钮。

05 选择"菜单"→"分析"→"测量体"命令，如图 7-26 所示，系统弹出如图 7-27 所示的"测量体"对话框。

06 选择绘图区中的实体特征，此时绘图区的效果如图 7-28 所示，然后单击"测量体"对话框中的"结果显示"选项组中的"显示信息窗口"勾选项，系统弹出如图 7-29 所示的"信息"窗口。

07 由"信息"窗口可以查看体积、面积、质量、重量、回转半径和质心等，其"信息"窗口所显示的信息即为实体所属信息。

图 7-25 "指派实体密度"对话框

图 7-26 "菜单"→"分析"→"测量体"级联菜单

图 7-27 "测量体"对话框

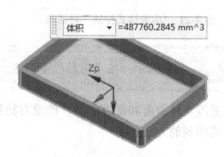

图 7-28 测量效果预览

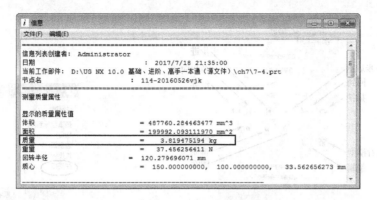

图 7-29　"信息"窗口

7.4　回放、编辑参数和可回滚编辑

特征回放是指按照特征逐一审核模型是如何创建的，NX 8.5 提供了特征回放功能，便于用户了解模型的构造和分析模型的合理性等。下面将具体讲解特征回放的创建方法。

7.4.1　回放

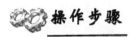

01 打开文件。单击"主页"功能区中的"打开"按钮 🗁，系统弹出"打开"对话框。

02 在"打开"对话框中选定文件名为"7-4"，然后单击"OK"按钮，或者双击所选定的文件，即打开所选文件，如图 7-22 所示。

03 选择"菜单"→"编辑"→"特征"→"回放"命令，系统弹出如图 7-30 所示的"更新时编辑"对话框。

在"更新时编辑"对话框中可以查看相关模型的创建步骤，这里就不再叙述。

下面将具体讲解编辑参数的方法。

7.4.2　编辑参数

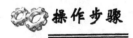

01 打开文件。单击"主页"功能区中的"打开"按钮 🗁，系统弹出"打开"对话框。

02 在"打开"对话框中选定文件名为"7-4"，然后单击"OK"按钮，或者双击所选定的文件，即打开所选文件，如图 7-22 所示。

03 选择"菜单"→"编辑"→"特征"→"编辑参数"命令，系统弹出如图 7-31 所示的"编辑参数"对话框。

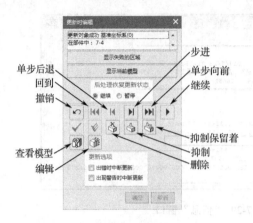

图 7-30 "更新时编辑"对话框　　　　　　图 7-31 "编辑参数"对话框

04 选择"编辑参数"对话框中的壳特征，然后双击壳特征（或者单击对话框中的"确定"按钮），系统弹出如图 7-32 所示的"抽壳"对话框。

05 在"厚度"选项组中输入厚度值 15，此时绘图区中的效果如图 7-33 所示。系统返回"编辑参数"对话框，单击"确定"按钮，此时绘图区中的效果如图 7-34 所示。

图 7-32 "抽壳"对话框　　　　图 7-33 绘图区效果　　　　图 7-34 修改后的效果

编辑参数可以在当前模型状态下编辑特征的参数值。通常直接双击要编辑的目标体，便可以进入特征参数编辑状态。另外使用系统提供的"编辑特征参数"命令工具来编辑指定特征的参数较为方便。

下面将具体讲解可回滚编辑的方法。

7.4.3　可回滚编辑

操作步骤

01 打开文件。单击"主页"功能区中的"打开"按钮，系统弹出"打开"对话框。

02 在"打开"对话框中选定文件名为"7-4"，然后单击"OK"按钮，或者双击所选定的文件，即打开所选文件，如图 7-22 所示。

03 选择"菜单"→"编辑"→"特征"→"可回滚编辑"命令，系统弹出如图 7-35 所示的"可回滚编辑"对话框。

04 选择"编辑参数"对话框中的边倒圆（3）特征，然后双击边倒圆（3）特征（或者单击对话框中的"确定"按钮），系统弹出如图 7-36 所示的"边倒圆"对话框。

05 在"要倒圆的边"选项组中的"半径 1"中输入半径值 20，此时绘图区中的效果如图 7-37 所示。系统返回"编辑参数"对话框，单击"确定"按钮，此时绘图区中的效果如图 7-38 所示。

图 7-35 "可回滚编辑"对话框

图 7-36 "边倒圆"对话框

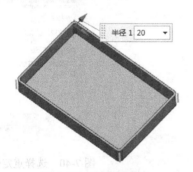

图 7-37 绘图区效果

图 7-38 编辑参数修改抽壳特征

 专家提示： 用户也可以在部件导航器的模型历史记录的特征列表中选择要回滚编辑的特征，然后单击鼠标右键，选择"可回滚编辑"命令，然后回滚编辑特征参数和选项等。

7.5 特征重排序、抑制和取消抑制

模型的特征是有创建排序次序的，特征排序不同可能会导致模型形状不一样。在实际设计中，用户可以根据设计要求对相关特征进行重排序，即改变特征应用到模型时的顺序。

7.5.1　重排序

下面将具体讲解重排序的方法。

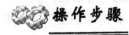

01 打开文件。单击"主页"功能区中的"打开"按钮，系统弹出"打开"对话框。

02 在"打开"对话框中选定文件名为"7-4"，然后单击"OK"按钮，或者双击所选定的文件，即打开所选文件，如图 7-22 所示。

03 选择"菜单"→"编辑"→"特征"→"重排序"命令，系统弹出如图 7-39 所示的"特征重排序"对话框。

04 在"参考特征"选项组中显示了设定范围内的所有特征，从中选择要重新参考特征，接着在"选择方法"选项组中选择"在前面"单选按钮或"在后面"单选按钮。

05 此时在"重定位特征"选项组中显示了由参考特征界定的重定位特征，从"重定位特征"选项组中选择要重定位的特征，如图 7-40 所示。

图 7-39　"特征重排序"对话框

图 7-40　选择重定位特征

06 单击"特征重排序"对话框中的"确定"按钮，即完成特征重排序操作。

如果不能把要排序的特征排序到指定的前面或后面，系统将弹出如图 7-41 所示的"消息"对话框，提示不能被重排序的原因。

7.5.2　抑制和取消抑制

特征抑制与前面介绍的由表达式抑制是有明显区别的。特征抑制是指从模型中临时移除指定的特征。下面将具体讲解抑制和取消抑制的方法。

操作步骤

01 打开文件。单击"主页"功能区中的"打开"按钮 ，系统弹出"打开"对话框。

02 在"打开"对话框中选定文件名为"7-4"，然后单击"OK"按钮，或者双击所选定的文件，即打开所选文件，如图 7-22 所示。

03 选择"菜单"→"编辑"→"特征"→"抑制"命令，系统弹出如图 7-42 所示的"抑制特征"对话框。

04 选择"抑制特征"对话框中的边倒圆（3）特征，此时绘图区的效果如图 7-43 所示。然后单击"确定"按钮，生成的抑制特征如图 7-44 所示。

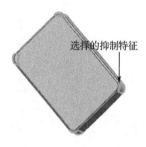

图 7-41　"消息"对话框　　图 7-42　"抑制特征"对话框　　图 7-43　选择的对象

05 选择"菜单"→"编辑"→"特征"→"取消抑制"命令，系统弹出如图 7-45 所示的"取消抑制特征"对话框。

06 单击"取消抑制特征"对话框中的"过滤器"选项组中的"边倒圆（3）"，此时"边倒圆（3）"即移动到"选定的特征"选项组中。

07 单击"取消抑制特征"对话框中的"确定"按钮，此时抑制特征即恢复，如图 7-46 所示。

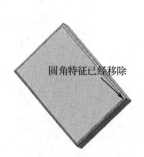

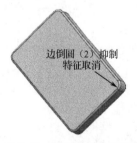

图 7-44　抑制效果　　图 7-45　"取消抑制特征"对话框　　图 7-46　取消抑制特征效果

专家提示：用户也可以在部件导航器的模型历史记录的特征列表中选择要抑制的特征，然后单击鼠标右键，选择"抑制"命令，即可抑制模型特征，然后选中抑制特征，单击鼠标右键选择"取消抑制"命令，即可取消抑制模型特征。

本章小结

　　本章介绍了编辑尺寸、编辑位置、特征移动、替换特征、替换为独立草图、由表达式抑制、编辑实体密度、特征回放、编辑特征参数、可回滚编辑、特征重排序、特征抑制和取消抑制等。另外读者还可以自学如何移除参数、删除特征等编辑操作。所谓的"移除参数"是指从实体或片体移除所有参数，而形成一个非关联的体。删除特征的操作很简单，选中要删除的特征，单击鼠标右键选择"编辑"菜单中的"删除"命令即可。

第 8 章 曲面建模与编辑

Chapter

08

曲面建模与编辑

在 NX 10.0 中，系统为用户提供了强大的曲面建模功能。本章主要介绍曲面建模的知识，具体包括曲面基础概述、依据点创建曲面、由曲线创建曲面、曲面的其他创建方法、编辑曲面、曲面加厚和其他几个曲面实用功能等。

学习重点

- ☑ 曲面基础知识
- ☑ 依据点创建曲面
- ☑ 创建拉伸曲面
- ☑ 创建旋转曲面
- ☑ 创建艺术曲面
- ☑ 通过曲线组创建曲面
- ☑ 通过曲线网格创建曲面
- ☑ 扫掠创建曲面
- ☑ N 边曲面的创建
- ☑ 剖切曲面的创建
- ☑ 弯边曲面的创建
- ☑ 曲面加厚
- ☑ 偏置曲面的创建
- ☑ 偏置面的创建
- ☑ 可变偏置的创建
- ☑ 修剪片体的创建
- ☑ 修剪和延伸的创建
- ☑ 分割面的创建
- ☑ 曲面的编辑

8.1 曲面基础知识

在学习曲面建模知识前，先简要地介绍曲面相关基础，比如曲面的概念、类型及曲面工具栏。

8.1.1 曲面的概念和类型

NX 10.0 为用户提供了强大的曲面设计能力，包括创建曲面和编辑曲面等众多功能。一般将曲面分为一般曲面和自由曲面。

1. 一般曲面

一般曲面的类型与创建方法如下。

- ☑ 依据点创建曲面：可以通过点、极点、点云等。
- ☑ 由曲线创建曲面：可以通过曲线组、曲线网格、扫掠、剖切曲面、桥接、N边曲面等。
- ☑ 曲面的其他创建方法：规律延伸、轮廓线弯边、偏置曲面、可变偏置、偏置面、修剪的片体、修剪与延伸等。
- ☑ 编辑曲面：包括移动定义点、移动极点、匹配边、使曲面变形、变换曲面、扩大、等参数修剪/分割、边界、更改边等。

2. 自由曲面

与一般曲面相比，自由曲面的创建更加灵活，其要求也高。自由曲面是一种概念性强的曲面形式，同时也是艺术性和技术性相对完美结合的曲面形式。有的曲面既可以看做是一般曲面，也可以看做是自由曲面。

8.1.2 熟悉曲面工具

NX 10.0 提供了一些曲面的工具，在 NX 10.0 界面中的"工具栏"中的空白处，单击鼠标右键，弹出如图 8-1 所示的快捷菜单，选择"曲面"选项，此时"曲面"功能区添加在菜单栏中，如图 8-2 所示。

添加的"曲面"功能区，主要包括"曲面"工具栏、"曲面工序"工具栏和"编辑曲面"工具栏等。

1. "曲面"工具栏

"曲面"工具栏如图 8-2 所示，该工具栏可提供用于创建曲面的相关工具按钮。

另外，如果用户界面中没有显示所需的命令，那么可以在现有工具栏中单击下拉按钮，选择相关命令。比如选择"剖切曲面"命令，其选择方法如图 8-4 所示。

2. "曲面工序"工具栏

"编辑曲面"工具栏如图 8-3 所示，该工具栏可对曲面进行相关的曲面操作。

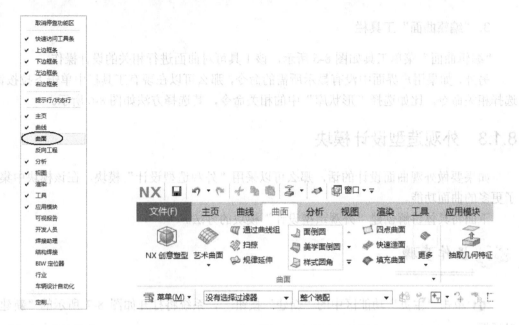

图 8-1 快捷菜单　　　　　　　　　　　　　图 8-2 "曲面"功能区

图 8-3 "编辑曲面"工具栏

另外，如果用户界面中没有显示所需的命令，那么可以在现有工具栏中单击下拉按钮，选择相关命令。比如选择"组合库"中的相关命令，其选择方法如图 8-5 所示。

图 8-4 "剖切曲面"选项　　　　　　　　　　　图 8-5 "组合库"选项

3."编辑曲面"工具栏

"编辑曲面"菜单工具如图8-6所示，该工具可对曲面进行相关的设计操作。

另外，如果用户界面中没有显示所需的命令，那么可以在现有工具栏中单击下拉按钮，选择相关命令。比如选择"形状库"中的相关命令，其选择方法如图8-6所示。

8.1.3 外观造型设计模块

如果要做外观曲面设计的话，那么可以采用"外观造型设计"模块，在该模块中集中了更多的曲面功能。

下面将具体讲解创建"外观造型设计"模块的方法。

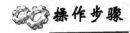 操作步骤

01 单击"主页"功能区中的"新建"按钮，系统将打开如图8-7所示的"新建"对话框。

图8-6 "形状库"选项

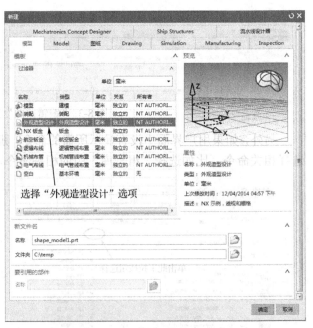

图8-7 选择"外观造型设计"模块

02 选择"模型"选项卡的"模板"选项中的"外观造型设计"模块，设置其单位为mm（毫米）。

03 指定文档名称和要保存到的文件夹等，然后单击"新建"对话框中的"确定"按钮。

另外，可以在"模型"等其他模式下，快速切换到"外观造型设计"模块，其操作方法为选择"应用模块"功能区中的"外观造型设计"命令，即可快速切换到"外观造型设

计"模块,如图 8-8 所示。

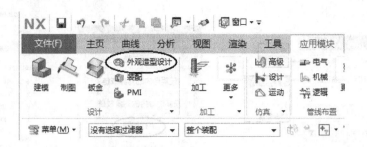

图 8-8 切换到"外观造型设计"模块

8.2 依据点创建曲面

可以通过点创建曲面。通过点创建曲面的方法有四种,即"通过点"方法、"从极点"方法、"从点云"方法和"快速造面"方法。

8.2.1 通过点

通过点指使用通过的点来创建曲面。下面将具体介绍其操作方法。

操作步骤

01 打开文件。单击"主页"功能区中的"打开"按钮 ,系统弹出"打开"对话框。

02 在"打开"对话框中选定文件名为"8-1",然后单击"OK"按钮,或者双击所选定的文件,即打开所选文件,如图 8-9 所示。

03 单击"曲面"功能区中的"曲面"工具栏中的"通过点"按钮 ,或者选择"菜单"→"插入"→"曲面"→"通过点"选项,系统弹出如图 8-10 所示的"通过点"对话框。

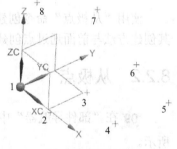

图 8-9 原始文件

04 选择"补片类型"选项组的"单个"选项,然后单击"通过点"对话框中的"确定"按钮。

05 系统弹出如图 8-11 所示的"过点"对话框,单击其对话框中的"点构造器"按钮,弹出如图 8-12 所示的"点"对话框。

06 在绘图区中依次选择点 1、2、3 和 4,接着单击"点"对话框中的"确定"按钮,系统弹出如图 8-13 所示的"指定点"对话框,然后单击其对话框中的"是"按钮。

07 系统弹出"点"对话框,然后在绘图区中依次选择点 5、6、7 和 8,接着单击"点"对话框中的"确定"按钮,系统弹出"指定点"对话框,然后单击其对话框中的"是"按钮。

图 8-10 "通过点"对话框　　　图 8-11 "过点"对话框　　　图 8-12 "点"对话框

08 系统弹出如图 8-14 所示的"过点"对话框，然后单击其对话框中的"所有指定的点"按钮，系统弹出"通过点"对话框，然后单击其对话框中的"取消"按钮，所生成的曲面如图 8-15 所示。

图 8-13 "指定点"对话框　　　图 8-14 "过点"对话框　　　图 8-15 通过点创建的曲面

使用"从极点"命令创建曲面的思路是指用定义曲面极点的矩形阵列点来创建曲面。其创建方法与前面通过点创建曲面的操作方法类似。下面将具体介绍其操作方法。

8.2.2 从极点

09 在"部件导航器"中选择"体"后，单击鼠标右键选择"删除"选项，如图 8-16 所示。

10 单击"曲面"功能区中的"曲面"工具栏中的"从极点"按钮 ，或者选择"菜单"→"插入"→"曲面"→"从极点"选项，系统弹出如图 8-17 所示的"从极点"对话框。

11 选择"补片类型"选项组的"单个"选项，然后单击"通过点"对话框中的"确定"按钮。

12 系统弹出"过点"对话框，单击其对话框中的"点构造器"按钮，弹出"点"对话框。

13 在绘图区中依次选择点 1、2、3、4 和 5，如图 8-18 所示，接着单击"点"对话框中的"确定"按钮，系统弹出"指定点"对话框，然后单击其对话框中的"是"按钮。

图 8-16　选择"删除"选项

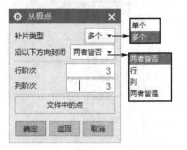
图 8-17　"从极点"对话框

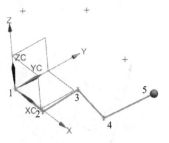
图 8-18　指定 5 个点

14 系统弹出"点"对话框，然后在绘图区中依次选择点 1、8、7、6 和 5，如图 8-19 所示，接着单击"点"对话框中的"确定"按钮，系统弹出"指定点"对话框，然后单击其对话框中的"是"按钮。

15 系统弹出如图 8-20 所示的"从极点"对话框，然后单击其对话框中的"所有指定的点"按钮，系统弹出"从极点"对话框，然后单击其对话框中的"取消"按钮，所生成的曲面如图 8-21 所示。

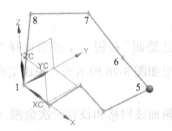
图 8-19　指定另外 5 个点

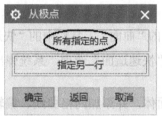
图 8-20　"从极点"对话框

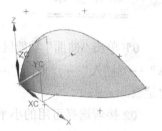
图 8-21　从极点创建的曲面

8.2.3　四点曲面

通过四点可以创建由四个点创建的曲面。下面将具体介绍其操作方法。

操作步骤

01 打开文件。单击"主页"功能区中的"打开"按钮，系统弹出"打开"对话框。

02 在"打开"对话框中选定文件名为"8-2"，然后单击"OK"按钮，或者双击所选定的文件，即打开所选文件，如图 8-22 所示。

03 单击"曲面"功能区中的"曲面"工具栏中的"四点曲面"按钮，或者选择"菜单"→"插入"→"曲面"→"四点曲面"选项，系统弹出如图 8-23 所示的"四点曲面"对话框。

04 依次选择如图 8-24 所示的四个点，然后单击"四点曲面"对话框中的"确定"按钮，所生成的曲面如图 8-25 所示。

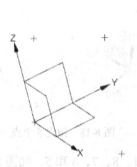

图 8-22　原始文件　　　　图 8-23　"四点曲面"对话框　　　　图 8-24　依次选择四个点

8.2.4　快速造面

快速造面可以从小平面体创建曲面模型。下面将具体介绍其操作方法。

操作步骤

01 单击"曲面"功能区中的"曲面"工具栏中的"快速造面"按钮 ，或者选择"菜单"→"插入"→"曲面"→"快速造面"选项，系统弹出如图 8-26 所示的"快速造面"对话框。

02 接着选择可用的小平面体，并添加网格曲线、编辑曲线网格和设置阶次金额分段等，具体的操作方法这里就不再详细叙述。

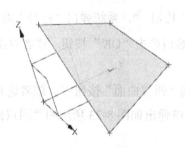

图 8-25　创建的四点曲面　　　　图 8-26　"快速造面"对话框

8.3 创建拉伸曲面

以 lsqm.prt 文件为例，下面将具体讲解拉伸创建曲面特征的方法。

操作步骤

01 打开文件。单击"主页"功能区中的"打开"按钮，系统弹出"打开"对话框。

02 在"打开"对话框中选定文件名为"lsqm"，然后单击"OK"按钮，或者双击所选定的文件，即打开所选文件，如图 8-27 所示。

03 单击"曲面"功能区中的"曲面"工具栏中的"拉伸"按钮，系统弹出"拉伸"对话框。

04 在"截面"选项组中的"选择曲线"为绘图区中的曲线，其"限制"选项组中的设置如图 8-28 所示，此时绘图区中的预览效果如图 8-29 所示。

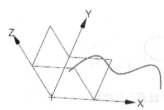

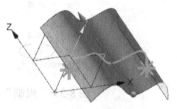

图 8-27 原始文件　　　图 8-28 "限制"选项组　　　图 8-29 预览效果

05 单击"拉伸"对话框中的"确定"按钮，即生成拉伸曲面特征，如图 8-30 所示。

专家提示：如果所创建的曲线为封闭的曲线时，在"拉伸"对话框中的"设置"选项组中应该选择的"体类型"为"片体"选项，才能生成拉伸曲面特征。

8.4 创建旋转曲面

以 hzqm.prt 文件为例，下面将具体讲解旋转创建曲面特征的方法。

操作步骤

01 打开文件。单击"主页"功能区中的"打开"按钮，系统弹出"打开"对话框。

02 在"打开"对话框中选定文件名为"xzqm"，然后单击"OK"按钮，或者双击所选定的文件，即打开所选文件，如图 8-31 所示。

03 单击"曲面"功能区中的"曲面"工具栏中的"旋转"按钮，系统弹出"旋转"对话框。

04 在"截面"选项组中的"选择曲线"为绘图区中的曲线，其"轴"选项组中的"指定矢量"选择如图 8-32 所示。

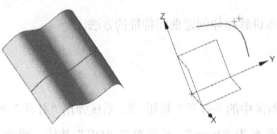

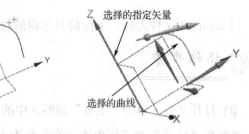

图 8-30 生成的拉伸曲面特征　　　图 8-31 原始文件　　　图 8-32 选择的"指定矢量"

05 在"限制"选项组中选择的旋转角度为"360°"，如图 8-33 所示"设置"选项组中选择"体类型"为"片体"选项，如图 8-34 所示。

06 单击"预览"选项组中的"预览"勾选项，此时生成的预览特征如图 8-35 所示，单击对话框中的"确定"按钮，即生成的旋转曲面特征，如图 8-36 所示。

图 8-33 "限制"选项组　　　　　图 8-34 "设置"选项组

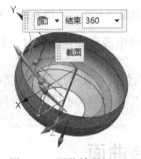

图 8-35 预览效果　　　　图 8-36 生成的回转曲面特征

8.5 创建艺术曲面

使用"艺术曲面"命令可以用任意数量的截面和引导线来创建曲面。以 ysqm.prt 文件为例，下面将具体讲解创建艺术曲面特征的方法。

操作步骤

01 打开文件。单击"主页"功能区中的"打开"按钮，系统弹出"打开"对话框。

02 在"打开"对话框中选定文件名为"ysqm"，然后单击"OK"按钮，或者双击所选定的文件，即打开所选文件，如图 8-37 所示。

03 单击"曲面"功能区中的"曲面"工具栏中的"艺术曲面"按钮 ，或者选择"菜单"→"插入"→"网格曲面"→"艺术曲面"选项，系统弹出如图 8-38 所示的"艺术曲面"对话框。

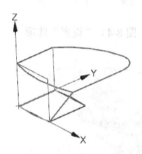

图 8-37　原始文件　　　　　　　图 8-38　"艺术曲面"对话框

04 单击"截面（主要）曲线"选项组中的"选择曲线"选项，然后单击如图 8-39 所示曲线作为截面曲线 1。

05 单击"截面（主要）曲线"选项组中的"添加新集"按钮 ，然后单击如图 8-40 所示曲线作为截面曲线 2。

06 单击"引导（交叉）曲线"选项组，然后单击其中的"选择曲线"选项，然后单击如图 8-41 所示曲线作为引导曲线。

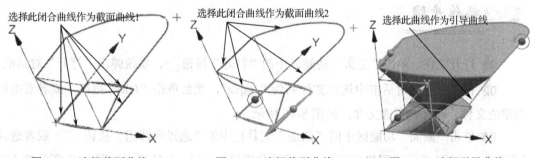

图 8-39　选择截面曲线 1　　　　图 8-40　选择截面曲线 2　　　　图 8-41　选择引导曲线

07 设置"连续性"选项组和"输出曲面选项"选项组，其设置参数如图 8-42 所示。

08 选择"设置"选项组中的"体类型"选项为"片体"选项，接受默认的相应公差设置，其设置参数如图 8-43 所示，此时预览的效果如图 8-44 所示。

09 单击"艺术曲面"对话框中的"确定"按钮，即完成艺术曲面的创建，如图 8-45

所示。

图 8-42 设置"连续性"及"输出曲面选项"

图 8-43 "设置"选项

图 8-44 预览效果

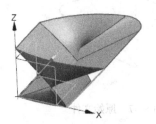

图 8-45 创建的艺术曲面

8.6 通过曲线组创建曲面

使用"通过曲线组"命令创建曲面是指通过多个截面创建片体，此时直纹形状改变以穿过各截面。各截面线串之间可以线性连接，也可以非线性连接。以 *tgqxz.prt* 文件为例，下面将具体讲解通过曲线组创建曲面的方法。

操作步骤

01 打开文件。单击"主页"功能区中的"打开"按钮，系统弹出"打开"对话框。

02 在"打开"对话框中选定文件名为"tgqxz"，然后单击"OK"按钮，或者双击所选定的文件，即打开所选文件，如图 8-46 所示。

03 单击"曲面"功能区中的"曲面"工具栏中的"通过曲线组"按钮，或者选择"菜单"→"插入"→"网格曲面"→"通过曲线组"选项，系统弹出如图 8-47 所示的"通过曲线组"对话框。

04 单击"截面"选项组中的"选择曲线"选项，然后单击如图 8-48 所示曲线作为截面曲线 1。

05 单击"截面"选项组中的"添加新集"按钮，然后单击如图 8-49 所示曲线作为截面曲线 2。

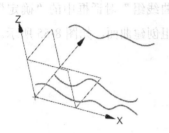

图 8-46 原始文件   图 8-47 "通过曲线组"对话框

06 单击"截面"选项组中的"添加新集"按钮 ，然后单击如图 8-50 所示曲线作为截面曲线 3。

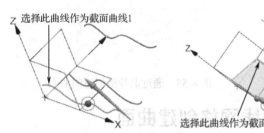

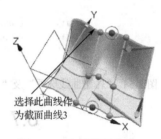

图 8-48 选择截面曲线 1   图 8-49 选择截面曲线 2   图 8-50 选择截面曲线 3

07 选择"连续性"选项组中的"全部应用"选项，接受默认的相应设置，在"对齐"线性组中选择"对齐"中的"根据点"选项，其设置参数如图 8-51 所示。

08 在"输出曲面选项"组中选择"补片类型"为"多个"，并勾选"V 向封闭"选项，"构造"选项为"法向"选项，此时的预览如图 8-52 所示。

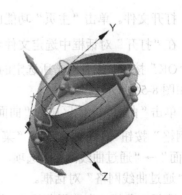

图 8-51 "连续性"及"对齐"设置   图 8-52 "V 向封闭"选项预览

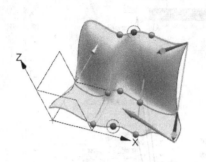

图 8-53 "垂直于终止截面"选项预览

09 在"输出曲面选项"组中选择"补片类型"为"多个",并勾选"垂直于终止截面"选项,此时的预览如图 8-53 所示。

10 选择"设置"选项组中的"体类型"为"片体"选项,接受默认的相应公差设置,其设置参数如图 8-54 所示。

11 单击"通过曲线组"对话框中的"确定"按钮,即完成通过曲线组创建曲面,如图 8-55 所示。

图 8-54 "输出曲线选项"及"设置"选项

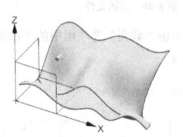

图 8-55 通过曲线组创建的曲面

8.7 通过曲线网格创建曲面

通过一个方向的截面网格和另一个方向的引导线来创建的片体或实体。同一个方向的截面网格通常被称为"主线串",而另外一个方向的引导线通常被称为"交叉线串"。

以 tgqxwg.prt 文件为例,下面将具体讲解通过曲线网格创建曲面的方法。

🔩 **操作步骤**

01 打开文件。单击"主页"功能区中的"打开"按钮 📂,系统弹出"打开"对话框。

02 在"打开"对话框中选定文件名为"tgqxwg",然后单击"OK"按钮,或者双击所选定的文件,即打开所选文件,如图 8-56 所示。

03 单击"曲面"功能区中的"曲面"工具栏中的"通过曲线网格"按钮 🔲,或者选择"菜单"→"插入"→"网格曲面"→"通过曲线网格"选项,系统弹出如图 8-57 所示的"通过曲线网格"对话框。

04 选择主曲线。先选择曲线 1,然后单击鼠标中键,

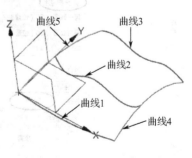

图 8-56 原始文件

接着选择曲线 2，再单击鼠标中键，然后选择曲线 3，此时图中的预览效果如图 8-58 所示。

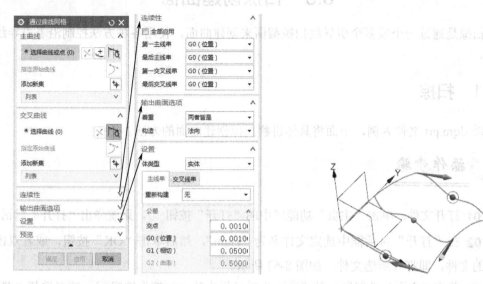

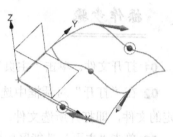

图 8-57 "通过曲线网格"对话框

图 8-58 选择主曲线预览

05 选择交叉曲线。单击"交叉曲线"选项组中的"选择曲线"选项，然后选择曲线 4，并单击鼠标中键，然后选择曲线 5，此时图中的预览效果如图 8-59 所示。

06 设置"通过曲线网格"对话框中的"连续性"、"输出曲线选项"及"设置"选项，如图 8-60 所示。

07 单击"通过曲线网格"对话框中的"确定"按钮，即完成通过曲线网格创建曲面，如图 8-61 所示。

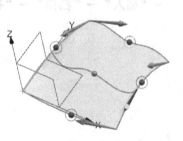

图 8-59 选择交叉曲线预览

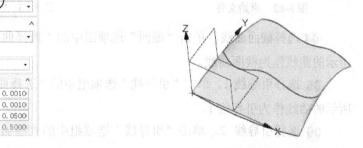

图 8-60 "连续性"、"输出曲线选项"及"设置"选项

图 8-61 通过曲线网格创建的曲面

8.8 扫掠创建曲面

扫掠是通过一个或多个引导线扫掠截面来创建曲面，使用各种方法控制沿着引导线的形状。

8.8.1 扫掠

以 slqm.prt 文件为例，下面将具体讲解扫掠创建曲面的方法。

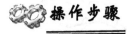 操作步骤

01 打开文件。单击"主页"功能区中的"打开"按钮 🖐️，系统弹出"打开"对话框。

02 在"打开"对话框中选定文件名为"slqm"，然后单击"OK"按钮，或者双击所选定的文件，即打开所选文件，如图 8-62 所示。

03 单击"主页"功能区中的"曲面"工具栏中的"扫掠"按钮 🐚，或者选择"菜单"→"插入"→"扫掠"→"扫掠"选项，系统弹出如图 8-63 所示的"扫掠"对话框。

图 8-62 原始文件　　　　　　　　　图 8-63 "扫掠"对话框

04 选择截面曲线。单击"截面"选项组中的"选择曲线"选项，然后单击如图 8-64 所示的曲线作为截面曲线。

05 选择引导线 1。单击"引导线"选项组中的"选择曲线"选项，然后选择如图 8-65 所示的曲线作为引导线 1。

06 选择引导线 2。单击"引导线"选项组中的"添加新集"按钮 ➕，然后选择如图 8-66 所示的曲线作为引导线 2。

07 单击"引导线"选项组中的"反向"按钮 ✖️，此时预览的效果如图 8-67 所示。

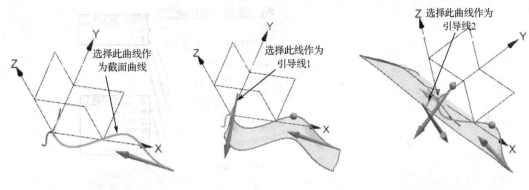

图 8-64　选择截面曲线预览　　图 8-65　选择引导线 1 预览　　图 8-66　选择引导线 2 预览

08 设置"截面选项"选项组，选择"设置"选项组中的"体类型"选项为"片体"选项，接受默认的相应公差设置，其设置参数如图 8-68 所示。

09 单击"扫掠"对话框中的"确定"按钮，即完成扫掠曲面的创建，如图 8-69 所示。

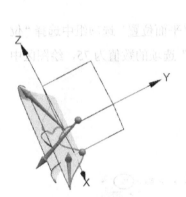

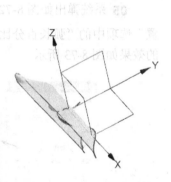

图 8-67　选择引导线预览　　图 8-68　"截面选项"和"设置"选项　　图 8-69　创建的扫掠曲面

8.8.2　变化扫掠

以 bhlsqm.prt 文件为例，下面将具体讲解变化扫掠创建曲面的方法。

操作步骤

01 打开文件。单击"主页"功能区中的"打开"按钮 ，系统弹出"打开"对话框。

02 在"打开"对话框中选定文件名为"bhlsqm"，然后单击"OK"按钮，或者双击所选定的文件，即打开所选文件，如图 8-70 所示。

03 单击"主页"功能区中的"曲面"工具栏中的"变化扫掠"按钮 ，或者选择"菜单"→"插入"→"扫掠"→"变化扫掠"选项，系统弹出如图 8-71 所示的"变化扫掠"对话框。

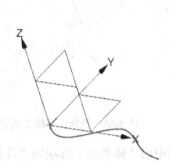

图 8-70 原始文件　　　　　　　　　　　图 8-71 "变化扫掠"对话框

04 选择截面曲线。单击"截面"选项组中的"选择曲线"选项，然后单击图中的曲线作为截面曲线。

05 系统弹出如图 8-72 所示的"创建草图"对话框，在"平面位置"选项组中选择"位置"选项中的"弧长百分比"选项，然后输入"弧长百分比"选项的数值为 75，绘图区中的效果如图 8-73 所示。

图 8-72 "创建草图"对话框　　　　　　图 8-73 "弧长百分比"的效果

06 单击"创建草图"对话框中的"确定"按钮，系统出现草图绘制模式。

07 绘制圆弧。

绘制圆弧详见第 2 章的 2.6 节。

08 单击"完成草图"按钮 ，即完成创建草图，其绘制的尺寸参数如图 8-74 所示。

09 设置"限制"选项组中的"弧长百分比"数值为 100，此时绘图区效果如图 8-75 所示。

10 单击"变化扫掠"对话框中的"确定"按钮，即完成变化扫掠曲面的创建，如图

8-76 所示。

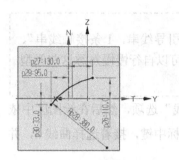

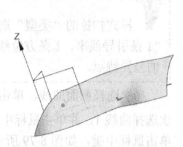

图 8-74　圆弧尺寸　　　　图 8-75　"弧长百分比"设置效果　　　图 8-76　创建的变化扫掠曲面

8.8.3　样式扫掠

以 ysslqm.prt 文件为例，下面将具体讲解样式扫掠创建曲面的方法。

操作步骤

01 打开文件。单击"主页"功能区中的"打开"按钮 ，系统弹出"打开"对话框。

02 在"打开"对话框中选定文件名为"ysslqm"，然后单击"OK"按钮，或者双击所选定的文件，即打开所选文件，如图 8-77 所示。

03 单击"主页"功能区中的"曲面"工具栏中的"样式扫掠"按钮 ，或者选择"菜单"→"插入"→"扫掠"→"样式扫掠"选项，或者选择"菜单"→"插入"→"扫掠"→"样式扫掠"选项，系统弹出如图 8-78 所示的"样式扫掠"对话框。

图 8-77　原始文件　　　　　　　　图 8-78　"样式扫掠"对话框

04 选择类型。单击"样式扫掠"对话框中的"类型"选项组中的"1 条引导线串"选项。

提示

　　样式扫掠的"类型"选项中有"1 条引导线串"、"1 条引导线串，1 条接触线串"、"1 条引导线串，1 条方位线串"和"2 条引导线串"，读者可以自行慢慢熟悉这些类型的差异特点。

　　05 选择截面曲线。单击"截面"选项组中的"选择曲线"选项，然后在绘图区中依次选择曲线 1，并单击鼠标中键，接着选择曲线 2，并单击鼠标中键，接着选择曲线 3，并单击鼠标中键，如图 8-79 所示。

　　06 选择引导线。单击"引导线"选项组中的"选择曲线"选项，然后选择如图 8-80 所示的曲线作为引导线。

　　07 单击"样式扫掠"对话框中的"扫掠属性"选项组，从"过渡控制"下拉列表框中选择"混合"选项，从"固定线串"下拉列表框中选择"引导线和截面"选项，从"截面方位"下拉列表框中选择"平移"选项，如图 8-81 所示，此时预览特征如图 8-82 所示。

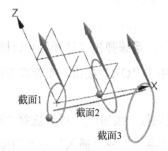

图 8-79　选择截面曲线　　　　图 8-80　选择引导线　　　　图 8-81　"扫掠属性"选项组

　　08 单击"样式扫掠"对话框中的"形状控制"和"设置"选项组，其设置参数如图 8-83 所示。

　　09 单击"样式扫掠"对话框中的"确定"按钮，即完成样式扫掠曲面的创建，如图 8-84 所示。

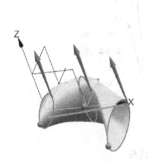

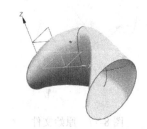

图 8-82　扫掠预览　　　　图 8-83　"形状控制"和"设置"选项组　　　　图 8-84　创建的样式扫掠曲面

8.9　N 边曲面的创建

使用"N 边曲面"命令可以创建由一组端点相连曲线封闭的曲面，在创建过程中可以进行形状控制等设置。以 nbqm.prt 文件为例，下面将具体讲解 N 边曲面创建的方法。

操作步骤

01 打开文件。单击"主页"功能区中的"打开"按钮，系统弹出"打开"对话框。

02 在"打开"对话框中选定文件名为"nbqm"，然后单击"OK"按钮，或者双击所选定的文件，即打开所选文件，如图 8-85 示。

03 单击"主页"功能区中的"曲面"工具栏中的"N 边曲面"按钮，或者选择"菜单"→"插入"→"网格曲面"→"N 边曲面"选项，系统弹出如图 8-86 所示的"N 边曲面"对话框。

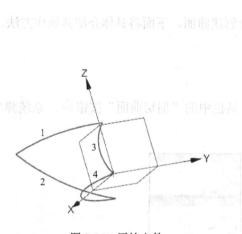

图 8-85　原始文件

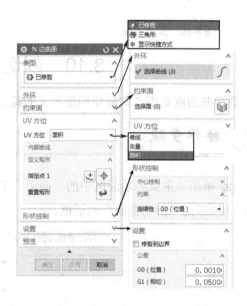

图 8-86　"N 边曲面"对话框

04 选择对话框"类型"中的"已修剪"选项，单击"外环"选项，然后在绘图区中依次选择曲线 1、2 和 3 作为选择曲线，此时的预览效果如图 8-87 所示。

05 单击"N 边曲面"对话框中的"内部曲线"选项中的"选择曲线"选项，然后在绘图区中依次选择曲线 4 作为选择曲线，此时的预览效果如图 8-88 所示。

06 "形状控制"及"设置"选项组的设置参数如图 8-89 所示，此时绘图区效果如图 8-90 所示。

07 单击"N 边曲面"对话框中的"确定"按钮，即完成 N 边曲面的创建，如图 8-91 所示。

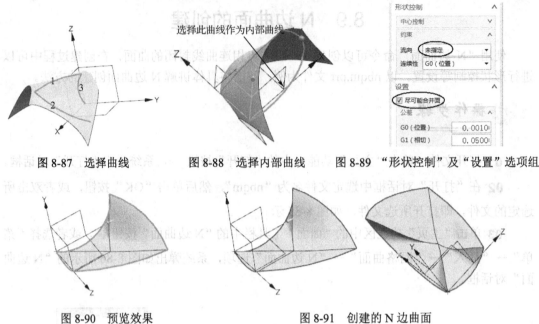

图 8-87　选择曲线　　　　　图 8-88　选择内部曲线　　　　图 8-89　"形状控制"及"设置"选项组

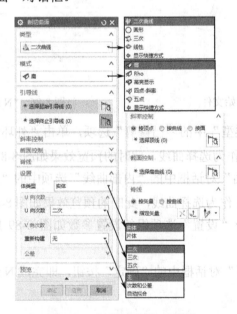

图 8-90　预览效果　　　　　　　　　　图 8-91　创建的 N 边曲面

8.10　剖切曲面的创建

剖切曲面就是用二次曲线构造定义的截面创建曲面。下面将具体介绍其操作方法。

操作步骤

01 单击"主页"功能区中的"曲面"工具栏中的"剖切曲面"按钮，系统弹出如图 8-92 所示的"剖切曲面"对话框。

图 8-92　"剖切曲面"对话框

02 接着选择剖切曲面的类型、引导线、斜率控制、截面控制、脊线和设置等，具体的操作方法这里就不再详细叙述。

8.11　弯边曲面的创建

本例将介绍弯边曲面的创建方法，包括"规律延伸"、"延伸曲面"和"轮廓线弯边"。

8.11.1　规律延伸

规律延伸是指动态地或基于距离和角度规律，从基本片体创建一个规律控制的曲面。距离（长度）和角度规律既可以是恒定的，也可以是线性的，还可以是其他规律的，比如三次、沿脊线的线性、沿脊线的三次、根据方程、根据规律曲线和多重过渡。

以 glys.prt 文件为例，下面将具体讲解弯边曲面创建的方法。

操作步骤

01 打开文件。单击"主页"功能区中的"打开"按钮 ，系统弹出"打开"对话框。

02 在"打开"对话框中选定文件名为"glys"，然后单击"OK"按钮，或者双击所选定的文件，即打开所选文件，如图 8-93 所示。

03 单击"主页"功能区中的"曲面"工具栏中的"规律延伸"按钮 ，或者选择"菜单"→"插入"→"弯边曲面"→"规律延伸"选项，系统弹出如图 8-94 所示的"规律延伸"对话框。

图 8-93　原始文件

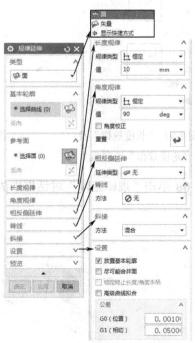

图 8-94　"规律延伸"对话框

04 单击"规律延伸"对话框中的"基本轮廓"选项组的"选择曲线"选项，然后在绘图区中选择如图 8-95 所示的曲线作为选择曲线。

05 单击"规律延伸"对话框中的"参考面"选项组中的"选择面"选项，然后在绘图区中选择如图 8-96 所示的面作为选择面。

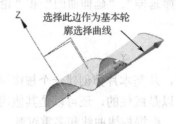

图 8-95　选择基本轮廓曲线　　　　　　　　图 8-96　选择参考面

06 "长度规律"及"角度规律"选项组的设置参数如图 8-97 所示，此时绘图区效果如图 8-98 所示。

07 "相反侧延伸"、"斜接"和"设置"选项组的设置参数如图 8-99 所示，此时绘图区效果如图 8-100 所示。

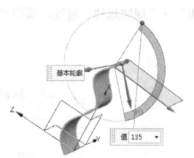

图 8-97　"长度规律"及　　　　　　图 8-98　预览效果　　　　　　图 8-99　"相反侧延伸"、
"角度规律"选项组　　　　　　　　　　　　　　　　　　　　　　　"斜接"和"设置"选项组

08 单击"规律延伸"对话框中的"确定"按钮，即完成规律延伸的创建，如图 8-101 所示。

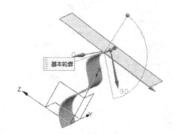

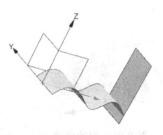

图 8-100　预览效果　　　　　　　　　图 8-101　创建的规律延伸曲面

8.11.2　延伸曲面

以 yanshenqm.prt 文件为例，下面将具体讲解延伸曲面创建的方法。

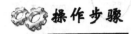 操作步骤

01 打开文件。单击"主页"功能区中的"打开"按钮 ，系统弹出"打开"对话框。

02 在"打开"对话框中选定文件名为"yanshenqm"，然后单击"OK"按钮，或者双击所选定的文件，即打开所选文件，如图 8-102 所示。

03 单击"主页"功能区中的"曲面"工具栏中的"延伸曲面"按钮 ，或者选择"菜单"→"插入"→"弯边曲面"→"延伸曲面"选项，系统弹出如图 8-103 所示的"延伸曲面"对话框。

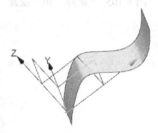

图 8-102　原始文件

04 单击"延伸曲面"对话框中的"要延伸的边"选项组的"选择边"选项，然后在绘图区中选择如图 8-104 所示的边作为选择对象。

图 8-103　"延伸曲面"对话框

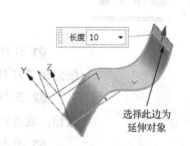

图 8-104　选择延伸边

05 单击"延伸曲面"对话框中的"延伸"选项组中的"方法"下拉列表框中的"相切"，输入长度值为"85"，如图 8-105 所示，此时绘图区中的效果如图 8-106 所示。

06 单击"延伸曲面"对话框中的"延伸"选项组中的"方法"下拉列表框中的"圆弧"，输入长度值为"85"，如图 8-107 所示，此时绘图区中的效果如图 8-108 所示。

07 单击"延伸曲面"对话框中的"确定"按钮，即完成延伸曲面的创建，如图 8-109 所示。

图 8-105　"延伸"和"设置"选项组　　图 8-106　预览效果　　图 8-107　"延伸"和"设置"选项组

图 8-108　预览效果　　　　　　　图 8-109　延伸曲面的创建

8.11.3　轮廓线弯边

使用"轮廓线弯边"命令，可以创建具备光顺边细节、最优化外观形状和斜率连续性的曲面。

以 lkxwb.prt 文件为例，下面将具体讲解通过轮廓线弯边创建曲面的方法。

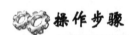 操作步骤

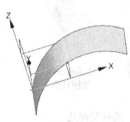

图 8-110　原始文件

01 打开文件。单击"主页"功能区中的"打开"按钮，系统弹出"打开"对话框。

02 在"打开"对话框中选定文件名为"lkxwb"，然后单击"OK"按钮，或者双击所选定的文件，即打开所选文件，如图 8-110 所示。

03 单击"主页"功能区中的"曲面"工具栏中的"轮廓线弯边"按钮，或者选择"菜单"→"插入"→"弯边曲面"→"轮廓线弯边"选项，系统弹出如图 8-111 所示的"轮廓线弯边"对话框。

04 单击"轮廓线弯边"对话框中的"类型"选项组的"基本尺寸"选项。

提示

轮廓线弯边中的"类型"选项中有"基本尺寸"、"绝对缝隙"和"视觉差"，读者可以自行慢慢熟悉这些类型的差异特点。

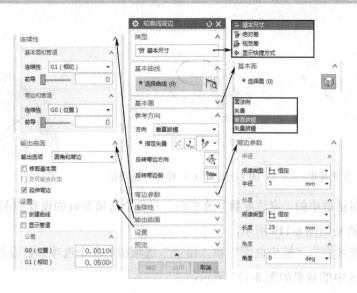

图 8-111　"轮廓线弯边"对话框

05 单击"轮廓线弯边"对话框中的"基本曲线"选项组的"选择曲线"选项，然后在绘图区中选择如图 8-112 所示的边作为选择对象。

06 单击"轮廓线弯边"对话框中的"基本面"选项组中的"选择面"选项，然后选择如图 8-113 所示的面作为选择对象。

07 单击对话框中的"参考方向"选项组中的"方向"下拉列表框中的"面法向"，如图 8-114 所示，此时绘图区中的效果如图 8-115 所示。

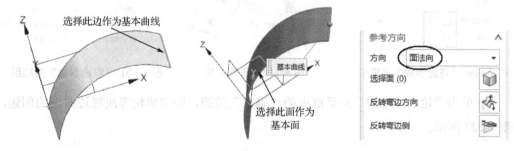

图 8-112　选择基本曲线　　　图 8-113　选择基本面　　　图 8-114　"方向参考"选项组

08 单击对话框中的"参考方向"选项组中的"方向"下拉列表框中的"矢量"，然后单击"指定矢量"选项，如图 8-116 所示，并单击 Z 轴作为指定矢量，此时绘图区中的效果如图 8-117 所示。

/提示

"参考方向"选项组中的"方向"下拉列表框中有"面法向"、"矢量"、"垂直拔模"和"矢量拔模"，读者可以自行慢慢熟悉这些类型的差异特点。

图 8-115　预览效果　　　　图 8-116　"方向参考"选项组　　　　图 8-117　预览效果

09 单击对话框中的"弯边参数"选项组，其各个选项参数的设置如图 8-118 所示，此时绘图区中的效果如图 8-119 所示。

10 其"连续性"、"输出曲面"和"设置"选项组的各个选项参数设置如图 8-120 所示，此时绘图区中的效果如图 8-121 所示。

图 8-118　"弯边参数"选项组　　　　图 8-119　预览效果　　　　图 8-120　"弯边参数"选项组

11 单击"轮廓线弯边"对话框中的"确定"按钮，即完成轮廓线弯边曲面的创建，如图 8-122 所示。

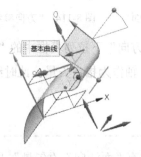
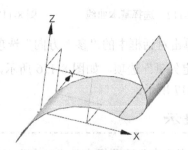

图 8-121　预览效果　　　　图 8-122　轮廓线弯边曲面的创建

8.12　曲面加厚

曲面加厚是通过为一组面增加厚度来创建实体。以 qmjh.prt 文件为例，下面将具体讲解曲面加厚创建的方法。

操作步骤

01 打开文件。单击"主页"功能区中的"打开"按钮 ，系统弹出"打开"对话框。

02 在"打开"对话框中选定文件名为"qmjh"，然后单击"OK"按钮，或者双击所选定的文件，即打开所选文件，如图 8-123 所示。

03 单击"主页"功能区中的"曲面工序"工具栏中的"加厚"按钮 ，或者选择"菜单"→"插入"→"偏置/缩放"→"加厚"选项，系统弹出如图 8-124 所示的"加厚"对话框。

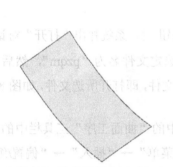

图 8-123　原始文件　　　　　　图 8-124　"轮廓线弯边"对话框

04 单击"加厚"对话框中的"面"选项组的"选择面"选项，然后选择绘图区中的面作为选择对象。

05 在"厚度"选项组中输入偏置 1 的值为 5，偏置 2 的值为 0，此时生成的偏置厚度预览如图 8-125 所示。

06 其"布尔"、"Check-Mate"和"设置"选项组的设置参数如图 8-126 所示，此时绘图区效果如图 8-127 所示。

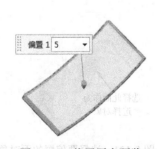

图 8-125　偏置厚度预览　　　　图 8-126　"布尔"、"Check-Mate"和"设置"选项组

07 单击"加厚"对话框中的"确定"按钮，即完成曲面加厚的创建，如图 8-128 所示。

图 8-127　预览效果

图 8-128　曲面加厚的创建

8.13　偏置曲面的创建

偏置曲面是通过偏置一组面创建体。以 pzqm.prt 文件为例，下面将具体讲解偏置曲面创建的方法。

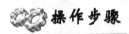操作步骤

01 打开文件。单击"主页"功能区中的"打开"按钮，系统弹出"打开"对话框。

02 在"打开"对话框中选定文件名为"pzqm"，然后单击"OK"按钮，或者双击所选定的文件，即打开所选文件，如图 8-129 所示。

03 单击"主页"功能区中的"曲面工序"工具栏中的"偏置曲面"按钮，或者选择"菜单"→"插入"→"偏置/缩放"→"偏置曲面"选项，系统弹出如图 8-130 所示的"偏置曲面"对话框。

图 8-129　原始文件

04 单击"偏置曲面"对话框中的"要偏置的面"选项组的"选择面"选项，然后在绘图区中选择如图 8-131 所示的面作为选择对象。

图 8-130　"偏置曲面"对话框

选择此面作为选择对象

图 8-131　选择要偏置的面对象

05 单击"要偏置的面"选项组中的"添加新集"按钮 ，然后单击如图 8-132 所示的曲面作为选择对象。

06 其"特征"、"部分结果"和"设置"选项组的各个选项参数设置如图 8-133 所示，此时绘图区中的效果如图 8-134 所示。

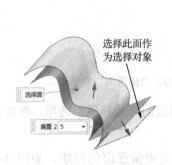

图 8-132　选择要偏置的面对象　　　图 8-133　"特征"、"部分结果"和"设置"选项组

07 单击"偏置曲面"对话框中的"确定"按钮，即完成偏置曲面的创建，如图 8-135 所示。

图 8-134　预览效果　　　　　　　　图 8-135　偏置曲面的创建

8.14　偏置面的创建

偏置面是使一组面偏离当前位置。以 pzm.prt 文件为例，下面将具体讲解偏置面创建的方法。

操作步骤

01 打开文件。单击"主页"功能区中的"打开"按钮 ，系统弹出"打开"对话框。

02 在"打开"对话框中选定文件名为"pzm"，然后单击"OK"按钮，或者双击所选定的文件，即打开所选文件，如图 8-136 所示。

03 单击"主页"功能区中的"曲面工序"工具栏中的"偏置面"按钮 ，或者选择"菜单"→"插入"→"偏置/缩放"→"偏置面"选项，系统弹出如图 8-137 所示的"偏置

05 单击"偏置面"选项组中的"添加新集"按钮，然后单击"应用"按钮，"选择面"对话框。

06 在"打开"对话框中选定文件名为"偏置"，增加到第5个偏置数量，如图8-135所示，并在绘图区中删除多余面。

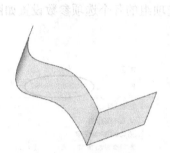

图 8-136　原始文件

图 8-137　"偏置面"对话框

04 单击"偏置面"对话框中的"要偏置的面"选项组的"选择面"选项，然后在绘图区中选择如图 8-138 所示的面作为选择对象。

05 单击"偏置面"对话框中的"确定"按钮，即完成偏置面的创建，如图 8-139 所示。

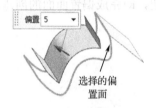

图 8-138　预览效果

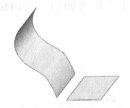

图 8-139　偏置面的创建

8.15　可变偏置的创建

可变偏置是使面偏置一个距离，该距离可能在四个点处有所变化。以 kbpz.prt 文件为例，下面将具体讲解可变偏置创建的方法。

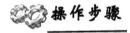

操作步骤

01 打开文件。单击"主页"功能区中的"打开"按钮，系统弹出"打开"对话框。

02 在"打开"对话框中选定文件名为"kbpz"，然后单击"OK"按钮，或者双击所选定的文件，即打开所选文件，如图 8-140 所示。

03 单击"主页"功能区中的"曲面工序"工具栏中的"可变偏置"按钮，或者选择"菜单"→"插入"→"偏置/缩放"→"可变偏置"选项，系统弹出如图 8-141 所示的"可变偏置"对话框。

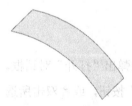

图 8-140　原始文件

04 单击"可变偏置"对话框中的"要偏置的面"选项组的"选择面"选项，然后在绘图区中选择如图 8-142 所示的面作为选择对象。

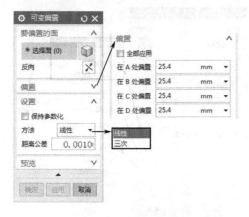

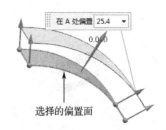

图 8-141　"可变偏置"对话框　　　　　　　　图 8-142　选择要偏置的面对象

05 其"偏置"和"设置"选项组的各个选项参数设置如图 8-143 所示，此时绘图区中的效果如图 8-144 所示。

06 单击"可变偏置"对话框中的"确定"按钮，即完成可变偏置的创建，如图 8-145 所示。

图 8-143　"偏置"和"设置"选项组　　　　图 8-144　预览效果　　　　图 8-145　可变偏置的创建

8.16　修剪片体的创建

修剪片体是使用曲线、面或基准平面修剪片体的一部分。以 xjpt.prt 文件为例，下面将具体讲解修剪片体的创建方法。

操作步骤

01 打开文件。单击"主页"功能区中的"打开"按钮，系统弹出"打开"对话框。

02 在"打开"对话框中选定文件名为"xjpt"，然后单击"OK"按钮，或者双击所选定的文件，即打开所选文件，如图 8-146 所示。

03 单击"主页"功能区中的"曲面工序"工具栏中的"修剪片体"按钮，或者选择"菜单"→"插入"→"修剪"→"修剪片体"选项，系统弹出如图 8-147 所示的"修剪片体"对话框。

图 8-146 原始文件 　　　　　　　图 8-147 "修剪片体"对话框

04 单击"修剪片体"对话框中的"目标"选项组的"选择片体"选项，然后在绘图区中选择如图 8-148 所示的面作为选择对象。

05 单击"修剪片体"对话框中的"边界对象"选项组的"选择对象"选项，然后在绘图区中选择如图 8-149 所示的拉伸曲面作为选择对象。

06 其"投影方向"、"区域"和"设置"选项组的各个选项参数设置如图 8-150 所示，此时绘图区中的效果如图 8-151 所示。

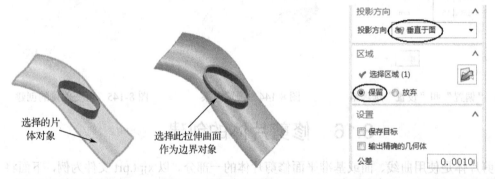

图 8-148 选择片体对象　　图 8-149 选择边界对象　　图 8-150 "投影方向"、"区域"和"设置"选项组

07 单击"修剪片体"对话框中的"确定"按钮，即完成修剪片体的创建，如图 8-152 所示（隐藏拉伸曲面）。

图 8-151 预览效果　　　　　　　图 8-152 修剪片体的创建

8.17　修剪和延伸的创建

修剪和延伸是按距离或与另一组面的交点修剪或延伸一组面。以 xjhys.prt 文件为例，下面将具体讲解修剪和延伸的创建方法。

操作步骤

01 打开文件。单击"主页"功能区中的"打开"按钮 ，系统弹出"打开"对话框。

02 在"打开"对话框中选定文件名为"xjhys"，然后单击"OK"按钮，或者双击所选定的文件，即打开所选文件，如图 8-153 所示。

03 单击"主页"功能区中的"曲面工序"工具栏中的"修剪和延伸"按钮 ，或者选择"菜单"→"插入"→"修剪"→"修剪与延伸"选项，系统弹出如图 8-154 所示的"修剪和延伸"对话框。

图 8-153　原始文件

04 选择对话框中的"修剪和延伸类型"选项组的"直至选定"选项，单击对话框中的"目标"选项组中的"选择面或边"选项，然后在绘图区中选择如图 8-155 所示的边作为选择目标。

05 单击对话框中的"工具"选项组中的"选择对象"选项，然后在绘图区中选择如图 8-156 所示的面作为选择工具。

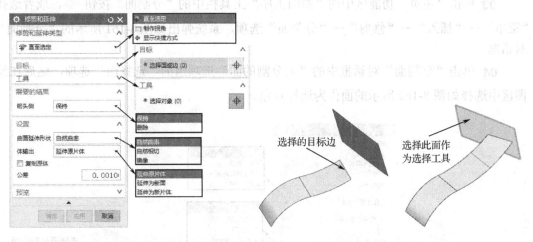

图 8-154　"修剪和延伸"对话框　　　图 8-155　选择的目标边　　图 8-156　选择的工具

06 其"需要的结果"和"设置"选项组的各个选项参数设置如图 8-157 所示，此时绘图区中的效果如图 8-158 所示。

07 单击对话框中的"确定"按钮，即完成修剪和延伸的创建，如图 8-159 所示。

图 8-157 "需要的结果"和"设置"选项组　　图 8-158 预览效果　　图 8-159 修剪和延伸的创建

8.18 分割面的创建

分割面是用曲线、面或基准平面将一个面分割为多个面。以 fgm.prt 文件为例，下面将具体讲解分割面的创建方法。

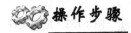操作步骤

01 打开文件。单击"主页"功能区中的"打开"按钮，系统弹出"打开"对话框。

02 在"打开"对话框中选定文件名为"fgm"，然后单击"OK"按钮，或者双击所选定的文件，即打开所选文件，如图 8-160 所示。

03 单击"主页"功能区中的"曲面工序"工具栏中的"分割面"按钮，或者选择"菜单"→"插入"→"修剪"→"分割面"选项，系统弹出如图 8-161 所示的"分割面"对话框。

04 单击"分割面"对话框中的"要分割的面"选项组的"选择面"选项，然后在绘图区中选择如图 8-162 所示的面作为选择对象。

图 8-160 原始文件　　　　图 8-161 "分割面"对话框　　　图 8-162 选择要分割的对象

05 单击"分割面"对话框中的"分割对象"选项组的"选择对象"选项，然后在绘图区中选择如图 8-163 所示的边作为选择对象。

专家提示： 在选择"分割对象"的时候，应该选择曲面的边，而不是选择拉伸的曲面2，注意这里的选择方法。

06 选中"部件导航器"中的"基准坐标系"选项，然后单击鼠标右键，选择为"显示"选项，如图 8-164 所示。

07 单击"分割面"对话框中的"投影方向"选项组的"投影方向"下拉列表框中的"沿矢量"选项，并单击"指定矢量"选项，然后在绘图区中选择 Z 轴作为选择对象。

08 此时系统弹出"警报"小对话框，提示："分割对象未对选定的面进行分割"，单击"指定矢量"选项后的"反向"按钮 ✗，此时预览的效果如图 8-165 所示。

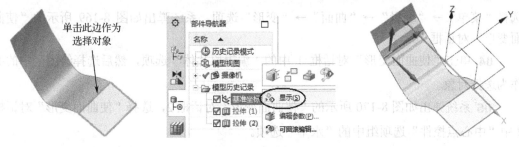

图 8-163　选择的分割对象　　图 8-164　选择"基准坐标系"为显示　　图 8-165　预览效果

09 其"投影方向"和"设置"选项组的各个选项参数设置如图 8-166 所示。

10 单击"分割面"对话框中的"确定"按钮，即完成分割面的创建，如图 8-167 所示。

图 8-166　"投影方向"和"设置"选项组

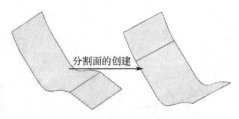

图 8-167　分割面的创建

8.19　曲面的编辑

曲面创建好后，一般还需要对曲面进行相应的修改编辑，从而获得满足要求的曲面效果。

本节将介绍一些比较常用的编辑工具命令，包括"使曲面变形"、"变换曲面"、"剪断曲面"、"扩大"、"边界"、"更改边"、"光顺极点"、"法向反向"、"整修面"、"更改阶次"、"更改刚度"等。

8.19.1　使曲面变形

以 sqmbx.prt 文件为例，下面将具体讲解使曲面变形的方法。

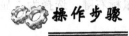

01 打开文件。单击"主页"功能区中的"打开"按钮，系统弹出"打开"对话框。

02 在"打开"对话框中选定文件名为"sqmbx"，然后单击"OK"按钮，或者双击所选定的文件，即打开所选文件，如图 8-168 所示。

03 单击"曲面"功能区中的"编辑曲面"工具栏中的"使曲面变形"按钮，或者选择"菜单"→"编辑"→"曲面"→"变形"选项，系统弹出如图 8-169 所示的"使曲面变形"对话框 1。

04 单击"使曲面变形"对话框 1 中的"编辑原片体"选项，然后选择绘图区中的面作为选择对象。

05 系统弹出如图 8-170 所示的"使曲面变形"对话框 2，选择"使曲面变形"对话框 2 中"中心点控件"选项组中的"水平"选项。

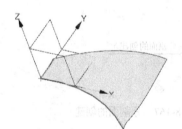

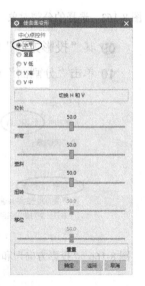

图 8-168　原始文件　　　图 8-169　"使曲面变形"对话框 1　　　图 8-170　"使曲面变形"对话框 2

06 在"拉长"拖动选项中拖动至 71.0 处，在"折弯"拖动选项中拖动至 29.0 处，"歪斜"拖动选项中拖动至 76.0 处，如图 8-171 所示，此时绘图区中的效果如图 8-172 所示。

07 单击"使曲面变形"对话框 2 中的"确定"按钮，即完成使曲面变形的创建，如图 8-173 所示。

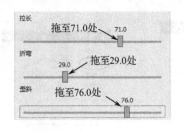

图 8-171　"曲面变形拖动"选项

图 8-172　预览效果

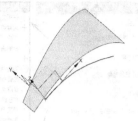

图 8-173　使曲面变形的创建

8.19.2　变换曲面

以 bhqm.prt 文件为例，下面将具体讲解变换曲面的方法。

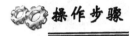操作步骤

01 打开文件。单击"主页"功能区中的"打开"按钮，系统弹出"打开"对话框。

02 在"打开"对话框中选定文件名为"bhqm"，然后单击"OK"按钮，或者双击所选定的文件，即打开所选文件，如图 8-174 所示。

03 单击"曲面"功能区中的"编辑曲面"工具栏中的"变换曲面"按钮，或者选择"菜单"→"编辑"→"曲面"→"变换"选项，系统弹出如图 8-175 所示的"变换曲面"对话框 1。

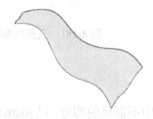

图 8-174　原始文件

图 8-175　"变换曲面"对话框 1

04 单击"使曲面变形"对话框 1 中的"编辑原片体"选项，然后在绘图区中的面作为选择对象。

05 系统弹出如图 8-176 所示的"点"对话框，选择"点"对话框中的点"类型"为"光标位置"选项，"坐标"选项中的"参考"选项为"绝对-工作部件"选项，X 坐标为 340，Y 坐标为 27，Z 为 0，如图 8-177 所示。

06 单击"点"对话框中的"确定"按钮，系统弹出如图 8-178 所示的"变换曲面"对话框 2，选择"变换曲面"对话框 2 中"选择控制"选项组中的"缩放"选项。

06 在"XC"拖动选项中拖动至 33.0 处，在"YC"拖动选项中拖动至 60.0 处，"ZC"拖动选项中拖动至 60.0 处，如图 8-179 所示，此时绘图区中的效果如图 8-180 所示。

07 单击"变换曲面"对话框 2 中的"确定"按钮，即完成使变换曲面的创建，如图 8-181 所示。

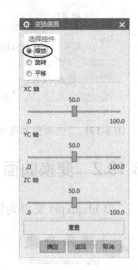

图 8-176 "点"对话框　　　　图 8-177 "点"对话框的设置　　图 8-178 "变换曲面"对话框 2

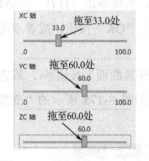

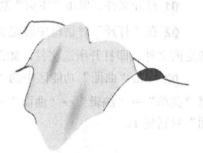

图 8-179 "缩放拖动"选项　　　图 8-180 预览效果　　　图 8-181 变换曲面的创建

8.19.3　剪断曲面

剪断曲面是指在指定点分割曲面或者剪断曲面中不需要的部分。以 jdqm.prt 文件为例，下面将具体讲解剪断曲面的方法。

操作步骤

01 打开文件。单击"主页"功能区中的"打开"按钮 ，系统弹出"打开"对话框。

02 在"打开"对话框中选定文件名为"jdqm"，然后单击"OK"按钮，或者双击所选定的文件，即打开所选文件，如图 8-182 所示。

03 单击"主页"功能区中的"曲面工序"工具栏中的"剪断曲面"按钮 ，或者选择"菜单"→"编辑"→"曲面"→"剪断曲面"选项，系统弹出如图 8-183 所示的"剪断曲面"对话框。

04 选择对话框中的"类型"选项组的"用曲线剪断"选项，单击"目标"选项组中的"选择面"选项，然后在绘图区中选择如图 8-184 所示的面作为选择对象。

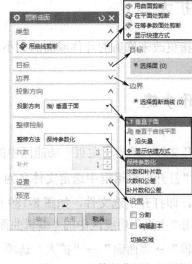

图 8-182 原始文件

图 8-183 "剪断曲面"对话框

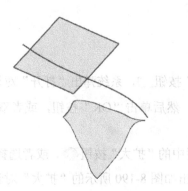

05 单击"边界"选项组中的"选择剪断曲线"选项，然后在绘图区中选择如图 8-185 所示的曲线作为选择对象。

06 其"投影方向"、"整修控制"和"设置"选项组的各个选项参数设置如图 8-186 所示，单击"预览"选项组中的"预览"勾选项，此时绘图区中的效果如图 8-187 所示。

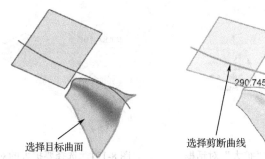

图 8-184 选择目标曲面 　　图 8-185 选择剪断曲线 　　图 8-186 "偏置"和"设置"选项组

07 单击"剪断曲面"对话框 2 中的"确定"按钮，即完成剪断曲面的创建，如图 8-188 所示。

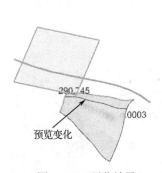

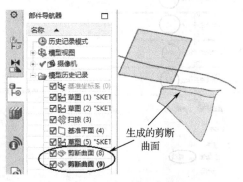

图 8-187 预览效果 　　　　　　　 图 8-188 剪断曲面的创建

8.19.4 扩大

扩大是指更改未修剪的片体或面的大小。以 kdqm.prt 文件为例，下面将具体讲解扩大曲面的方法。

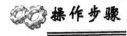

01 打开文件。单击"主页"功能区中的"打开"按钮📂，系统弹出"打开"对话框。

02 在"打开"对话框中选定文件名为"kdqm"，然后单击"OK"按钮，或者双击所选定的文件，即打开所选文件，如图 8-189 所示。

03 单击"主页"功能区中的"编辑曲面"工具栏中的"扩大"按钮📄，或者选择"菜单"→"编辑"→"曲面"→"扩大"选项，系统弹出如图 8-190 所示的"扩大"对话框。

04 单击如图 8-191 所示的曲面，并调整对话框中的"调整大小参数"和"设置"选项组的各个选项参数设置，如图 8-192 所示，此时绘图区中的效果如图 8-193 所示。

图 8-189　原始文件　　　　图 8-190　"扩大"对话框　　　　图 8-191　选择要扩大的对象

05 单击"扩大"对话框中的"确定"按钮，即完成曲面扩大的创建，如图 8-194 所示。

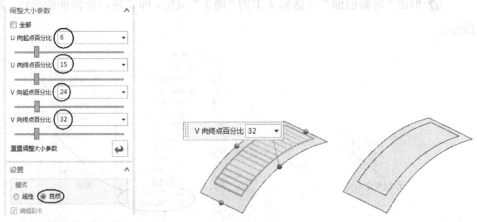

图 8-192　"调整大小参数"和"设置"选项组　　　图 8-193　预览效果　　　图 8-194　扩大曲面的创建

8.19.5 替换边

替换边是指修改或替换曲面边界。以 bj.prt 文件为例，下面将具体讲解其方法。

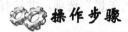 操作步骤

01 打开文件。单击"主页"功能区中的"打开"按钮 ，系统弹出"打开"对话框。

02 在"打开"对话框中选定文件名为"thb"，然后单击"OK"按钮，或者双击所选定的文件，即打开所选文件，如图 8-195 所示。

03 单击"主页"功能区中的"编辑曲面"工具栏中的"替换边"按钮 ，或者选择"菜单"→"编辑"→"曲面"→"替换边"选项，系统弹出如图 8-196 所示的"替换边"对话框 1。

04 单击"编辑片体边界"对话框 1 中的"编辑原片体"选项，然后选择如图 8-197 所示的面作为选择对象。

图 8-195 原始文件 　　图 8-196 "编辑片体边界"对话框 1 　　图 8-197 选择要编辑的对象

05 系统弹出如图 8-198 所示的"确认"对话框，然后单击"确认"对话框中的"确定"按钮。

06 系统弹出如图 8-199 所示的"类选择"对话框，然后单击"类选择"对话框中"对象"选项组中的"选择对象"选项，并选择如图 8-200 所示的曲面的边作为选择对象。

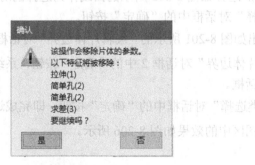

图 8-198 "确认"对话框 　　　　　　图 8-199 "类选择"对话框

07 单击"类选择"对话框中的"确定"按钮，系统弹出如图 8-201 所示的"编辑片体边界"对话框 2。

08 选择"编辑片体边界"对话框 2 中的"沿矢量的曲线"按钮，系统弹出如图 8-202 所示的"矢量"对话框，然后选择"矢量"对话框中的"自动判断的矢量"选项，并选择如图 8-203 所示的曲线作为选择的对象。

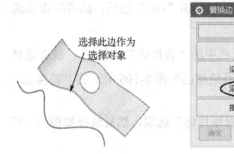

图 8-200　选择的对象　　图 8-201　"编辑片体边界"对话框 2　　图 8-202　"矢量"对话框

09 定义"矢量"对话框中各个参数的设置如图 8-204 所示，此时绘图区中的效果如图 8-205 所示。

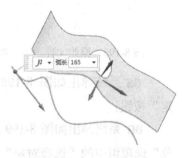

图 8-203　选择的曲线对象　　图 8-204　"矢量"对话框中的参数设置　　图 8-205　预览效果

图 8-206　边界的创建

10 单击"矢量"对话框中的"确定"按钮，系统弹出"类选择"对话框，然后选择如图 8-203 所示的曲线作为选择的对象，然后单击"类选择"对话框中的"确定"按钮。

11 系统弹出如图 8-201 所示的"编辑片体边界"对话框 2，然后单击"编辑片体边界"对话框 2 中的"确定"按钮，系统弹出"类选择"对话框。

12 单击"类选择"对话框中的"确定"按钮，即完成边界的创建，此时绘图区中的效果如图 8-206 所示。

8.19.6 更改边

更改边是采用各种方法，比如匹配曲线或体，修改曲面边。以 ggb.prt 文件为例，下面将具体讲解更改边的方法。

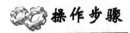

01 打开文件。单击"主页"功能区中的"打开"按钮，系统弹出"打开"对话框。

02 在"打开"对话框中选定文件名为"ggb"，然后单击"OK"按钮，或者双击所选定的文件，即打开所选文件，如图 8-207 所示。

03 单击"主页"功能区中的"编辑曲面"工具栏中的"更改边"按钮，或者选择"菜单"→"编辑"→"曲面"→"更改边"选项，系统弹出如图 8-208 所示的"更改边"对话框 1。

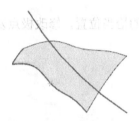

图 8-207 原始文件

图 8-208 "更改边"对话框 1

04 单击"更改边"对话框 1 中的"编辑原片体"选项，然后选择如图 8-209 所示的面作为选择对象。

05 系统弹出如图 8-210 所示的"更改边"对话框 2，然后选择如图 8-210 所示的边作为选择对象。

06 系统弹出如图 8-211 所示的"更改边"对话框 3，单击"更改边"对话框 3 中的"仅边"选项，系统弹出如图 8-212 所示的"更改边"对话框 4。

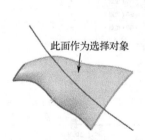

图 8-209 选择的面对象

图 8-210 "更改边"对话框 2 及选择的边

图 8-211 "更改边"对话框 3

07 单击"更改边"对话框 4 中的"匹配到曲线"选项，系统弹出如图 8-213 所示的

"更改边"对话框 2，然后选择如图 8-213 所示的曲线作为选择对象。

08 此时系统弹出如图 8-213 所示的"更改边"对话框 2，单击"更改边"对话框 2 中的"关闭"按钮 ✕，即完更改边的创建，此时绘图区中的效果如图 8-214 所示。

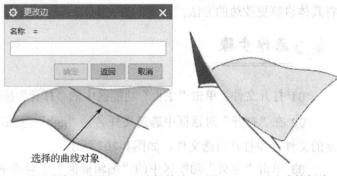

选择的曲线对象

图 8-212 "更改边"对话框 4 　图 8-213 "更改边"对话框 2 及选择的边 　图 8-214 更改边的创建

8.19.7 光顺极点

光顺极点是指通过计算选定极点对于周围曲面的恰当位置，修改极点发布。以 gsjd.prt 文件为例，下面将具体讲解其方法。

操作步骤

01 打开文件。单击"主页"功能区中的"打开"按钮，系统弹出"打开"对话框。

02 在"打开"对话框中选定文件名为"gsjd"，然后单击"OK"按钮，或者双击所选定的文件，即打开所选文件，如图 8-215 所示。

03 单击"主页"功能区中的"编辑曲面"工具栏中的"光顺极点"按钮，或者选择"菜单"→"编辑"→"曲面"→"光顺极点"选项，系统弹出如图 8-216 所示的"光顺极点"对话框。

图 8-215 原始文件 　　　　　　图 8-216 "光顺极点"对话框

04 单击"光顺极点"对话框中的"要光顺的面"选项，然后选择如图 8-217 所示的面作为选择对象。

05 如果要移动选定的极点，那么勾选"极点"选项组中的"仅移动选定的"复选框，接着选择要移动的极点，如图 8-218 所示。

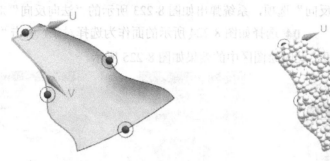

图 8-217　选择的曲面对　　　　　图 8-218　选择的光顺极点

06 选择"边界约束"选项组中的"全部应用"选项，其"光顺因子"和"修改百分比"选项组的设置参数如图 8-219 所示，此时绘图区中的效果如图 8-220 所示。

07 单击"光顺极点"对话框中的"确定"按钮，即完成光顺极点的创建，如图 8-221 所示。

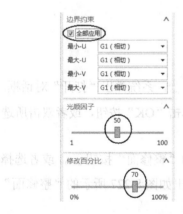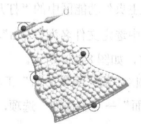

图 8-219　"边界约束"、"光顺因子"和　　　图 8-220　预览效果　　　图 8-221　光顺极点的创建
　　　　"修改百分比"选项组

8.19.8　法向反向

法向反向是指反转片体的曲面法向，以 fxfx.prt 文件为例，下面将具体讲解其方法。

操作步骤

01 打开文件。单击"主页"功能区中的"打开"按钮 ，系统弹出"打开"对话框。

图 8-222　原始文件

02 在"打开"对话框中选定文件名为"fxfx"，然后单击"OK"按钮，或者双击所选定的文件，即打开所选文件，如图 8-222 所示。

03 单击"主页"功能区中的"编辑曲面"工具栏中的"法向反向"按钮，或者选择"菜单"→"编辑"→"曲面"→"法向反向"选项，系统弹出如图 8-223 所示的"法向反向"对话框。

04 选择如图 8-224 所示的面作为选择对象，单击"法向反向"对话框中的"应用"按钮，此时绘图区中的效果如图 8-225 所示。

图 8-223　"法向反向"对话框

图 8-224　"法向反向"效果

图 8-225　法向反向的创建

8.19.9　整修面

整修面是指改进面的外观，同时保留原先几何体的紧公差。以 zxm.prt 文件为例，下面将具体讲解整修面的方法。

操作步骤

01 打开文件。单击"主页"功能区中的"打开"按钮，系统弹出"打开"对话框。

02 在"打开"对话框中选定文件名为"zxm"，然后单击"OK"按钮，或者双击所选定的文件，即打开所选文件，如图 8-226 所示。

03 单击"主页"功能区中的"编辑曲面"工具栏中的"整修面"按钮，或者选择"菜单"→"编辑"→"曲面"→"整修面"选项，系统弹出如图 8-227 所示的"整修面"对话框。

图 8-226　原始文件

图 8-227　"整修面"对话框

04 选择"整修面"对话框中"类型"选项组中的"整修"选项，然后选择如图 8-228 所示的面作为选择对象。

05 其"整修控制"和"结果"选项组的各个选项参数设置如图 8-229 所示，单击"整修面"对话框中的"确定"按钮，即完成整修面的创建，如图 8-230 所示。

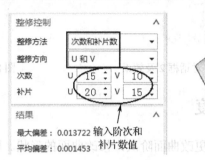

图 8-228　选择的整修面对象　　　图 8-229　"整修控制"和"结果"选项组　　　图 8-230　整修面的创建

8.19.10　更改阶次

更改阶次是指更改曲面的阶次。以 **ggjc.prt** 文件为例，下面将具体讲解更改阶次的方法。

操作步骤

01 打开文件。单击"主页"功能区中的"打开"按钮 ，系统弹出"打开"对话框。

02 在"打开"对话框中选定文件名为"ggjc"，然后单击"OK"按钮，或者双击所选定的文件，即打开所选文件，如图 8-231 所示。

03 单击"主页"功能区中的"编辑曲面"工具栏中的"更改阶次"按钮 x^{z^3}，或者选择"菜单"→"编辑"→"曲面"→"更改阶次"选项，系统弹出如图 8-232 所示的"更改阶次"对话框。

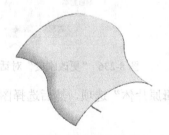

图 8-231　原始文件　　　　　　　　图 8-232　"更改阶次"对话框 1

04 选择"更改阶次"对话框 1 中的"编辑原片体"选项，然后选择图中的面作为选择对象。

05 系统弹出如图 8-233 所示的"更改阶次"对话框 2，并输入两个方向的阶次值。

06 单击"更改阶次"对话框 2 中的"确定"按钮，即完成更改阶次的创建，如图 8-234 所示。

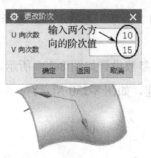

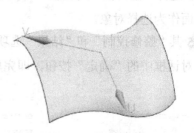

图 8-233 "更改阶次"对话框 2 及效果　　　　　　　图 8-234　更改阶次的创建

8.19.11　更改刚度

更改刚度是指通过更改曲面阶次，修改曲面的形状。以 gggd.prt 文件为例，下面将具体讲解更改刚度的方法。

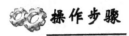操作步骤

01 打开文件。单击"主页"功能区中的"打开"按钮，系统弹出"打开"对话框。

02 在"打开"对话框中选定文件名为"gggd"，然后单击"OK"按钮，或者双击所选定的文件，即打开所选文件，如图 8-235 所示。

03 单击"主页"功能区中的"编辑曲面"工具栏中的"更改刚度"按钮，或者选择"菜单"→"编辑"→"曲面"→"更改刚度"选项，系统弹出如图 8-236 所示的"更改刚度"对话框。

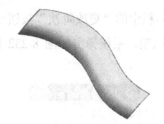

图 8-235　原始文件　　　　　　　　　图 8-236　"更改刚度"对话框 1

04 选择"更改刚度"对话框 1 中的"编辑原片体"选项，然后选择图中的面作为选择对象。

05 系统弹出如图 8-237 所示的"更改刚度"对话框 2，并输入两个方向的阶次值。

06 单击"更改刚度"对话框 2 中的"确定"按钮，即完成更改刚度的创建，如图 8-238 所示。

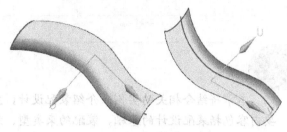

图 8-237 "更改刚度"对话框 2 及效果　　　　　　　图 8-238 更改刚度的创建

8.19.12　编辑曲面的其他命令

在"编辑曲面"工具栏中还提供了其他一些命令，这些命令的功能含义如下。

☑ "X 成形"按钮：编辑样条和曲面的极点和点。

☑ "I 成形"按钮：通过编辑等参数曲线来动态修改面。

☑ "边对称"按钮：修改曲面。使之与其关于某个平面的镜像图像实现几何连续。

☑ "匹配边"按钮：修改曲面。使其与参考对象的共有边界几何连续。

本章小结

本章首先介绍了曲面的基础知识，包括曲面的概念和类型，认识 NX 10.0 相关的曲面工具以及外观造型设计界面。接着介绍了通过点创建曲面、由曲线创建曲面、创建艺术曲面、曲线组创建曲面、曲线网格创建曲面、扫掠创建曲面、N 边曲面、剖切曲面、弯边曲面、曲面加厚、曲面的其他创建方法，最后介绍了曲面编辑的方法。

在学习本章曲面建模的时候，应该认真学习前面的关于曲线相关的方法，曲面的创建是由曲线来生成的。

第 9 章 装配设计

本章将结合相关的实例来介绍装配设计，主要内容包括装配设计的基础、装配约束类型、装配导航器使用、装配组件操作、检查简单干涉与装配间隙、创建爆炸视图等。通过装配设计可以将设计好的零件组装在一起形成零部件或完整的产品模型，并对其机械相关的简单干涉，间隙分析等。

Chapter

09

装配设计

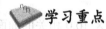 学习重点

☑ 装配设计基础知识

☑ 使用装配约束类型

☑ 装配导航器的使用

☑ 装配组件的操作

☑ 检查简单干涉与装配间隙

☑ 爆炸图的创建

9.1 装配设计基础知识

在讲解装配设计应用知识前，先在本节中介绍装配设计最基础的知识，包括如何新建装配文件，初步了解装配设计界面，理解相关装配术语和常见的装配方法等。

9.1.1 新建装配文件及装配界面

在 NX 10.0 中，可以使用专门的装配模块来进行相关的装配设计。下面将具体讲解新建装配文件的方法。

操作步骤

01 单击"主页"功能区中的"新建"按钮，系统将打开如图 9-1 所示的"新建"对话框。

02 选择"模型"选项卡中"模板"选项组中的"装配"模块，其单位为毫米（mm），如图 9-1 所示。

图 9-1 "新建"对话框

03 在"新文件名"选项组中，指定新文件名和要保存到的文件夹（即指定保存路径）。

04 单击"新建"对话框中的"确定"按钮，即完成装配文件的创建，其新建装配文件的设计工作界面如图9-2所示。

装配设计模式下的工作界面由标题栏、菜单栏、各种功能区、状态栏、装配导航器和绘图区域等部分组成。

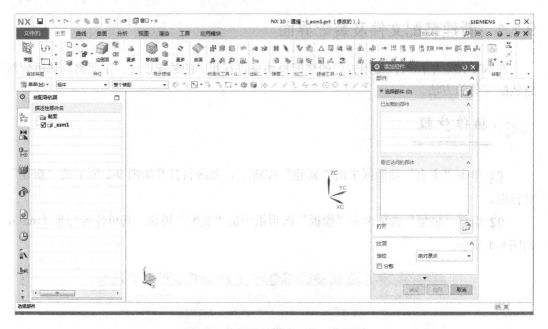

图9-2　装配设计模式下的工作界面

下面将介绍装配的一些基础知识，根据实际设计需要，添加相关装配设计命令到功能区的方法如图9-3所示。添加"装配"功能区后的效果如图9-4所示。

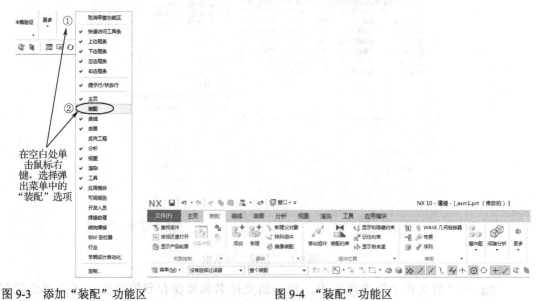

图9-3　添加"装配"功能区　　　　　　　　　　图9-4　"装配"功能区

添加"装配"功能区后，用户就可以直接在功能区中选择需要的相关命令。另外，用户也可以从系统提供的"装配"菜单中选择相关的命令来进行装配操作。"装配"菜单中所包含的命令如图 9-5 所示。

其"装配"菜单命令包括"关联控制"、"组件"、"组件位置"、"导航器顺序"和"爆炸图"等选项。"关联控制"级联菜单如图 9-6 所示。"组件"级联菜单如图 9-7 所示。"组件位置"级联菜单如图 9-8 所示。"导航器顺序"级联菜单如图 9-9 所示。"爆炸图"级联菜单如图 9-10 所示。

图 9-5 "装配"菜单　　图 9-6 "关联控制"级联菜单　　图 9-7 "组件"级联菜单

图 9-8 "组件位置"级联菜单　　　　图 9-9 "导航器顺序"级联菜单

在装配设计的过程中，经常使用到"分析"菜单中的相关命令，"分析"菜单提供的命令选项如图 9-11 所示。

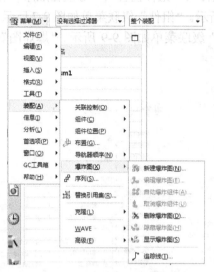

图 9-10 "爆炸图"级联菜单

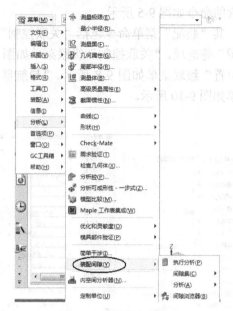

图 9-11 "分析"菜单

9.1.2 装配专业术语

下面简要地介绍一些装配术语，如装配体、子装配体、组件与组件对象、自下向上装配、自顶向下装配、装配约束类型等。

- ☑ 装配体：把单独零件或子装配部件按照设定关系组合而成的装配部件。
- ☑ 子装配体：在上一级装配中被当作组件来使用的装配部件。
- ☑ 组件：组件是指在装配模型中指定配对方式的部件或零件的使用，每一个组件都有一个指针指向部件文件，即组件对象。
- ☑ 组件对象：是用来链接装配部件或子装配部件到主模型的指针实体。
- ☑ 自下向上装配：先对部件和组件进行单独创建和编辑，然后将它们按照一定的关系装配成子装配部件或装配部件。
- ☑ 自顶向下装配：当装配部件中某组件设置为工作部件时，可以对其在装配过程中对组件几何模型进行创建及编辑。
- ☑ 装配约束类型：用来定位组件在装配中的位置和方位。

9.1.3 装配方法

一般的装配方法有两种：一种是自下向上装配；另外一种是自顶向下装配。在实际操作过程中应根据实际情况选择装配方法，看哪种方法装配方便就采用哪种方法。

1. 自下向上

自下向上装配方法是指先分别创建最底层的零件，然后再把这些单独创建好的零件装配到上一级装配部件中，直到完成整个装配任务为止。

2．自顶向下

自顶向下装配方法是指先新建一个装配文件，在该装配中创建空的新组件，并使其成为工作部件，然后按上下文中设计方法在其中创建所需的几何模型。

9.2　使用装配约束类型

下面以在装配体中添加已存在的部件为例，结合相关的图来说明各种装配约束类型。

操作步骤

01 单击"装配"功能区中的"组件"工具栏中的"添加组件"按钮，或者选择"菜单"→"装配"→"组件"→"添加组件"命令，系统弹出"添加组件"对话框。

02 选择要添加的部件文件，然后选择"放置"选项组中"定位"下拉列表框中的"通过约束"选项。

03 其他选项为默认的设置，然后单击"添加组件"对话框中的"确定"按钮，系统弹出如图 9-12 所示的"装配约束"对话框。

系统总共提供了多种装配约束类型，包括"接触对齐"、"同心"、"距离"、"固定"、"平行"、"垂直"、"胶合"、"中心"和"角度"等，下面介绍这些装配约束类型。

1．"接触对齐"约束

选择"装配约束"对话框中"类型"选项组中的"接触对齐"选项，如图 9-13 所示。

图 9-12　"装配约束"对话框

图 9-13　"接触对齐"约束选项

其"要约束的几何体"选项组中的"方位"下拉列表框中提供了"首选接触"、"接触"、"对齐"、"自动判断中心/轴"四个选项。下面将具体讲解创建"接触对齐"约束的方法。

操作步骤

01 单击"主页"功能区中的"新建"按钮，系统将打开"新建"对话框。

02 选择"模型"选项卡中"模板"选项组中的"装配"模块，其单位为毫米（mm）。

03 在"新文件名"选项组中，指定新文件名为"zpys"及要保存到的文件夹，如图 9-14 所示。

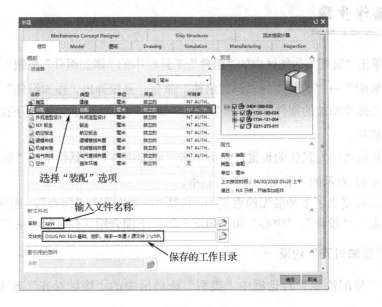

图 9-14 "新建"对话框

04 单击"新建"对话框中的"确定"按钮，即完成装配文件的创建，系统出现新建装配文件的设计工作界面。

05 单击"添加组件"对话框中"部件"选项中的"打开"按钮，系统弹出"部件名"对话框，如图 9-15 所示。

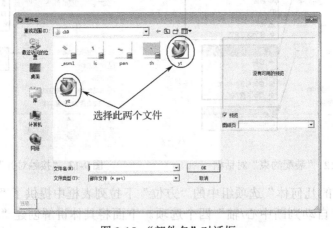

图 9-15 "部件名"对话框

06 单击"部件名"对话框中的"OK"按钮，此时系统弹出如图 9-16 所示的"组件预览"对话框。

07 选择"添加组件"对话框中"放置"选项组中的"定位"下拉列表框中的"通过约束"选项。

08 单击"添加组件"对话框中"确定"按钮，系统弹出如图 9-17 所示的"点"对话框。

09 单击"点"对话框中"确定"按钮，系统弹出如图 9-12 所示的"装配约束"对话框。

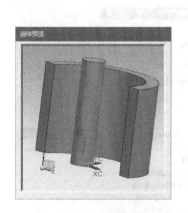

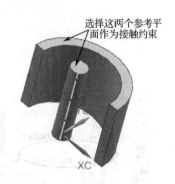

图 9-16　"组件预览"对话框　　　图 9-17　"点"对话框　　　图 9-18　选择的参考平面 1

10 选择"装配约束"对话框中"类型"选项组中的"接触对齐"选项，选择"要约束的几何体"选项组中"方位"下拉列表框中的"接触"选项，然后选择如图 9-18 所示的两个参考平面作为接触约束。

11 此时"接触对齐"约束的效果如图 9-19 所示，单击"返回上一个约束"按钮 进行切换设置，此时的效果如图 9-20 所示。

12 选择"要约束的几何体"选项组中"方位"下拉列表框中的"自动判断中心/轴"选项，然后选择如图 9-21 所示的两个参考曲面作为接触约束。

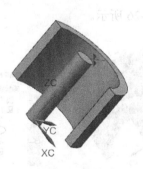

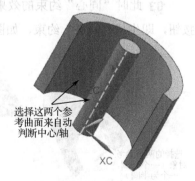

图 9-19　预览效果 1　　　图 9-20　预览效果 2　　　图 9-21　选择的参考平面 2

13 单击"装配约束"对话框中的"确定"按钮，即生成"接触对齐"约束，如图 9-22 所示。

专家提示： 在生成约束后，可以在"装配导航器"中看见"约束"选项，这样即生成装配约束。

2．"同心"约束

"同心"约束是使选定的两个对象同心。选择"装配约束"对话框中"类型"选项组中的"同心"选项，如图 9-23 所示。下面将具体讲解创建"同心"约束的方法。

图 9-22　生成的"接触对齐"约束　　　　图 9-23　"同心"约束选项

操作步骤

01 添加组件的方法请按照前面的方法操作，这里不再详细叙述。

02 选择"装配约束"对话框中"类型"选项组中的"同心"选项，然后选择如图 9-24 所示的一个半圆和另一个圆柱的圆作为选择对象。

03 此时"同心"约束的效果如图 9-25 所示，单击"装配约束"对话框中的"确定"按钮，即生成"同心"约束，如图 9-26 所示。

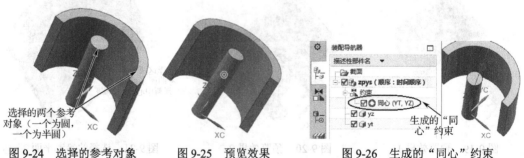

图 9-24　选择的参考对象　　图 9-25　预览效果　　图 9-26　生成的"同心"约束

3．"距离"约束

"距离"约束是约束组件对象之间的最小距离，选择该约束类型选项时，在选择要约束的两个对象参考后，需要输入这两个对象之间的距离，距离可以为正，也可以为负。

选择"装配约束"对话框中"类型"选项组中的"距离"选项，如图 9-27 所示。下面将具体讲解创建"距离"约束的方法。

操作步骤

01 添加组件的方法请按照前面的方法操作，这里不再详细叙述。

02 选择"装配约束"对话框中"类型"选项组中的"距离"选项，然后选择如图 9-28 所示的两个参考平面作为选择对象，此时"距离"约束的效果如图 9-29 所示。

图 9-27 "距离"约束选项

图 9-28 选择的参考对象

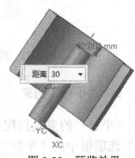

图 9-29 预览效果

03 在"装配约束"对话框中"距离"选项组中，输入"距离"为30，然后单击"装配约束"对话框中的"确定"按钮，即生成"距离"约束，如图 9-30 所示。

4．"固定"约束

"固定"约束用于将组件在装配体中的当前指定位置固定。选择"装配约束"对话框中"类型"选项组中的"固定"选项，如图 9-31 所示。下面将具体讲解创建"固定"约束的方法。

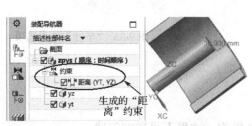

图 9-30 生成的"距离"约束

图 9-31 "固定"约束选项

操作步骤

01 添加组件的方法请按照前面的方法操作，这里不再详细叙述。

02 选择"装配约束"对话框中"类型"选项组中的"固定"选项，然后选择如图 9-32 所示的半圆柱作为选择对象。

03 此时"固定"约束的效果如图 9-33 所示，然后单击"装配约束"对话框中的"确定"按钮，即生成"固定"约束，如图 9-34 所示。

图 9-32 选择的参考对象

图 9-33 预览效果

5. "平行"约束

"平行"约束是指配对约束组件的方向矢量平行。选择"装配约束"对话框中"类型"选项组中的"平行"选项，如图 9-35 所示。下面将具体讲解创建"平行"约束的方法。

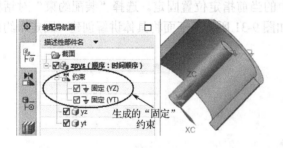

图 9-34 生成的"固定"约束

图 9-35 "平行"约束选项

 操作步骤

01 添加组件的方法请按照前面的方法操作，这里不再详细叙述。

02 选择"装配约束"对话框中"类型"选项组中的"平行"选项，然后选择如图 9-36 所示的圆柱及半圆柱的底面作为选择对象。

03 此时"固定"约束的效果如图 9-37 所示，单击"返回上一个约束"按钮 ✕ 进行切换设置，此时的效果如图 9-38 所示。

04 单击"装配约束"对话框中的"确定"按钮，即生成"平行"约束，如图 9-39 所示。

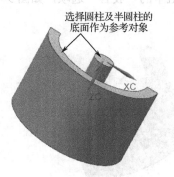

选择圆柱及半圆柱的底面作为参考对象

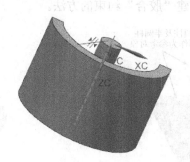

图 9-36　选择的参考对象　　　图 9-37　预览效果 1　　　图 9-38　预览效果 2

6.　"垂直"约束

"垂直"约束是指配对约束组件的方向矢量垂直。选择"装配约束"对话框中"类型"选项组中的"垂直"选项，如图 9-40 所示。下面将具体讲解创建"垂直"约束的方法。

操作步骤

01 添加组件的方法请按照前面的方法操作，这里不再详细叙述。

02 选择"装配约束"对话框中"类型"选项组中的"垂直"选项，然后选择如图 9-41 所示的圆柱及半圆柱的底面作为选择对象。

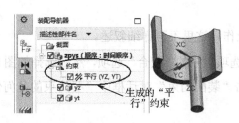

生成的"平行"约束

图 9-39　生成的"平行"约束

图 9-40　"垂直"约束选项

03 此时"垂直"约束的效果如图 9-42 所示，然后单击"装配约束"对话框中的"确定"按钮，即生成"垂直"约束，如图 9-43 所示。

7. "胶合"约束

"胶合"约束是指将添加进来的组件随意拖放到指定的位置，可以往任意方向平移，但是不能旋转。选择"装配约束"对话框中"类型"选项组中的"胶合"选项，如图 9-44 所示。下面将具体讲解创建"胶合"约束的方法。

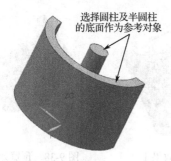

图 9-41 选择的参考对象

选择圆柱及半圆柱的底面作为参考对象

图 9-42 预览效果

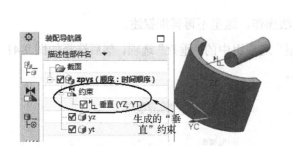

图 9-43 生成的"垂直"约束

图 9-44 "胶合"选项组

操作步骤

01 添加组件的方法请按照前面的方法操作，这里不再详细叙述。

02 选择"装配约束"对话框中"类型"选项组中的"胶合"选项，然后选择如图 9-45 所示的圆柱及半圆柱作为选择对象，然后单击"装配约束"对话框中"要约束的几何体"选项组中的"创建约束"按钮。

03 此时"胶合"约束的效果如图 9-46 所示，然后单击"装配约束"对话框中的"确定"按钮，即生成"胶合"约束，如图 9-47 所示。

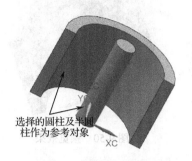

选择的圆柱及半圆
柱作为参考对象

图 9-45　选择的参考对象

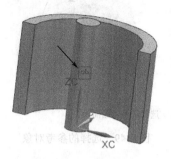

图 9-46　预览效果

8. "中心"约束

"中心"约束是指配对约束组件中心对齐。选择"装配约束"对话框中"类型"选项组中的"中心"选项，如图 9-48 所示。下面将具体讲解创建"中心"约束的方法。

生成的"胶合"约束

图 9-47　生成的"胶合"约束

图 9-48　"中心"约束选项

操作步骤

01 添加组件的方法请按照前面的方法操作，这里不再详细叙述。

02 选择"装配约束"对话框中"类型"选项组中的"中心"选项，并选择"要约束的几何体"选项组中"子类型"下拉列表框中的"2 对 1"选项，然后选择如图 9-49 所示的半圆柱的两个参考曲面及圆柱的侧面作为选择对象。

03 此时"中心"约束的效果如图 9-50 所示，然后单击"装配约束"对话框中的"确定"按钮，即生成"中心"约束，如图 9-51 所示。

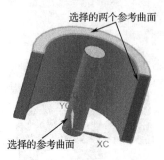

图 9-49　选择的参考对象

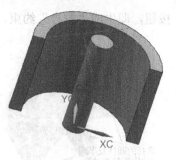

图 9-50　预览效果

9."角度"约束

"角度"约束是指定义配对约束组件之间的角度尺寸，该约束的子类型有"3D 角"和"方向角度"。

选择"装配约束"对话框中"类型"选项组中的"角度"选项，如图 9-52 所示。下面将具体讲解创建"角度"约束的方法。

图 9-51　生成的"中心"约束

图 9-52　"角度"选项组

操作步骤

01 添加组件的方法请按照前面的方法操作，这里不再详细叙述。

02 选择"装配约束"对话框中"类型"选项组中的"角度"选项，并选择"要约束的几何体"选项组中"子类型"下拉列表框中的"3D 角"选项，然后选择如图 9-53 所示的半圆柱的平面及圆柱的平面作为选择对象。

03 在"角度"选项组中输入数值 60，此时"角度"约束的效果如图 9-54 所示，然后单击"装配约束"对话框中的"确定"按钮，即生成"角度"约束，如图 9-55 所示。

图 9-53　选择的参考对象

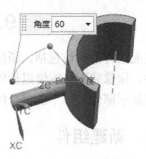

图 9-54　预览效果

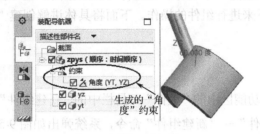

图 9-55　生成的"角度"约束

9.3　装配导航器的使用

在装配设计中使用导航器，可以直观地查询装配体中相关的装配约束信息，可以快速地了解整个装配体的组件构成等信息。如图 9-56 所示为某装配文件的装配导航器，在装配导航器的装配树中，可以查看装配约束信息。

在装配设计过程中，用户可以利用装配树来对已经存在的装配约束进行一些操作，如重新定义、反向、抑制、隐藏和删除等。例如，在某一个装配文件的装配导航器中展开装配树的"约束"树节点，然后单击鼠标右键，系统弹出如图 9-57 所示的快捷菜单，从中可以选择"重新定义"、"反向"、"转换为"、"抑制"、"重命名"、"隐藏"、"删除"、"加载相关几何体"、"特定于布置"、"在布置中编辑"等相关操作。

图 9-56　装配导航器

图 9-57　通过装配树对约束进行操作

9.4　装配组件的操作

装配组件的操作包括：新建组件、添加组件、新建父对象、替换组件、阵列组件、移动组件、镜像装配、编辑组件阵列、装配约束、显示自由度、显示和隐藏约束、设置工作部件与显示部件等。下面将介绍这些常用组件的应用知识。

9.4.1　新建组件

在装配模式下可以新建一个组件，该组件可以是空的，也可以加入复制的几何模型。一般情况下是自顶向下来进行组件的操作。下面将具体讲解创建"新建组件"的方法。

操作步骤

01 单击"装配"功能区中的"组件"工具栏中的"新建组件"按钮，或者选择"菜单"→"装配"→"组件"→"新建组件"命令，系统弹出如图 9-58 所示的"新组件文件"对话框。

02 在该对话框中指定模型模板，设置名称和文件夹等，然后单击"确定"按钮，系统弹出如图 9-59 所示的"新建组件"对话框。

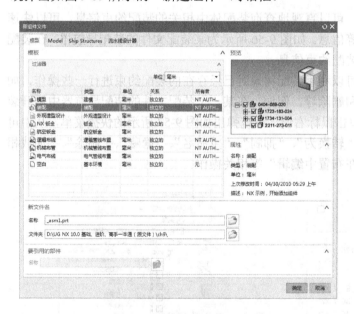

图 9-58　"新组件文件"对话框　　　　　　　图 9-59　"新建组件"对话框

03 在该对话框中，选择好选择对象，也可以根据实际情况或实际需要，不做选择以创建空组件。

04 单击"新建组件"对话框中的"确定"按钮，即完成新建组件。

9.4.2 添加组件

设计好相关的零部件后，可以在装配环境下通过"添加组件"方式并定义装配约束等来装配零部件。下面将具体讲解创建"添加组件"的方法。

操作步骤

01 单击"装配"功能区中的"组件"工具栏中的"添加组件"按钮，或者选择"菜单"→"装配"→"组件"→"添加组件"命令，系统弹出如图 9-60 所示的"添加组件"对话框。

02 使用"部件"选项组来选择部件。可以从"已加载的部件"列表框中选择部件，也可以从"最近访问的部件"列表框中选择部件，还可以单击"部件"选项组中的"打开"按钮，打开如图 9-61 所示的"组件预览"窗口。

图 9-60 "添加组件"对话框

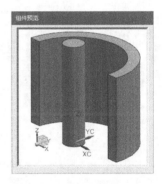

图 9-61 "组件预览"窗口

03 设置"放置"选项组，从"定位"下拉列表框中选择要添加的组件定位方式选项，如图 9-62 所示。

如果在"定位"下拉列表框中选择"通过约束"选项，并单击"确定"按钮后，系统将弹出"装配约束"对话框，然后用户定义约束条件。

04 设置"复制"选项组，从"复制"选项组中的"多重添加"下拉列表框中选择"无"、"添加后重复"、或者"添加后生成阵列"选项，如图 9-63 所示。

05 设置"设置"选项组，选择引用集和安放图层选项，如图 9-64 所示。其中"图层选项"有"原始的"、"工作的"和"按指定的"3 个选项。

9.4.3 新建父对象

下面将具体讲解创建"新建父对象"的方法。

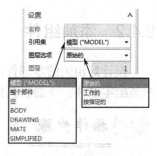

图 9-62 "放置"选项组　　　　图 9-63 "复制"选项组　　　　图 9-64 "设置"选项组

操作步骤

01 单击"装配"功能区中的"组件"工具栏中的"新建父对象"按钮，或者选择"菜单"→"装配"→"组件"→"新建父对象"命令，系统弹出如图 9-65 所示的"新建父对象"对话框。

图 9-65 "新建父对象"对话框

02 选择模块基准单位，并在必要时选择要应用的部件。还有就是在"新文件名"选项组中设定新文件名称和要保存的文件夹。

03 单击"新建父对象"对话框中的"确定"按钮，即在当前显示部件创建了父部件，此时即可在装配导航器中的树列表中看到父部件与当前显示部件的层级关系。

9.4.4　替换组件

下面将具体讲解创建"替换组件"的方法。

操作步骤

01 单击"装配"功能区中的"组件"工具栏中的"替换组件"按钮🔧，或者选择"菜单"→"装配"→"组件"→"替换组件"命令，系统弹出如图 9-66 所示的"替换组件"对话框。

02 在绘图区中选择要替换的组件。选择如图 9-67 所示的装配体中的圆柱作为要替换的组件。

选择此圆柱为要替换的组件

图 9-66 "替换组件"对话框   图 9-67 选择要替换的组件

03 选择替换部件。如果在"替换部件"选项组的"已加载的部件"列表中没有所要选择的部件，则单击"浏览"按钮🗁，系统打开"部件名"对话框，选择"th"文件。

04 单击"部件名"对话框中点的"OK"按钮，即在"替换件"选项组中的"未加载的部件"选项组出现"th.prt"文件。

05 其"设置"选项组中勾选"维持关系"复选框，并设置组件属性，如图 9-68 所示。

06 单击"替换部件"对话框中的"确定"按钮，即完成该替换部件的操作，如图 9-69 所示。

图 9-68 "设置"选项组   图 9-69 替换后的效果

9.4.5　阵列组件

"阵列组件"是快速装配相同零部件的一种装配方式，主要是应用到将组件复制到矩形或者是圆形工件中。

下面将具体讲解创建"阵列组件"的方法。

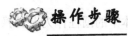

01 新建装配文件。

图 9-70　添加组件的效果

新建装配文件详见本章中的 9.2 使用装配约束类型中的 1."接触对齐"约束。

单击"点"对话框中的"确定"按钮后，此时图中效果如图 9-70 所示。

02 装配约束。

单击"装配"功能区中的"组件位置"工具栏中的"装配约束"按钮，或者选择"菜单"→"装配"→"组件位置"→"装配约束"命令，系统弹出如图 9-71 所示的"装配约束"对话框。

03 选择"装配约束"对话框中"类型"选项组中的"接触对齐"选项，然后选择板的顶面和螺丝头的底面，如图 9-72 所示。

04 选择完参考后，单击"装配约束"对话框中"确定"按钮，所生成的效果如图 9-73 所示。

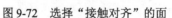

选择板的顶面和螺丝头的底面

图 9-71　"装配约束"对话框　　　图 9-72　选择"接触对齐"的面　　　图 9-73　生成的接触对齐效果

05 单击"装配"功能区中的"组件位置"工具栏中的"装配约束"按钮，或者选择"菜单"→"装配"→"组件位置"→"装配约束"命令，系统弹出"装配约束"对话框。

06 选择"装配约束"对话框中"类型"选项组中的"同心"选项，然后选择板的一个空的圆边和螺丝头的底面圆边，如图 9-74 所示，选择完参考后，所生成的效果如图 9-75 所示。

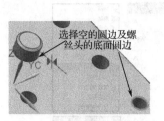

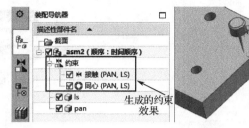

图 9-74 选择"同心"的对象   图 9-75 生成的约束效果

07 单击"装配"功能区中的"组件"工具栏中的"组阵列件"按钮，或者选择"菜单"→"装配"→"组件"→"组阵列件"命令，系统弹出如图 9-76 所示的"阵列组件"对话框，然后选择绘图区中的螺栓作为选择对象。

08 选择对话框中"阵列定义"选项组中的"布局"选项下的"线性"选项，选择如图 9-77 所示的边作为参考方向，输入 XC 方向的阵列组件数为 5，偏置的距离为 55，在 YC 方向的阵列组件数为 2，偏置的距离为 90，如图 9-78 所示。

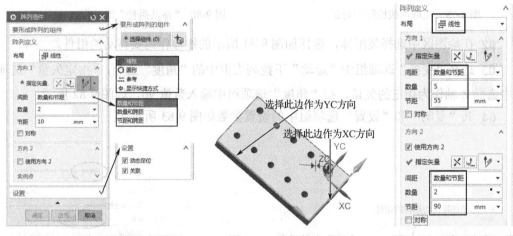

图 9-76 "阵列组件"对话框   图 9-77 选择的参考方向   图 9-78 "阵列定义"选项

09 单击"创建线性阵列"对话框中的"确定"按钮，系统生成线性阵列特征，如图 9-79 所示。

9.4.6 移动组件

"移动组件"是指根据设计要求来移动装配中的组件，在进行移动组件操作时要注意组件质检的约束关系。下面将具体讲解创建"移动组件"的方法。

操作步骤

01 单击"装配"功能区中的"组件位置"工具栏中的"移动组件"按钮，或者选择"菜单"→"装配"→"组件位置"→"移动组件"命令，系统弹出如图 9-80 所示的"移动组件"对话框。

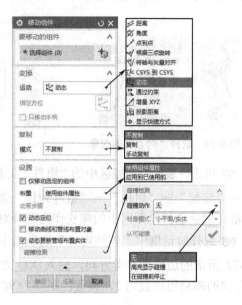

图 9-79 生成的线性阵列特征   图 9-80 "移动组件"对话框

02 在绘图区中选择装配体，选择如图 9-81 所示的螺栓作为要移动的组件。

03 选择"变换"选项组中"运动"下拉列表框中的"角度"选项，"指定矢量"选项组中选择 Z 轴作为指定的矢量，在"角度"选项组中输入数值 90，如图 9-82 所示。

04 其"复制"和"设置"选项组中的设置参数如图 9-83 所示。

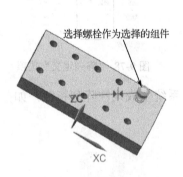

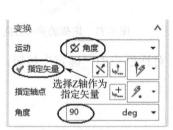

图 9-81 选择移动的组件   图 9-82 "变换"选项组   图 9-83 "复制"和"设置"选项组

05 单击"移动组件"对话框中的"确定"按钮，即完成移动组件的操作，其创建移动组件前后的效果如图 9-84 所示。

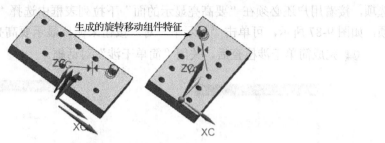

生成的旋转移动组件特征

图 9-84　移动组件效果

9.5　检查简单干涉与装配间隙

在菜单栏中的"分析"选项组中提供了"简单干涉"和"装配间隙"级联菜单，如图 9-85 所示。

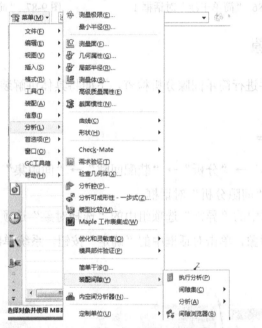

图 9-85　"文件"→"关闭"级联菜单

9.5.1　简单干涉

使用简单干涉可以确定两个体是否相交，下面将具体讲解简单干涉操作的方法。

操作步骤

01 选择"菜单"→"分析"→"简单干涉"命令，系统弹出如图 9-86 所示的"简单干涉"对话框 1。

02 在绘图区中选择螺栓作为第一个体，然后选择板作为第二个体。

03 选择"干涉检查结果"选项组的"结果对象"下拉列表框中的"高亮显示的面对"

选项，接着用户还必须在"要高亮显示的面"下拉列表框中选择"在所有对之间循环"选项，如图 9-87 所示，可单击"显示下一对"按钮来循环显示要高亮显示的面对。

04 完成简单干涉检查后，关闭"简单干涉"对话框。

图 9-86 "简单干涉"对话框 1　　　　　　　图 9-87 "简单干涉"对话框 2

9.5.2　装配间隙

要对选定的组件进行简单间隙分析检查，下面将具体讲解装配间隙操作的方法。

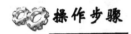 **操作步骤**

01 选择"菜单"→"分析"→"装配间隙"→"间隙集"→"设置"命令，系统弹出如图 9-88 所示的"间隙分析"对话框。

02 单击对话框中的"异常"选项组中的"选择对象"选项，然后在绘图区中选择螺栓和板作为选择的对象，单击对话框中的"确定"按钮，系统弹出如图 9-89 所示的"间隙浏览器"对话框。

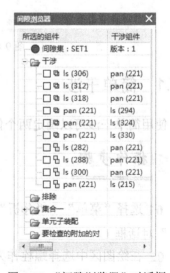

图 9-88 "间隙分析"对话框　　　　　　　图 9-89 "间隙浏览器"对话框

03 在"干涉检查"对话框中列出了干涉的情况，此时系统提示选择要检查的间隙分析。

9.6 爆炸图的创建

爆炸图是指零部件或子装配部件从完成装配的装配体中拆开并形成特定状态和位置的视图。如图 9-90 所示为装配视图，图 9-91 所示为爆炸视图。

图 9-90 装配视图

图 9-91 爆炸视图

9.6.1 新建爆炸图

新建爆炸图是在工作视图中创建的，可以在其中重定义组件以生成新建爆炸图。下面将具体讲解新建爆炸图的方法。

操作步骤

01 单击"装配"功能区中的"爆炸图"工具栏中的"新建爆炸图"按钮，或者选择"菜单"→"装配"→"爆炸图"→"新建爆炸图"命令，系统弹出如图 9-92 所示的"新建爆炸图"对话框。

02 在"新建爆炸图"对话框中的"名称"文本框中输入新的名称，或者接受默认的名称，系统默认的名称是"Explosion 1"。

图 9-92 "新建爆炸图"对话框

03 单击"新建爆炸图"对话框中的"确定"按钮。

提示

爆炸视图是将各个装配零件或子部件按照一定的方式放置，并离开其装配的位置，通常用来表示产品零部件组成或装配示意图等。在一般的产品说明书或者装配工艺图表中应用的比较多。

9.6.2 编辑爆炸图

编辑爆炸图是指重编辑定位当前爆炸图中选定的组件。下面将具体讲解编辑爆炸图的方法。

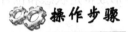

01 单击"装配"功能区中的"爆炸图"工具栏中的"编辑爆炸图"按钮，或者选择"菜单"→"装配"→"爆炸图"→"编辑爆炸图"命令，系统弹出如图 9-93 所示的"编辑爆炸图"对话框。

02 在"编辑爆炸图"对话框中提供了 3 种实用的单选按钮，可以使用这 3 个实用按钮来编辑爆炸图。

03 选择如图 9-94 所示的底板作为选择的对象，并在"编辑爆炸图"对话框中选择"移动对象"勾选项，然后选择如图 9-95 所示的按钮后按住左键拖动。

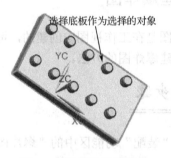

图 9-93 "编辑爆炸图"对话框　　　图 9-94 选择的编辑对象

04 编辑爆炸图满意后，单击"新建爆炸图"对话框中的"确定"按钮，所编辑的爆炸图如图 9-96 所示。

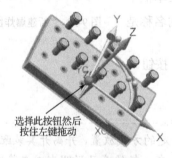

图 9-95 拖动底板　　　　　　　图 9-96 编辑后的爆炸图

9.6.3 自动爆炸组件

自动爆炸组件是基于组件的装配约束重定义当前爆炸图的组件。下面将具体讲解自动爆炸组件的方法。

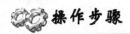 **操作步骤**

01 单击"装配"功能区中的"爆炸图"工具栏中的"自动爆炸组件"按钮，或者选择"菜单"→"装配"→"爆炸图"→"自动爆炸组件"命令，系统弹出"类选择"对话框。

02 选择装配图中的螺栓作为选择的对象，然后单击"类选择"对话框中的"确定"按钮，系统弹出如图 9-97 所示的"自动爆炸组件"对话框。

03 在"自动爆炸组件"对话框中输入"距离"数值为 200，然后单击"自动爆炸组件"对话框中的"确定"按钮，生成自动爆炸组件，如图 9-98 所示。

图 9-97 "自动爆炸组件"对话框

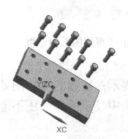

图 9-98 自动爆炸组件后的效果

9.6.4 取消爆炸组件

取消爆炸组件是指将组件恢复到先前未爆炸的位置。下面将具体讲解取消爆炸组件的方法。

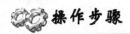 **操作步骤**

01 单击"装配"功能区中的"爆炸图"工具栏中的"取消爆炸组件"按钮，或者选择"菜单"→"装配"→"爆炸图"→"取消爆炸组件"命令，系统弹出"类选择"对话框。

02 选择装配图中的螺栓作为选择的对象，然后单击"类选择"对话框中的"确定"按钮，即取消生成的自动爆炸组件，如图 9-99 所示。

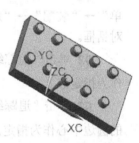

图 9-99 取消生成的自动爆炸组件

9.6.5 删除爆炸图

删除爆炸图是指可以删除未显示在任何视图中的装配爆炸图。下面将具体讲解删除爆炸图的方法。

操作步骤

01 单击"装配"功能区中的"爆炸图"工具栏中的"删除爆炸图"按钮 ✂，或者选择"菜单"→"装配"→"爆炸图"→"删除爆炸图"命令，系统弹出如图 9-100 所示的"爆炸图"对话框。

02 单击"爆炸图"对话框中的"确定"按钮，系统弹出如图 9-101 所示的"删除爆炸图"对话框。

图 9-100 "爆炸图"对话框   图 9-101 "删除爆炸图"对话框

> **专家提示**：所选的爆炸图处于显示状态时，则不能执行删除操作，系统会提示在视图中显示的爆炸图不能被删除。

9.6.6 追踪线

在爆炸图中创建组件的追踪线，有利于指示组件的装配位置和装配方式。下面将具体讲解创建追踪线的方法。

操作步骤

01 单击"装配"功能区中的"爆炸图"工具栏中的"追踪线"按钮 ♪，或者选择"菜单"→"装配"→"爆炸图"→"追踪线"命令，系统弹出如图 9-102 所示的"追踪线"对话框。

02 单击"追踪线"对话框中的"起始"选项，然后选择如图 9-103 所示螺栓的底部作为指定点。

03 单击"追踪线"对话框中的"终止"选项，然后选择如图 9-104 所示底板螺丝孔的圆边中心作为指定点。

04 单击"追踪线"对话框中的"确定"按钮，系统生成如图 9-105 所示的追踪线。

05 按照同样的操作方法，最后系统生成的追踪线效果如图 9-106 所示。

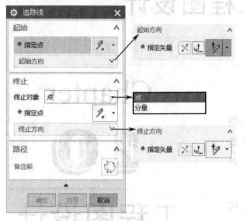

图 9-102 "追踪线"对话框

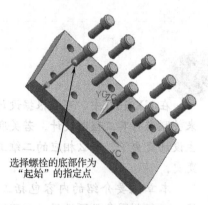

图 9-103 选择的起始指定点

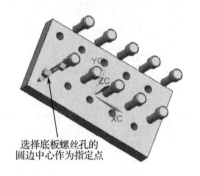

图 9-104 选择的终止指定点

图 9-105 生成的追踪线

图 9-106 最后的效果

本章小结

本章介绍了装配设计的相关知识，具体内容包括装配设计基础知识、使用装配约束类型、装配导航器使用的方法、装配组件操作的方法、检查简单干涉与装配间隙、创建爆炸视图的方法。

在实际装配过程中，会使用装配的两种方法：自底向上装配和自顶向下装配，用户应该灵活应用这两种方法。

第 10 章 工程图设计

在 NX 10.0 中，可以根据设计好的三维模型来关联进行其工程图设计。若关联的三维模型发生设计变更了，那么相应的二维工程图也会自动变更。

本章主要介绍的内容包括工程制图模块切换、工程制图参数预设置、工程图的基本管理操作、插入视图、编辑视图、修改剖面线、图样标注和 CAD 工程图的导出。

Chapter

10

工程图设计

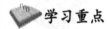**学习重点**

☑ 创建工程制图模块

☑ 工程制图参数的设置

☑ 工程图的创建

☑ 插入基本视图

☑ 视图的编辑

☑ 剖面线的修改

☑ 尺寸的标注

☑ 插入中心线及文本标注

☑ 插入表面粗糙度及其他符号

☑ 形位公差标注、创建表格注释和零件明细表

☑ CAD 工程图的导出

10.1　工程制图模块

在实际生产过程中，有的地方仍旧采用工程图。NX 10.0 的工程制图功能是很强大的，使用此功能模块可以很方便地根据已有的三维模型来创建合格的工程图。

下面将介绍如何快速地切换到工程制图模块。

操作步骤

01 完成三维模型设计后，单击"应用模块"功能区"设计"工具栏中的"制图"按钮 ，系统快速地切换到"制图"功能模块。

02 系统进入如图 10-1 所示的"制图"功能模块的软件设计界面，注意熟悉界面中出现的那些与制图相关的工具栏。

图 10-1　切换到"制图"功能模块

10.2　工程制图参数的设置

用户可以根据实际需要来更改工程图的默认设置，以建立新的设计环境。下面将具体讲解工程制图参数设置的方法。

在制图模式下，可以设置默认的预览视图样式、图样设置和常规应用模块的一些设置，其方法如下。

操作步骤

01 选择"文件"→"首选项"→"制图"命令，系统弹出如图 10-2 所示的"制图首选项"对话框。

02 可以对"常规/设置"、"公共"、"图纸格式"、"视图"、"尺寸"、"注释"、"符号"、

"表"和"船舶制图"选项进行相关的设置。

03 选择"常规/设置"选项卡，即用来指定版本升级工作流、独立的工作流、基于模型工作流、图纸工作流、保留的注释、欢迎页面的设置、常规的设置等，如图 10-2 所示。

04 选择"公共"选项卡，即用来指定文字、直线/箭头、层叠、工作流、原点、前缀/后缀、符号的设置，如图 10-3 所示。

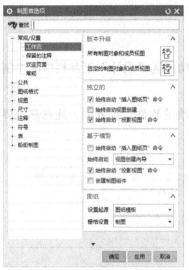 

图 10-2 "常规/设置"选项卡   图 10-3 "公共"选项卡

05 选择"图纸格式"选项卡，即用来指定图纸页、边界和区域、标题块的设置，如图 10-4 所示。

06 选择"视图"选项卡，即用来指定工作流、公共、基本/图纸、投影、截面、详细、展平图样、截面线、断开的设置，如图 10-5 所示。

图 10-4 "图纸格式"选项卡   图 10-5 "视图"选项卡

07 选择"尺寸"选项卡，即用来指定工作流、公差、双尺寸、二次折弯、窄、单侧尺寸、尺寸集、倒斜角、尺寸线、径向、坐标、文本、参考、孔标注的设置，如图 10-6 所示。

08 选择"注释"选项卡，即用来指定 GDT、符号标注、表面粗糙度符号、焊接符号、目标点符号、相交符号、剖面线/区域填充、中心线的设置，如图 10-7 所示。

图 10-6 "尺寸"选项卡　　　　　　图 10-7 "注释"选项卡

09 选择"符号"选项卡，即用来设置工作流中的自动更新，如图 10-8 所示。

10 选择"表"选项卡，即用来指定公共、零件明细表、表格注释、折弯表、孔表的设置，如图 10-9 所示。

图 10-8 "符号"选项卡　　　　　　图 10-9 "表"选项卡

11 选择"船舶制图"选项卡，即用来指定肋骨线的设置，包括常规、艉垂线、艏垂线、基线、水线、横向子肋位、纵向 Y 肋骨、纵向 Z 肋骨、中心线、舱壁、甲板、横向插入区和横向肋位，如图 10-10 所示。视图的设置，包括肋骨线、船舶设计线和船舶结构线，如图 10-11 所示。

图 10-10 "船舶制图"选项卡中的"肋骨线"选项

图 10-11 "船舶制图"选项卡中的"视图"选项

10.3 工程图的创建

本例将介绍工程图的基本操作，包括"新建图纸页"、"打开图纸页"、"显示图纸页"、"删除图纸页"和"编辑图纸页"等操作。

10.3.1 新建图纸页

下面将介绍新建图纸页的方法。

1. 使用模板

单击如图 10-12 所示的"新建图纸页"按钮，系统弹出如图 10-13 所示的"图纸页"对话框。

勾选"大小"选项组中的"使用模板"选项时，系统提供了几种制图模板，如"A0++-无视图"、"A0+-无视图"、"A0-无视图"、"A1-无视图"等。

2. 标准尺寸

勾选"大小"选项组中的"标准尺寸"选项时，如图 10-14 所示，系统提供了几种标准尺寸，如"A4-210×297"、"A3-297×420"、"A2-420×594"、"A1-594×841"、"A0-841×1189"等，以及"比例"选项供用户选择。

图 10-12　单击"新建图纸页"按钮

图 10-13　"图纸页"对话框

3．定制尺寸

勾选"大小"选项组中的"定制尺寸"选项时，如图 10-15 所示，系统提供了设置高度和长度的选项，以及"比例"选项供用户选择。

定义好图纸页，单击"图纸页"对话框中的"确定"按钮，即可在图纸上创建和编辑具体的工程视图了。

图 10-14　"标准尺寸"选项

图 10-15　"定制尺寸"选项

10.3.2　打开图纸页

单击"主页"功能区中的"新建图纸页"工具栏选项下的"打开图纸页"按钮，系统弹出如图 10-16 所示的"打开图纸页"对话框。系统提示用户输入要打开的图纸页名称。

10.3.3 删除图纸页

要删除图纸页，即选中左边资源板中的"部件导航器"下的"名称"选项，然后单击鼠标右键选择"删除"选项，如图 10-17 所示。

图 10-16 "打开图纸页"对话框   图 10-17 选择"删除"选项

10.3.4 编辑图纸页

可以编辑活动图纸页的名称、大小、比例、测量单位和投影角等，其方法如下。

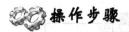操作步骤

01 单击"主页"功能区中的"新建图纸页"工具栏选项下的"编辑图纸页"按钮，或者选择"菜单"→"编辑"→"图纸页"命令，如图 10-18 所示，系统弹出如图 10-19 所示的"图纸页"对话框。

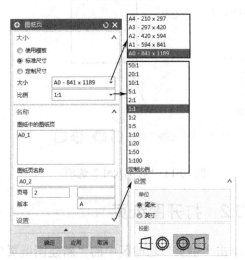

图 10-18 选择"图纸页"选项   图 10-19 "图纸页"对话框

02 可以对"大小"、"名称"、"单位"和"投影方式"选项进行相关的设置。

03 单击"图纸页"对话框中的"确定"按钮，即完成图纸页的编辑。

10.4　插入视图

新建图纸页后，即可在图纸中插入各种需要的视图。其插入的视图有基本视图、标准视图、投影视图、局部放大图、剖视图、半剖视图、旋转剖视图、断开视图和局部剖视图等。

10.4.1　基本视图

选择"菜单"→"插入"→"视图"→"基本"命令，系统弹出如图 10-20 所示的"基本视图"对话框。在"基本视图"对话框中可以进行下面的操作设置。

图 10-20　"基本视图"对话框

1. 部件

系统默认加载的当前工作部件作为其创建基本视图的零部件，如果想要更改其创建基本视图的零部件，则单击"基本视图"对话框中"部件"选项组中的"打开"按钮，系统弹出"部件名"对话框，则从其中选择需要的零部件。

2. 视图原点

单击"基本视图"对话框中"视图原点"选项组中的"指定位置"按钮，即可指定位置放置视图，其放置方法有"自动判断"、"水平"、"竖直"、"垂直于直线"和"叠加"。

3. 模型视图

选择"基本视图"对话框中"模型视图"选项组中的"要使用的模型视图"下拉列表框，从中选择相应的视图选项（俯视图、前视图、右视图、后视图、仰视图、左视图、正等测图、正三轴测图），即可定义生成的视图。

单击"基本视图"对话框中"模型视图"选项组中的"定向视图工具"按钮 ，系统弹出如图 10-21 所示的"定向视图工具"对话框和如图 10-22 所示的"定向视图"对话框。

该对话框可以定义视图法向、X 向等定向视图，在定向过程中可以在如图 10-22 所示的"定向视图"对话框中选择参考对象及调整视角等。

图 10-21 "定向视图工具"对话框

图 10-22 "定向视图"对话框

4．比例

在"基本视图"对话框中"比例"选项组中的"比例"下拉列表框中选择所需的一个比例值。

5．设置

如果在某些特殊制图情况下，默认的视图样式不能满足用户的设计要求，那么可以采用手动的方式指定视图样式，即单击"基本视图"对话框中"设置"选项组中的"视图样式"按钮 ，系统弹出如图 10-23 所示的"设置"对话框。

在该对话框中，用户可以单击相应的选项卡标签即可切换到该选项卡中，然后进行相关的参数设置。

10.4.2 投影视图

可以从图纸父视图中创建投影正交或者辅助视图。在创建基本视图后，通常可以以基本视图为基准，按照指定的投影通道来建立相应的投影视图。下面将介绍创建投影视图的方法。

操作步骤

01 单击"主页"功能区中的"视图"工具栏选项下的"投影视图"按钮 ，或者选择"菜单"→"插入"→"视图"→"投影"命令，系统弹出如图 10-24 所示的"投影视图"对话框。

图 10-23 "设置"对话框

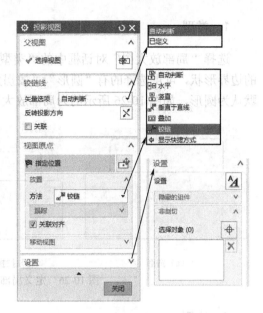

图 10-24 "投影视图"对话框

02 此时可以接受系统自动指定的父视图，也可以单击"父视图"选项组中的"视图"按钮 ⊞，从图纸页面上选择其他视图作为父视图。

03 定义铰链线、设置视图样式、指定视图原点，以及移动视图的操作。

10.4.3 局部放大图

单击"主页"功能区中的"视图"工具栏选项下的"局部放大图"按钮 ⸖，或者选择"菜单"→"插入"→"视图"→"局部放大图"命令，系统弹出如图 10-25 所示的"局部放大图"对话框。

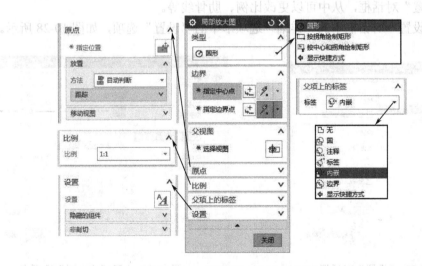

图 10-25 "局部放大图"对话框

1．类型

选择"局部放大图"对话框中的"类型"下拉列表框中的一种选项来定义局部放大图的边界形状，可供选择的有"圆形"、"按拐角绘制矩形"、"按中心和拐角绘制矩形"，一般默认为圆形，如图 10-26 所示的为局部放大图的边界形状示例。

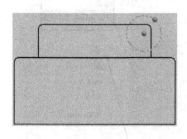 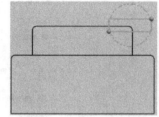 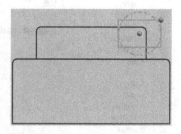

（a）圆形 （b）按拐角绘制矩形 （c）按中心和拐角绘制矩形

图 10-26 定义局部放大图边界的三种类型

2．比例

选择"比例"选项组的"比例"下拉列表框中的一个比例值，或者从中选择"比率"选项或"表达式"选项来定义比例。

3．父项上的标签

在"父项上的标签"选项组中的"标签"下拉列表框中选择"无"、"圆"、"注释"、"标签"、"内嵌"或"边界"选项来定义父项上的标签。

4．设置

单击"局部放大图"对话框中"设置"选项组中的"设置"按钮 ^A**A**，系统弹出如图 10-27 所示的"设置"对话框，从中可以更改比例、肋骨线等。

选择"设置"对话框中的"详细"选项卡中的"设置"选项，如图 10-28 所示。

图 10-27 "设置"对话框 图 10-28 "局部放大图"选项卡

10.4.4　剖视图

可以从任何图纸父视图中创建一个剖视图。下面将介绍其创建剖视图的方法。

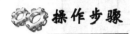

01 单击"主页"功能区中的"视图"工具栏选项下的"剖视图"按钮，或者选择"菜单"→"插入"→"视图"→"剖视图"命令，系统弹出如图 10-29 所示的"剖视图"对话框 1。

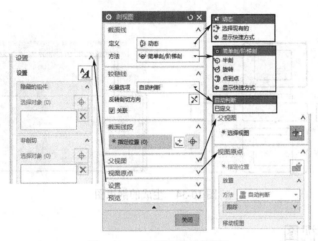

图 10-29　"剖视图"对话框 1

02 单击"剖视图"对话框中"设置"选项组中的"设置"按钮，系统弹出如图 10-30 所示的"设置"对话框。

在"设置"对话框中对相应的选项进行设置，这里就不再详细叙述。

03 单击如图 10-31 所示的俯视图，此时图纸中的效果如图 10-32 所示。单击第二次父视图后，然后向左移动鼠标，此时图纸中的效果如图 10-33 所示。

图 10-30　"设置"对话框

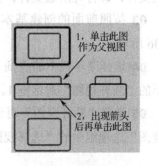

图 10-31　俯视图效果

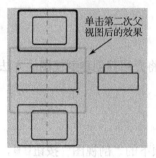

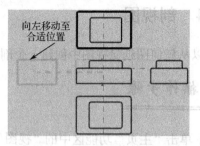

图 10-32　图纸效果　　　　　　　　　图 10-33　向左移动至合适位置

04 在图纸中的合适位置单击鼠标左键确定剖视图的放置位置，此时图纸中的效果如图 10-34 所示。

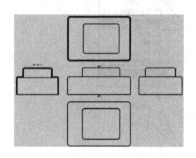

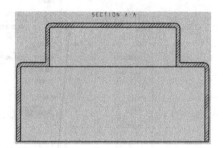

图 10-34　生成的剖视图

10.4.5　断开视图

断开视图是将图纸视图分解成多个边界并进行压缩，从而隐藏多余的部分，从而减少图纸视图的大小。

下面将介绍其创建断开视图的方法。

操作步骤

01 打开文件。单击"主页"功能区中的"打开"按钮 ，系统弹出"打开"对话框。

02 在"打开"对话框中选定文件名为"dkst"，然后单击"OK"按钮，或者双击所选定的文件，即打开所选文件，如图 10-35 所示。

03 按照前面的创建基本视图的操作方法，创建基本视图，创建后的基本视图如图 10-36 所示。

04 选择菜单栏中的"插入"→"视图"→"断开视图"命令，系统弹出如图 10-37 所示的"断开视图"对话框 1。

05 选择"断开视图"对话框 1 中"类型"选项组中的"常规"选项，并选择"主模型视图"选项组中的"选择视图"选项，然后选择如图 10-38 所示的视图。

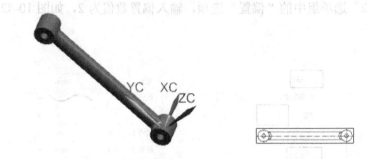

图 10-35　原始文件

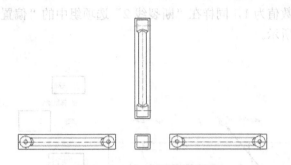

图 10-36　生成的基本视图

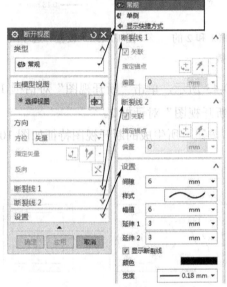

图 10-37　"断开视图"对话框 1

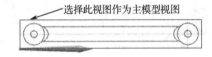

选择此视图作为主模型视图

图 10-38　选择的主模型视图

06 选择"断开视图"对话框 1 中"方向"选项组中的"指定矢量"选项，然后选择如图 10-39 所示的 X 轴作为指定矢量。

07 选择"断开视图"对话框 1 中"断裂线 1"选项组中的"指定锚点"选项，然后选择如图 10-40 所示的点作为指定锚点。

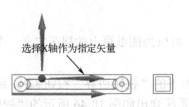

选择X轴作为指定矢量

图 10-39　选择 X 轴作为指定矢量

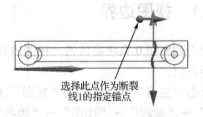

选择此点作为断裂线1的指定锚点

图 10-40　选择断裂线 1 的指定锚点

08 选择"断开视图"对话框 1 中"断裂线 2"选项组中的"指定锚点"选项，然后选择如图 10-41 所示的点作为指定锚点。

09 选择"断开视图"对话框 1 中"断裂线 1"选项组中的"偏置"选项，输入偏置数值为 1，同样在"断裂线 2"选项组中的"偏置"选项，输入偏置数值为 2，如图 10-42 所示。

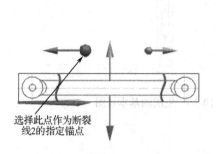

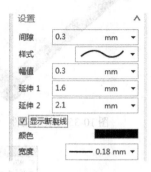

图 10-41　选择断裂线 2 的指定锚点　　图 10-42　断裂线 1 和 2 的　　图 10-43　"设置"选项组
设置参数

10 其"设置"选项组中的参数设置如图 10-43 所示，单击"断开视图"对话框 1 中的"确定"按钮，系统弹出如图 10-44 所示的"断开视图"对话框 2。

11 单击"断开视图"对话框 2 中的"OK"按钮，所生成的断开视图特征如图 10-45 所示。

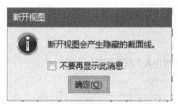

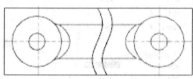
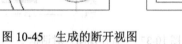

图 10-44　"断开视图"对话框 2　　　　　　　　图 10-45　生成的断开视图

10.5　视图的编辑

本例将主要介绍视图编辑的一些基本方法，包括"移动/复制视图"、"对齐视图"、"视图边界"和"更新视图"。

10.5.1　视图边界

使用 NX 10.0 系统提供的"视图边界"命令，可以为图纸页上的视图定义一个新的视图边界类型。

单击"主页"功能区中的"视图"工具栏选项下的"视图边界"按钮，或者选择"菜单"→"编辑"→"视图"→"边界"命令，系统弹出如图 10-46 所示的"视图边界"对话框。

下面将介绍"视图边界"对话框中主要组成部分的功能含义。

1. 视图列表框

可以在该列表框中选择要定义边界的视图。在操作之前，可以在视图列表框中选择视图外，还可以直接在图纸页上选择视图。如果选择了不需要的视图，即可以单击"重置"按钮来重新定义进行视图选择操作。

2. 视图边界方式下拉列表框

此下拉列表框用于设置视图边界的类型方式，共有下面四种类型方式。

"断裂线/局部放大图"：该方式使用断裂线/局部放大图边界线来设置视图边界。

图 10-46　"视图边界"对话框

"手工生成矩形"：即通过在视图的适当位置处按下鼠标左键并拖动鼠标来生成矩形边界。

"自动生成矩形"：选择该选项后，单击"应用"按钮即可自动定义矩形作为所选视图的边界。

"由对象定义边界"：即通过选择要包围的对象来定义视图的范围。

3. 锚点

锚点是将视图边界固定在视图中指定对象的相关联点上，使视图边界会跟着指定点的位置变化而适当地变化。

选择视图列表框中的"ORTHO@2"选项后，单击"锚点"按钮，系统出现如图 10-47 所示的锚点交叉点及文字。

单击"视图边界"对话框中的"确定"按钮，最后得到的视图边界效果如图 10-48 所示。

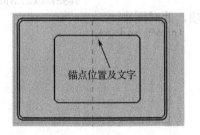

图 10-47　锚点交叉点及文字效果

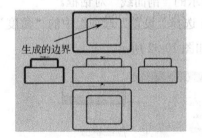

图 10-48　生成的边界效果

10.5.2　更新视图

更新视图是指更新选定视图中的隐藏线、轮廓线、视图边界等以反映对模型的更改。下面将介绍更新视图的方法。

图 10-49 "更新视图"对话框

操作步骤

01 在创建好的制图模型下，

单击"主页"功能区中的"视图"工具栏选项下的"更新视图"按钮 🖫，或者选择菜单栏中的"编辑"→"视图"→"更新"命令，系统弹出如图 10-49 所示的"更新视图"对话框。

02 选择要更新的视图。可以根据实际情况使用"更新视图"对话框中的视图列表、相应选择按钮来选择要更新的视图。

03 选择好要更新的视图后，单击"更新视图"对话框中的"确定"按钮，即完成更新视图的操作。

10.6 剖面线的修改

在工程制图中，可以使用不同的剖面线来表示不同的材质。在一个装配体的剖视图中，各个零部件的剖面线也应该有所区别。修改剖面线的操作方法如下。

操作步骤

图 10-50 单击鼠标右键选择要修改的剖面线

01 在创建好的工程图中选择要修改的剖面线，然后单击鼠标右键，弹出如图 10-50 所示的快捷菜单。

02 选择此快捷菜单中的"编辑"选项，系统弹出如图 10-51 所示的"剖面线"对话框。

03 选择"设置"选项组中的"角度"选项，此时图中的效果如图 10-52 所示。

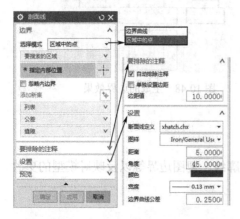

图 10-51 "剖面线"对话框

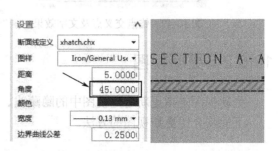

图 10-52 剖面线的角度及效果

258

04 将"设置"选项组中的"角度"选项修改为 135，然后单击"剖面线"对话框中的"应用"按钮，此时图中生成的剖面线效果如图 10-53 所示。

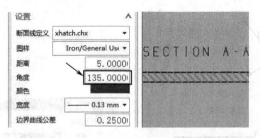

图 10-53　修改后的剖面线角度及效果

10.7　尺寸的标注

创建好视图后，还应对视图进行标注及注释。标注是表示图纸尺寸和公差等信息的重要方法，是创建工程图的重要组成部分。下面将介绍其创建的方法。

在 NX 10.0 中，如果修改了三维模型的尺寸，那么其工程图中的相应尺寸也会相应地自动修改，即保证三维模型与工程图的一致性。

1．命令介绍

选择"菜单"→"插入"→"尺寸"命令，如图 10-54 所示，其尺寸工具栏中则可以找到更多的尺寸工具，如图 10-55 所示为"尺寸"工具栏。

图 10-54　"插入"→"尺寸"级联菜单

图 10-55　"尺寸"工具栏

下面将介绍各个类型的尺寸标注命令。

（1）快速尺寸

根据选定对象和光标的位置自动判断尺寸类型来创建一个尺寸。单击"主页"功能区中的"尺寸"工具栏中的"快速尺寸"按钮，或者选择"菜单"→"插入"→"尺寸"→"快速尺寸"选项，系统将弹出如图 10-56 所示的"快速尺寸"对话框，其可以设置公差形式（值）、文本注释编辑器、设置尺寸样式等。

单击"快速尺寸"对话框中的"设置"按钮 ^A_A，系统弹出如图 10-57 所示的"设置"对话框。

图 10-56 "快速尺寸"对话框

图 10-57 "设置"对话框

其文本、尺寸标注样式设置这里就不再详细叙述。

（2）水平尺寸

水平尺寸用于在两点间或所选对象间创建一个水平尺寸。

（3）竖直尺寸

竖直尺寸用于在两点间或所选对象间创建一个竖直尺寸。

（4）平行尺寸

在选择的对象上创建平行尺寸，该尺寸实际上是两对象（如两点）之间的最短距离。

其水平、竖直和平行尺寸的示意图如图 10-58 所示。

（5）垂直尺寸

在一个直线或中心线以及一个点之间创建一个垂直尺寸,即用于标注工程图中所选点到直线（或中心线）的垂直尺寸。

（6）倾斜角尺寸

图 10-58 水平、竖直和平行尺寸示意图

倾斜角尺寸即为在视图中选择倒斜角对象，然后移动鼠标光标在指示尺寸文本的地方单击即可产生。

（7）角度尺寸

角度尺寸是指在两个不平行的直线之间创建一个角度尺寸。

（8）圆柱尺寸

圆柱尺寸是指在选取的对象上创建一个圆柱尺寸，这是两个对象或点位置之间的线性距离，它测量圆柱体的轮廓视图尺寸。

（9）孔尺寸

孔尺寸是指创建圆形特征的单一指引线直径尺寸，多用来为孔对象创建孔尺寸。

（10）径向尺寸

径向尺寸是指创建圆形对象的半径或直径尺寸。

其他尺寸这里就不再详细叙述，包括半径尺寸、过圆心的尺寸、带折线的半径尺寸、厚度尺寸、弧长尺寸、周长尺寸、水平链尺寸、竖直链尺寸、水平链尺寸、竖直基线尺寸、坐标尺寸。

2．操作方法

创建尺寸标注的一般操作方法包括：选择尺寸类型、设置样式、指定标称尺寸，设定公差值类型，进行文本注释编辑，以及根据尺寸类型选择对象及放置尺寸等。各个标注类型尺寸的操作方法都是相似的，下面将具体讲解创建半径尺寸的方法。

操作步骤

01 单击"主页"功能区中的"尺寸"工具栏中的"径向尺寸"按钮，或者选择"菜单"→"插入"→"尺寸"→"径向"命令，系统弹出如图 10-59 所示的"半径尺寸"对话框。

02 单击"半径尺寸"对话框中的"尺寸标注样式"按钮，系统弹出如图 10-60 所示的"设置"对话框。

图 10-59　"半径尺寸"对话框　　　　图 10-60　"设置"对话框

03 设置好"设置"对话框中的尺寸样式及各种要求后，单击"设置"对话框中的"关闭"按钮。

04 指定公差类型。选择"设置"对话框中的公差值类型选项后，系统将弹出如图 10-61 所示的公差值类型下拉列表。

05 选择好某种公差类型选项后，则"设置"对话框中的"公差"类型选项中的"类型和值"选项下的"类型"选项将添加用于设置公差的类型，如图 10-62 所示，从中设置公差类型，其"小数点位数"选项将设置公差的精度，如图 10-62 所示为 3。

06 指定标称值参数。在"公差"选项的框中指定标称值参数,如图 10-62 所示为 0.1。

图 10-61 指定公差值类型　　　　　　　　　　图 10-62 "公差"工具图标

07 编辑文本注释。单击"设置"对话框中的"文本"选项,如图 10-63 所示的"文本"选项,利用该选项可以修改尺寸的单位、方向和位置、格式、附加文本、尺寸文本和公差文本。

08 选择要标注的对象。选择要标注的一个圆对象,然后移动鼠标来指定尺寸的放置位置,创建的直径尺寸如图 10-64 所示。

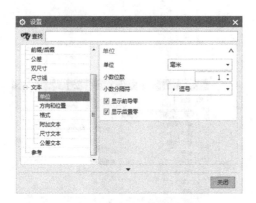

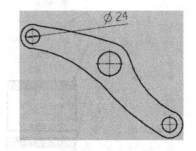

图 10-63 指定标称值精度　　　　　　　　　图 10-64 生成的一个直径尺寸

3.编辑尺寸

在视图中创建好直径尺寸后,如果要为该直径尺寸添加前缀,那么可以按照下面的操作方法对尺寸进行编辑操作。

 **操作步骤**

01 在视图中双击该直径尺寸,系统弹出如图 10-65 所示的"编辑"对话框。

02 单击"编辑"对话框中的"编辑附加文本"按钮 **A**,系统打开如图 10-66 所示的

"附加文本"对话框和"半径尺寸"对话框。

03 单击"附加文本"对话框中的"文本位置"选项组中的"之前"按钮，然后在"文本输入"选项组中的框中输入"2-"，如图 10-66 所示。

04 单击"附加文本"对话框中的"关闭"按钮，然后关闭"半径尺寸"对话框，完成的编辑尺寸效果如图 10-67 所示。

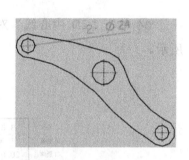

图 10-65　"编辑"对话框　　　图 10-66　"附加文本"对话框　　　图 10-67　完成的编辑尺寸效果

10.8　插入中心线及文本标注

创建好视图后，还要对视图进行相应的修饰，包括插入中心线、文本标注等。下面将介绍其创建的方法。

10.8.1　插入中心线

在工程图中经常会应用到中心线。下面将以创建 2D 中心线为例介绍插入中心线的方法。

操作步骤

01 单击"主页"功能区中的"注释"工具栏选项下的"2D 中心线"按钮，或者选择"菜单"→"插入"→"中心线"→"2D 中心线"命令，系统弹出如图 10-68 所示的"2D 中心线"对话框。

02 在"类型"下拉列表框中选择"从曲线"选项或"根据点"选项，并可以在"设置"选项组中设置相关的尺寸参数和样式。

03 选择如图 10-69 所示的边作为第 1 侧及第 2 侧，其"设置"选项组的参数设置如图 10-70 所示。

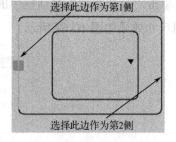

图 10-68 "2D 中心线"对话框 　　　　　　图 10-69　选择的第 1 和 2 侧的对象

04 单击"2D 中心线"对话框的"确定"按钮，即生成 2D 中心线，如图 10-71 所示。

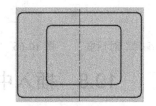

图 10-70 "设置"选项组 　　　　　　　　　图 10-71　生成的 2D 中心线

10.8.2　文本标注

下面将介绍创建文本标注的方法。

操作步骤

01 单击"主页"功能区中的"注释"工具栏选项下的"注释"按钮 A，或者选择"菜单"→"插入"→"注释"→"注释"命令，系统弹出如图 10-72 所示的"注释"对话框。

02 在"文本输入"选项组中输入"表面淬火处理"，如图 10-73 所示，其"继承"选项组和"设置"选项组的设置参数，如图 10-74 所示。

03 将鼠标移至绘图区中的一个视图，此时绘图区的效果如图 10-75 所示，然后勾选"注释"对话框中的"指引线"选项组中的"带折线创建"选项，此时绘图区的效果如图 10-76 所示。

04 单击"注释"对话框中的"原点"选项组中的"指定位置"按钮 ⊥_X，此时绘图区的效果如图 10-77 所示，单击鼠标左键确定，所生成的文本注释如图 10-78 所示。

图 10-72　"注释"对话框

图 10-73　"文本输入"选项组

图 10-74　"继承"和"设置"选项组

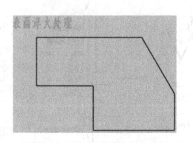

图 10-75　绘图区效果 1

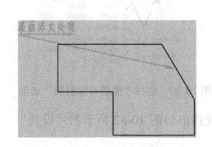

图 10-76　绘图区效果 2

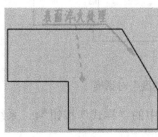

图 10-77　绘图区效果 3

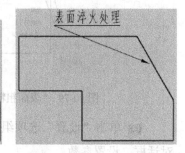

图 10-78　生成的文本注释

10.9　插入表面粗糙度及其他符号

创建好视图后，对于机械制图来说，还要标明相关的技术指标，包括插入表面粗糙度及其他符号等，下面将介绍其创建的方法。

10.9.1 插入表面粗糙度符号

通过创建一个表面粗糙度符号来指定曲面参数，比如粗糙度、处理或涂层、模式、加工余量和波纹。下面将具体讲解插入表面粗糙度符号的方法。

操作步骤

01 单击"主页"功能区中的"注释"工具栏选项下的"表面粗糙度符号"按钮√，或者选择"菜单"→"插入"→"注释"→"表面粗糙度符号"命令，系统弹出如图 10-79 所示的"表面粗糙度"对话框。

02 在"属性"选项组，选择如图 10-80 所示的其中一种材料移除选项，选择好"需要移除材料"选项后，设置"属性"选项组中的其他相关参数，如图 10-81 所示。

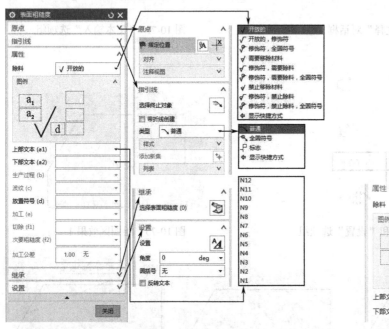

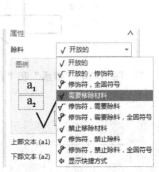

图 10-79 "表面粗糙度"对话框　　　　图 10-80 选择"需要移除材料"选项

03 单击"设置"选项组中的"样式"按钮，系统弹出如图 10-82 所示的"设置"对话框，设置参数。

04 单击"设置"对话框中的"关闭"按钮，其"设置"选项组的参数设置如图 10-83 所示。

05 指定如图 10-84 所示的点作为放置表面粗糙度符号的位置，然后单击"表面粗糙度"对话框中的"关闭"按钮，即完成插入表面粗糙度符号，如图 10-85 所示。

图 10-81 "属性"对话框　　　　　　　图 10-82 "设置"对话框

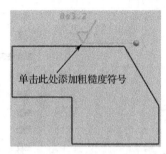

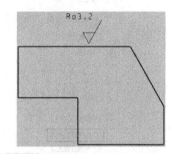

图 10-83 "设置"选项组　　图 10-84 选择放置的位置　　图 10-85 完成插入表面粗糙度符号

10.9.2 插入其他符号

另外，还可以插入其他常见注释符号。其方法为：选择"菜单"→"插入"→"注释"，然后选择相关需要插入的符号，或者选择菜单栏中的"插入"→"符号"，然后选择相关需要插入的符号，如图 10-86 所示。

下面将具体讲解在指定的边界内创建剖面线的方法。

操作步骤

01 单击"主页"功能区中的"注释"工具栏选项下的"剖面线"按钮▨，或者选择"菜单"→"插入"→"注释"→"剖面线"命令，系统弹出如图 10-87 所示的"剖面线"对话框。

02 选择"剖面线"对话框中"边界"选项组中的"区域中的点"选项，在"要排除的注释"选项组中勾选"自动排除注释"选项，设置"边距值"为 10，如图 10-88 所示。

03 其"设置"选项组中选择剖面线文件，然后选择剖面线类型，以及设置其他的相关参数，如图 10-89 所示。

图 10-86 "插入"→"注释"和"插入"→"符号"级联菜单　　　图 10-87 "剖面线"对话框

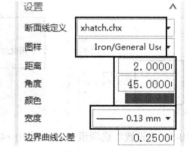

图 10-88 "边界"和"要排除的注释"选项组　　　　图 10-89 "设置"选项组

04 完成设置后，单击如图 10-90 所示的边界区域作为指定边界，然后单击"剖面线"对话框中的"确定"按钮，系统生成在指定边距创建剖面线，如图 10-91 所示。

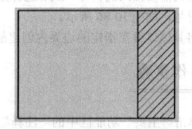

图 10-90 选择的边界区域　　　　　图 10-91 生成的剖面线

10.10 形位公差标注、创建表格注释和零件明细表

创建好视图后，对于机械制图来说，还要标明相关的技术指标。下面将介绍其形位公差标注创建的方法。

10.10.1　形位公差标注

下面将具体讲解形位公差标注的方法。

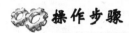

01 单击"主页"功能区中的"注释"工具栏选项下的"特征控制框"按钮，或者选择"菜单"→"插入"→"注释"→"特征控制框"命令，系统弹出如图 10-92 所示的"特征控制框"对话框。

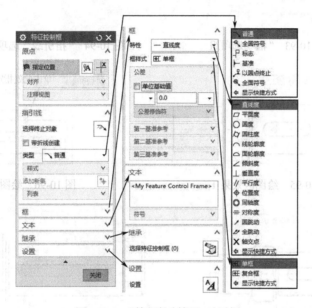

图 10-92　"特征控制框"对话框

02 选择"框"选项组的"特性"下拉列表框中的"圆跳动"选项，选择"框样式"下拉列表框中的"　单框"选项。

03 选择"公差"选项组中的左侧第一个下拉列表框中的 φ，并在文本框中输入 0.026，在右侧的下拉列表框中选择 Ⓜ，在"第一基准参考"下的左侧第一个下拉列表框中选择 A，如图 10-93 所示。

04 设置如图 10-94 所示的类型选项及样式，然后单击"特征控制框"对话框中的"指引线"选项组中的"选择终止对象"选项。

05 将鼠标移至绘图区中的某个位置，此时绘图区的效果如图 10-95 所示，单击鼠标左键指定箭头位置，所生成的文本注释如图 10-96 所示。

06 单击鼠标左键确定，所生成的形位公差标注如图 10-97 所示，然后单击"特征控制框"对话框中的"关闭"按钮，即完成形位公差标注，然后选中生成的对象，移动至合适位置，最后的效果如图 10-98 所示。

图 10-93 "框"选项组

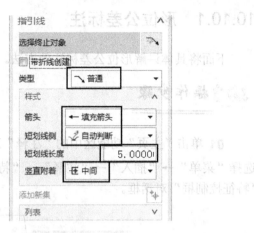

图 10-94 "指引线"选项组

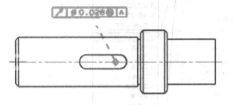

图 10-95 绘图区效果 1

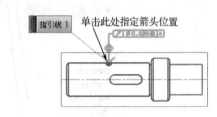

图 10-96 绘图区效果 2

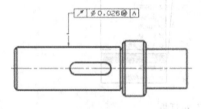

图 10-97 生成的形位公差标注

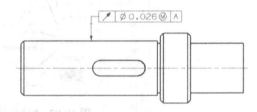

图 10-98 最后的效果

10.10.2 创建表格注释

在工程图设计时也会应用到表格。选要创建表格，则在制图模式下即可创建。下面将具体讲解创建表格注释的方法。

操作步骤

01 单击"主页"功能区中的"表"工具栏选项下的"表格注释"按钮，或者选择"菜单"→"插入"→"表格"→"表格注释"命令，系统弹出如图 10-99 所示的"表格注释"对话框。

02 单击图纸页上一点，定义新表格注释的位置，则表格注释显示如图 10-100 所示，系统默认的表格为 3 行 3 列，用户可以根据实际情况对单元格进行编辑操作等。

图 10-99　"表格注释"对话框

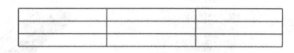

图 10-100　插入的新表格注释

10.10.3　创建零件明细表

装配明细表在 NX 10.0 中也被称为零件明细表，它用来表示装配的物料清单。则在制图模式下，选择菜单栏中的"插入"→"表格"→"零件明细表"命令，接着在图纸页中指明新零件明细表的位置，即可创建装配明细表如图 10-101 所示。

图 10-101　插入的零件明细表

10.11　CAD 工程图的导出

在实际的工程图设计过程中，有的时候需要根据 CAD 工程图纸来加工工件，那么在 NX 10.0 中所生成的工件如何来转换成需要的 CAD 工程图纸呢？导出 CAD 工程图的操作方法如下。

操作步骤

01 打开文件。单击"主页"功能区中的"打开"按钮，系统弹出"打开"对话框。

02 在"打开"对话框中选定文件名为"dc"，然后单击"OK"按钮，或者双击所选定的文件，即打开所选文件，如图 10-102 所示。

图 10-102　原始文件

03 创建工程制图模块。

创建工程制图模块详见第 10 章的 10.1 节。

创建完成后的工程制图模块如图 10-103 所示。

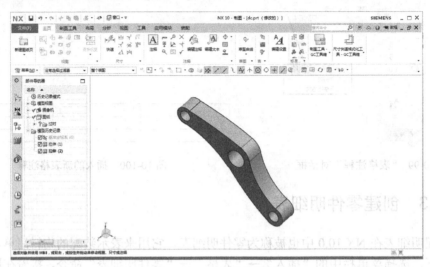

图 10-103　工程制图模块

04 创建工程图。

创建工程图详见第 10 章的 10.3 节。

单击"主页"功能区中的"视图"工具栏中的"新建图纸页"按钮 🔲，系统弹出如图 10-104 所示的"图纸页"对话框，其参数设置如图 10-104 所示。

05 创建基本视图。选择"菜单"→"插入"→"视图"→"基本"命令，系统弹出"基本视图"对话框。

06 选择"模型视图"和"比例"选项组的设置如图 10-105 所示，然后在图纸页中单击鼠标，此时图纸页中的效果如图 10-106 所示。

图 10-104　"图纸页"对话框

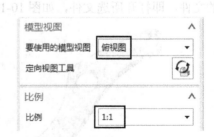

图 10-105　"模型视图"和"比例"选项组

07 系统弹出"投影视图"对话框，然后在图纸页中移动鼠标移至正对位置后，单击鼠标左键确定，如图 10-107 所示，所生成的视图如图 10-108 所示。

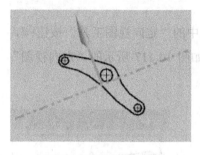
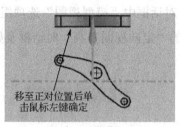
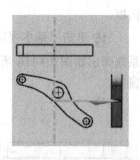

图 10-106　图纸页效果 1　　　　图 10-107　图纸页效果 2　　　　图 10-108　生成的投影视图 1

08 按照同样的操作方法，在图纸页中移动鼠标移至正对位置后，单击鼠标左键确定，所生成的视图如图 10-109 所示。

09 按照同样的操作方法，在图纸页中移动鼠标移至正对位置后，单击鼠标左键确定，所生成的视图如图 10-110 所示。

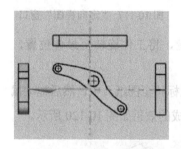
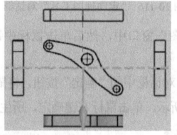
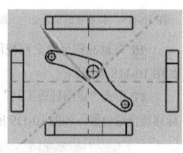

图 10-109　生成的右视图　　　　图 10-110　生成的左视图　　　　图 10-111　生成的视图 1

10 按照同样的操作方法，在图纸页中移动鼠标移至正对位置后，单击鼠标左键确定，所生成的视图如图 10-111 所示。

11 单击"投影视图"对话框中的"确定"按钮，所生成的视图效果如图 10-112 所示。

12 单击图纸页中的一个视图，然后拖动鼠标移至合适位置，如图 10-113 所示，所生成的视图效果如图 10-114 所示。

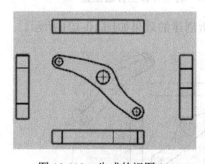
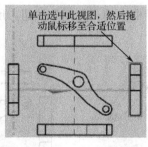
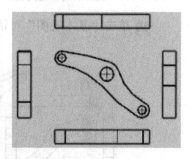

图 10-112　生成的视图 2　　　　图 10-113　移至合适位置 1　　　　图 10-114　移动后的效果

13 按照同样的操作方法，移动所需要移动的视图，最后的效果如图 10-115 所示。

14 选择"菜单"→"插入"→"视图"→"基本"命令，系统弹出"基本视图"对话框。

15 单击"基本视图"对话框中"模型视图"选项组中的"定向视图工具"按钮，系统弹出如图 10-116 所示的"定向视图工具"对话框及如图 10-117 所示的"定向视图"窗口。

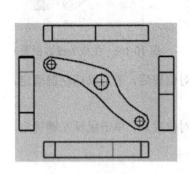

图 10-115　移至合适位置 2　　图 10-116　"定向视图工具"对话框　　图 10-117　"定向视图"窗口

16 将鼠标移至"定向视图"窗口中，然后单击鼠标中键，将工件旋转至最佳位置，如图 10-118 所示。

17 单击"定向视图工具"对话框中的"确定"按钮，将鼠标移至图纸页中，然后拖动鼠标移至合适位置，如图 10-119 所示。单击鼠标左键确定，所生成的效果如图 10-120 所示。

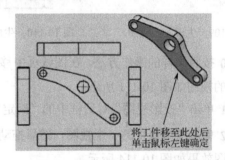

图 10-118　旋转后的"定向视图"窗口　　　　图 10-119　将工件移至合适位置

18 单击"基本视图"对话框中的"关闭"按钮，所创建的效果如图 10-121 所示。

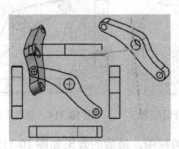
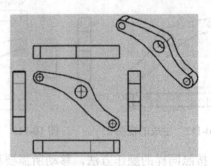

图 10-120　生成的视图　　　　　图 10-121　生成的工程图

19 选择如图 10-122 所示的"文件"→"导出"→"AutoCAD DXF/DWG…"选项，系统弹出如图 10-123 所示的"AutoCAD DXF/DWG 导出向导"对话框。

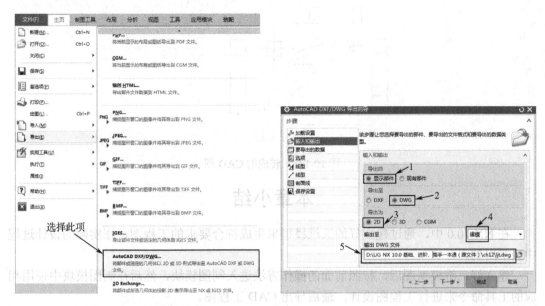

图 10-122　选择的选项　　　　　图 10-123　"AutoCAD DXF/DWG 导出向导"对话框

20 单击"AutoCAD DXF/DWG 导出向导"对话框中的"下一步"按钮，系统弹出如图 10-124 所示的"要导出的数据"选项卡，其设置不变，接着单击"下一步"按钮，系统出现"选项"选项卡，其设置如图 10-125 所示。

图 10-124　"要导出的数据"选项卡　　　　　图 10-125　"选项"选项卡

21 继续单击"下一步"按钮直至"保存设置"选项卡，选择保存设置到文件的位置，然后单击"AutoCAD DXF/DWG 导出向导"对话框中的"完成"按钮，最后转成的 CAD 图如图 10-126 所示。其他的转成方法和上面的步骤一样，希望读者能够掌握！

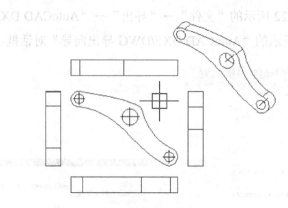

图 10-126　转成的 CAD 图

本章小结

在 NX 10.0 中，通过建立好的三维模型来生成符合要求的工程图，在实际的设计过程中经常用到。

建立好三维模型图后，按照前面的操作方法进入制图模块，然后在制图模块中使用相应的工具命令来进行工程图设计，最后导出 CAD 工程图。

第三篇

高手篇

Chapter

11

高手实训—简单
实体和工程图
设计

本章主要通过具体的实例来使读者进一步掌握 NX 10.0 绘图的基本知识，实训实例包括螺纹轴的绘制、后盖的绘制、咖啡杯的绘制、机座的绘制、剃须刀盖的绘制、齿轮箱的绘制和工程图的设计，通过这几个简单的实例训练，使读者能够掌握绘图的基本技巧。

 学习重点

☑ 熟悉 NX 10.0 操作环境

☑ 掌握新建文件的方法

☑ 掌握文件管理的方法

☑ 掌握基本二维草图的绘制方法（第 2 章内容）

☑ 掌握实体特征设计的方法（第 5 章内容）

☑ 掌握三维特征的操作方法（第 6 章内容）

☑ 掌握特征的编辑与管理方法（第 7 章内容）

☑ 掌握工程图的绘制方法（第 10 章内容）

11.1　螺纹轴的绘制

以如图 11-1 所示的螺纹轴为例，按照前面讲述的基础操作方法，下面具体介绍其绘制方法。

图 11-1　螺纹轴

操作步骤

01 启动 "NX 10.0" 程序后的界面如图 1-1 所示，其采用的是 "NX 10.0 初始操作界面"。

02 新建文件。

新建文件详见第 1 章中的 1.2 节。

03 选择 "模型" 模块，取文件名为 "lwz"，并选择相应的文件夹，然后单击 "确定" 按钮，即进入 "建模" 设计界面。

04 创建圆柱体特征。

创建圆柱体详见第 5 章中的 5.3 节。

其 "圆柱" 对话框中各个参数的设置如图 11-2 所示，此时预览效果如图 11-3 所示，最后生成的圆柱体特征，如图 11-4 所示。

图 11-2　"圆柱" 对话框

图 11-3　预览效果

图 11-4　生成的圆柱体

05 创建凸台特征。

创建凸台详见第 5 章中的 5.12 节。

其"凸台"对话框中的各个参数设置如图 11-5 所示，此时预览效果如图 11-6 所示。

其"定位"对话框，如图 11-7 所示，单击"定位"对话框中的"平行"按钮。

图 11-5 "凸台"对话框

图 11-6 选择的附着平面

图 11-7 "定位"对话框 1

系统弹出"平行"对话框，然后单击圆柱体的边作为参考边，此时预览特征效果如图 11-8 所示。

系统弹出"设置圆弧的位置"对话框，然后单击"设置圆弧的位置"对话框中的"圆弧中心"按钮，如图 11-9 所示。

系统弹出"定位"对话框，输入相关的数值 0，如图 11-10 所示，然后单击"确定"按钮，最后生成的凸台特征，如图 11-11 所示。

图 11-8 "平行"对话框

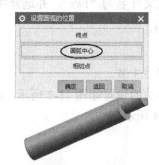
图 11-9 "设置圆弧的位置"对话框

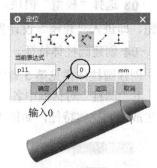
图 11-10 "定位"对话框 2

06 创建凸台特征。

按照前面的操作方法，其"凸台"对话框的参数设置如图 11-12 所示，选择的附着平面如图 11-13 所示，最后生成的凸台特征，如图 11-14 所示。

图 11-11 生成的凸台

图 11-12 "凸台"对话框

图 11-13 选择的附着平面

07 创建凸台特征。

按照前面的操作方法，其"凸台"对话框的参数设置如图 11-15 所示，选择的附着平面如图 11-16 所示，最后生成的凸台特征，如图 11-17 所示。

图 11-14　生成的凸台　　　　图 11-15　"凸台"对话框　　　图 11-16　选择的附着平面

08 创建基准平面 1。

创建基准平面详见第 2 章中的 2.2 节。

其"基准平面"对话框的参数设置如图 11-18 所示，选择的相切面如图 11-19 所示，最后生成的基准平面特征，如图 11-20 所示。

图 11-17　生成的凸台　　　　图 11-18　"基准平面"对话框　　图 11-19　选择的参考面

09 创建基准平面 2。

创建基准平面详见第 2 章中的 2.2 节。

其"基准平面"对话框的参数设置如图 11-21 所示，选择的平面参考及选择的轴如图 11-22 所示，最后生成的基准平面特征，如图 11-23 所示。

10 创建孔 1 特征。

创建孔详见第 5 章中的 5.11 节。

其"孔"对话框的参数设置如图 11-24 所示，其孔的直径为 5.0mm，深度为"贯穿体"，然后单击绘图区中创建的基准平面 2。

图 11-20 生成的基准平面   图 11-21 "基准平面"对话框   图 11-22 选择的平面参考及选择的轴

图 11-23 生成的基准平面   图 11-24 "孔"对话框   图 11-25 "草图点"对话框

系统弹出如图 11-25 所示的"草图点"对话框，然后在图中单击如图 11-26 所示的点，单击"草图点"对话框中的"关闭"按钮，并修改其点的位置，如图 11-27 所示。

其"布尔"和"设置"选项组设置如图 11-28 所示，最后生成孔特征，如图 11-29 所示。

11 创建孔 2 特征。

创建孔详见第 5 章中的 5.8 节。

其"孔"对话框的参数设置如图 11-30 所示，然后单击绘图区中创建的基准平面 2。

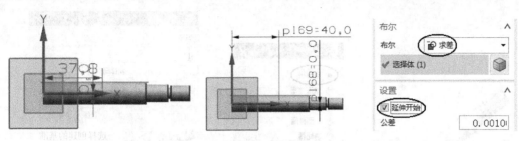

图 11-26　单击的点　　　图 11-27　修改点的位置参数　图 11-28　"布尔"和"设置"选项组

图 11-29　生成的孔　　　图 11-30　"孔"对话框　　　图 11-31　"草图点"对话框

　　系统弹出如图 11-31 所示的"草图点"对话框，然后在图中单击如图 11-32 所示的点，单击"草图点"对话框中的"关闭"按钮，并修改其点的位置，如图 11-33 所示。

　　其"布尔"和"设置"选项组设置如图 11-34 所示，最后生成孔特征，如图 11-35 所示。

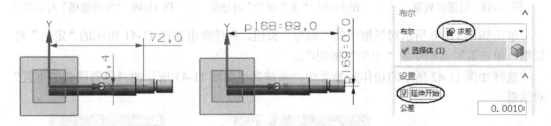

图 11-32　单击的点　　　图 11-33　修改点的位置参数　图 11-34　"布尔"和"设置"选项组

12 创建键槽特征。

　　创建键槽详见第 5 章中的 5.8 节。

　　其"键槽"对话框的参数设置如图 11-36 所示，然后单击"键槽"对话框的"确定"按钮。

　　系统弹出如图 11-37 所示的"矩形键槽"对话框，然后单击创建的基准平面 2；

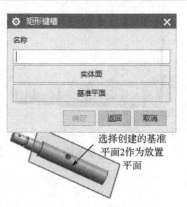

图 11-35 生成的孔　　　图 11-36 "键槽"对话框　　　图 11-37 "矩形键槽"对话框 1

单击如图 11-38 所示对话框中的"确定"按钮，系统弹出如图 11-39 所示的"水平参考"对话框。

选择如图 11-39 所示的平面作为参考平面，系统弹出如图 11-40 所示的"矩形键槽"对话框，其尺寸参数设置如图 11-40 所示。

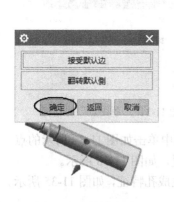

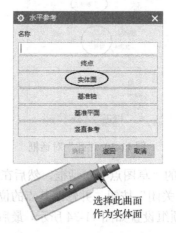

图 11-38 绘图区效果　　　图 11-39 "水平参考"对话框　　　图 11-40 "矩形键槽"对话框 2

单击如图 11-40 所示对话框中的"确定"按钮，系统弹出如图 11-41 所示的"定位"对话框，单击其对话框中的"水平"按钮。

选择如图 11-42 所示的边作为参考边，系统弹出如图 11-43 所示的"设置圆弧的位置"对话框。

图 11-41 "定位"对话框　　　图 11-42 "水平"对话框 1　　　图 11-43 "设置圆弧的位置"对话框

单击"设置圆弧的位置"对话框中的"圆弧中心"按钮后，系统弹出如图 11-44 所示的"水平"对话框。

单击如图 11-44 所示的边作为参考边后，系统弹出如图 11-45 所示的"创建表达式"对话框。

输入数值"7"后，单击"创建表达式"对话框中的"确定"按钮，系统弹出"定位"对话框，单击其对话框中的"竖直"按钮。

选择如图 11-42 所示的边作为参考边，系统弹出如图 11-43 所示的"设置圆弧的位置"对话框。

单击"设置圆弧的位置"对话框中的"圆弧中心"按钮后，系统弹出如图 11-46 所示的"竖直"对话框。

图 11-44 "水平"对话框 2　　　图 11-45 "创建表达式"对话框 1　　　图 11-46 "竖直"对话框

单击如图 11-46 所示的边作为参考边后，系统弹出如图 11-47 所示的"创建表达式"对话框。

输入数值"0"后，单击"创建表达式"对话框中的"确定"按钮，系统弹出"定位"对话框，单击其对话框中的"确定"按钮。

系统弹出"键槽"对话框，然后单击"键槽"对话框的"确定"按钮，即生成矩形键槽特征如图 11-48 所示。

13 创建键槽。

创建键槽详见第 5 章中的 5.8 节。

按照同样的操作方法创建矩形键槽，其"矩形键槽"对话框中的参数设置如图 11-49 所示，在"水平"距离中的"创建表达式"对话框输入数值 16，在"竖直"距离中的"创建表达式"对话框输入数值 0；最后生成矩形键槽特征，如图 11-52 所示。

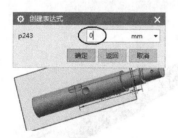

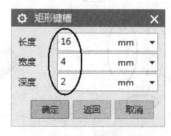

图 11-47 "创建表达式"对话框 2　　　图 11-48 生成的矩形键槽　　　图 11-49 "矩形键槽"对话框

图 11-50 "创建表达式"对话框 3　　　图 11-51 "创建表达式"对话框 4　　　图 11-52 生成的矩形键槽

14 倒斜角。

倒斜角详见第 6 章中的 6.3 节。

其"倒斜角"对话框中的各个参数设置如图 11-53 所示，此时预览效果如图 11-54 所示，最后生成的倒斜角特征，如图 11-55 所示。

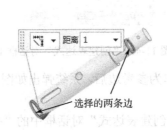

图 11-53 "倒斜角"对话框　　　图 11-54 选择的两条倒斜角边　　　图 11-55 生成的倒斜角

15 创建螺纹。

创建螺纹详见第 5 章中的 5.16 节。

其"螺纹"对话框中的各个参数设置如图 11-56 所示，此时预览效果如图 11-57 所示，最后生成的螺纹特征，如图 11-58 所示。

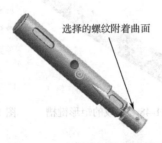

图 11-56 "螺纹"对话框　　　图 11-57 选择的螺纹附着曲面　　　图 11-58 生成的螺纹

16 保存文件。

保存文件详见第 1 章中的 1.2 节。

最后保存文件，其选择的菜单如图 11-59 所示。

图 11-59 选择"文件"→"关闭"→"保存并关闭"级联选项

11.2 后盖的绘制

以如图 11-60 所示的后盖为例，按照前面讲述的基础操作方法，下面具体介绍其绘制方法。

图 11-60 后盖

操作步骤

01 启动桌面上的"NX 10.0"程序后的界面如图 1-1 所示，其采用的是"NX 10.0 初始操作界面"。

02 新建文件。

新建文件详见第 1 章中的 1.2 节。

03 选择"模型"模块，取文件名为"hg"，并选择相应的文件夹，然后单击"确定"按钮，即进入"建模"设计界面。

04 创建拉伸特征。

创建拉伸特征详见第 5 章中的 5.9 节。

单击对话框中"截面"选项组中的"绘制截面"按钮，系统弹出如图 11-61 所示的

"创建草图"对话框，选择 XY 平面作为草绘平面，其绘制的图元如图 11-62 所示。

其"限制"和"设置"选项组中的各个参数设置如图 11-63 所示，此时预览效果如图 11-64 所示，最后生成的拉伸特征，如图 11-65 所示。

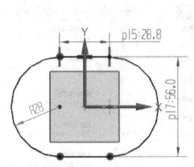

图 11-61 "创建草图"对话框　　　图 11-62 草绘的图元　　　图 11-63 "限制"和"设置"选项组

05 创建拉伸特征。

按照同样的操作方法创建拉伸特征，其绘制的图元如图 11-66 所示。

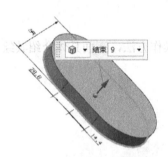

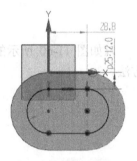

图 11-64 预览效果　　　　　图 11-65 创建的拉伸特征　　　　图 11-66 草绘的图元

其"限制"和"设置"选项组中各个参数的设置如图 11-67 所示，拉伸距离为 7.0mm，此时预览效果如图 11-68 所示，最后生成的拉伸特征，如图 11-69 所示。

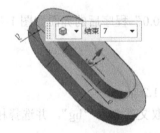

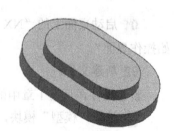

图 11-67 "限制"和"设置"选项组　　　图 11-68 预览效果　　　　图 11-69 创建的拉伸特征

06 创建拉伸特征。

按照同样的操作方法拉伸特征，其绘制的图元如图 11-66 所示。

其"限制"和"设置"选项组中各个参数的设置如图 11-71 所示，拉伸距离为 16.0mm，此时预览效果如图 11-72 所示，最后生成的拉伸特征，如图 11-73 所示。

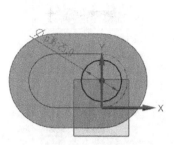

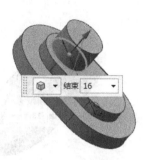

图 11-70　草绘的图元　　　　图 11-71　"限制"和"设置"选项组　　　　图 11-72　预览效果

07 创建拉伸特征。

按照同样的操作方法拉伸特征，其选择的草图平面为上一步骤绘制的圆柱体顶面，绘制的图元如图 11-73 所示。

其"限制"和"设置"选项组中各个参数的设置如图 11-75 所示，拉伸距离为-13.0mm，此时预览效果如图 11-76 所示，最后生成的拉伸特征，如图 11-77 所示。

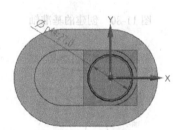

图 11-73　创建的拉伸特征　　　　图 11-74　草绘的图元　　　　图 11-75　"限制"和"设置"选项组

08 创建基准轴。

创建基准轴详见第 2 章中的 2.2 节。

其"基准轴"对话框如图 11-78 所示，此时预览效果如图 11-79 所示，最后生成的基准轴特征，如图 11-80 所示。

09 创建孔特征。

创建孔特征详见第 5 章中的 5.11 节。

单击"孔"对话框中"位置"选项组中的"绘制截面"按钮，系统弹出"创建草图"对话框，选择如图 11-81 所示的平面作为草绘平面，其绘制的图元如图 11-82 所示。

其"方向"、"形状和尺寸"和"布尔"选项组中各个参数的设置如图 11-83 所示，孔的直径为 12.0mm，深度距离为 11.0mm，此时预览效果如图 11-84 所示，最后生成的孔特征，如图 11-85 所示。

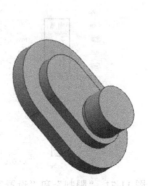

图 11-76　预览效果　　　图 11-77　创建的拉伸特征　　图 11-78　"基准轴"对话框

图 11-79　预览效果　　　图 11-80　创建的基准轴　　　图 11-81　选择的草绘平面

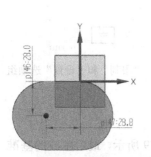

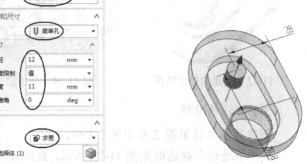

图 11-82　绘制的图元　图 11-83　"方向"、"形状和尺寸"和"布尔"选项组　图 11-84　预览效果

10 创建旋转特征。

创建旋转特征详见第 5 章中的 5.10 节。

单击对话框中"截面"选项组中的"绘制截面"按钮，系统弹出"创建草图"对话框，选择如图 11-86 所示的平面作为草绘平面，其绘制的图元如图 11-87 所示。

绘制完草图后，系统返回"回转"对话框，单击对话框中"轴"选项组中的"指定矢量"选项，然后选择如图 11-88 所示的曲面作为轴的指定矢量。

其"轴"和"限制"选项组中的各个参数设置如图 11-89 所示，此时预览效果如图 11-90 所示。

选择基准坐标系中的XZ平面
作为草绘平面

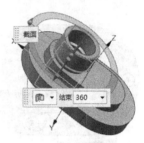

图 11-85　生成的孔特征　　　图 11-86　选择的草绘平面　　　图 11-87　草绘的图元

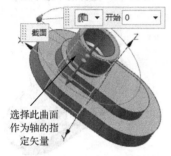

选择此曲面
作为轴的指
定矢量

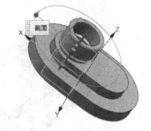

图 11-88　选择轴的指定矢量　　图 11-89　"轴"和"限制"选项组　　图 11-90　预览效果

　　其"布尔"和"设置"选项组中各个参数的设置如图 11-91 所示，此时预览效果如图 11-92 所示，最后生成的旋转特征，如图 11-93 所示。

图 11-91　"布尔"和"设置"选项组　　　图 11-92　预览效果　　　图 11-93　生成的旋转特征

11 创建草图。

　　绘制圆详见第 2 章中的 2.4 节。

　　首先绘制直径大小为 Φ44 的两个圆，其定点圆心为圆弧的圆心，然后绘制直线。

　　绘制直线详见第 2 章中的 2.4 节。

　　绘制两条与圆相切的直线，然后编辑草图曲线。

　　编辑草图曲线详见第 3 章中的 3.5 节。

　　其尺寸效果如图 11-94 所示，最后的效果如图 11-95 所示。

12 创建拉伸特征。

　　按照同样的操作方法拉伸特征，其选择的草图平面如图 11-96 所示。

　　绘制圆详见第 2 章中的 2.4 节。

　　绘制直径大小为 Φ7 的圆，绘制的图元如图 11-97 所示。

　　其"方向"和"限制"选项组中各个参数的设置如图 11-98 所示，拉伸距离为-13.0mm，此时预览效果如图 11-99 所示；

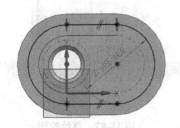

图 11-94　草绘的图元

图 11-95　创建的草图特征

图 11-96　选择的草绘平面

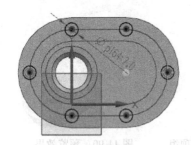

图 11-97　草绘的图元

图 11-98　"方向"和"限制"选项组

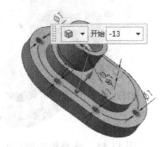

图 11-99　预览效果

　　其"布尔"和"设置"选项组中各个参数的设置如图 11-100 所示，此时预览效果如图 11-101 所示，最后生成的拉伸特征，如图 11-102 所示。

图 11-100　"布尔"和"设置"选项组

图 11-101　预览效果

图 11-102　创建的拉伸特征

　　13 创建拉伸特征。

　　按照同样的操作方法拉伸特征，其选择的草图平面如图 11-103 所示。

　　绘制圆详见第绘制圆详见第 2 章中的 2.4 节。

　　绘制直径大小为 Φ10 的圆，绘制的图元如图 11-104 所示。

　　其"方向"和"限制"选项组中各个参数的设置如图 11-105 所示，拉伸距离为-6.0mm，此时预览效果如图 11-106 所示。

　　其"布尔"和"设置"选项组中各个参数的设置如图 11-107 所示，此时预览效果如图 11-108 所示，最后生成的拉伸特征，如图 11-109 所示。

　　14 创建边倒圆特征。

　　创建边倒圆特征详见第 6 章中的 6.1 节。

　　其"边倒圆"对话框中各个参数的设置如图 11-110 所示，倒圆角半径为 1.5，此时预览效果如图 11-111 所示，最后生成的边倒圆特征，如图 11-112 所示。

图 11-103　选择的草绘平面

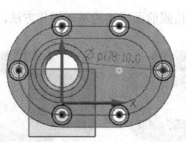
图 11-104　草绘的图元

图 11-105　"方向"和"限制"选项组

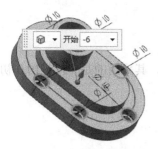
图 11-106　预览效果

图 11-107　"布尔"和"设置"选项组

图 11-108　预览效果

图 11-109　创建的拉伸特征

图 11-110　"边倒圆"对话框

图 11-111　预览效果

图 11-112　创建的边倒圆特征

11.3　咖啡杯的绘制

以如图 11-113 所示为例，按照前面讲述的基础操作方法，下面具体介绍其绘制方法。

图 11-113　咖啡杯

操作步骤

01 启动桌面上的"NX 10.0"程序后的界面如图 1-1 所示，其采用的是"NX 10.0 初始操作界面"。

02 新建文件。

新建文件详见第 1 章中的 1.2 节。

03 选择"模型"模块，新文件名为"cfb"，并选择相应的文件夹，然后单击"确定"按钮，即进入"建模"设计界面。

04 创建拉伸特征。

创建拉伸特征详见第 5 章中的 5.9 节。

单击"拉伸"对话框中"截面"选项组中的"绘制截面"按钮，系统弹出如图 11-114 所示的"创建草图"对话框，选择 XY 平面作为草绘平面，其绘制的图元如图 11-115 所示。

其"限制"和"设置"选项组中各个参数的设置如图 11-116 所示，拉伸距离为 50.0mm，此时预览效果如图 11-117 所示，最后生成的拉伸特征，如图 11-118 所示。

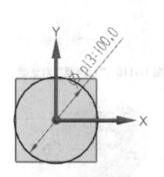

图 11-114　"创建草图"对话框　　图 11-115　草绘的图元　　图 11-116　"限制"和"设置"选项组

05 创建拔模特征。

创建拔模特征详见第 6 章中的 6.6 节。

要选择的拔模曲面如图 11-119 所示，拔模选择的固定面及脱模方向如图 11-119 所示。

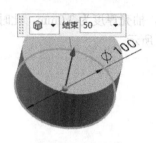
图 11-117　预览效果

图 11-118　创建的拉伸特征

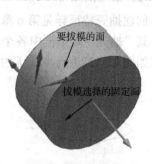
图 11-119　选择的对象

其"要拔模的面"和"设置"选项组中各个参数的设置如图 11-120 所示，拔模角度为 5.0°，此时预览效果如图 11-121 所示，最后生成的拔模特征，如图 11-122 所示。

图 11-120　"要拔模的面"和"设置"选项组

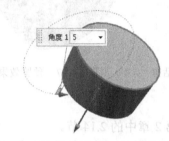
图 11-121　预览效果

图 11-122　创建的拔模特征

06 创建边倒圆特征。

创建边倒圆特征详见 6 章中的 6.1 节。

其"边倒圆"对话框中各个参数的设置如图 11-123 所示，倒圆角半径为 5.0mm，此时预览效果如图 11-124 所示，最后生成的边倒圆特征，如图 11-125 所示。

图 11-123　"边倒圆"对话框

图 11-124　预览效果

图 11-125　创建的边倒圆特征

07 创建抽壳特征。

创建抽壳特征详见第 6 章中的 6.5 节。

其"抽壳"对话框中各个参数的设置如图 11-126 所示,抽壳厚度为 3.0mm,此时预览效果如图 11-127 所示,最后生成的抽壳特征,如图 11-128 所示。

图 11-126 "抽壳"对话框　　图 11-127 预览效果　　图 11-128 创建的抽壳特征

08 创建草图。

绘制艺术样条详见第 2 章中的 2.14 节。

其尺寸效果如图 11-129 所示,最后的效果如图 11-130 所示。

09 创建基准平面。

创建基准平面详见第 2 章中的 2.2 节。

其"基准平面"对话框的参数设置如图 11-131 所示,选择的点及预览效果如图 11-132 所示,最后生成基准平面特征,如图 11-133 所示。

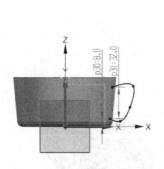  

图 11-129 草绘的图元　　图 11-130 创建的草图　　图 11-131 "基准平面"对话框

10 创建草图。

绘制矩形详见第 2 章中的 2.7 节。

选择创建的基准平面作为草绘平面,其尺寸效果如图 11-134 所示,最后的效果如图

11-135 所示。

图 11-132　选择的指定点及预览

图 11-133　生成的基准平面

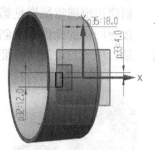
图 11-134　草绘的图元

11 创建扫掠特征。

创建扫掠特征详见第 5 章中的 5.6 节。

其选择的"截面曲线"和"引导线"如图 11-136 所示，此时预览效果如图 11-137 所示，最后生成的扫掠特征，如图 11-138 所示。

图 11-135　创建的草图

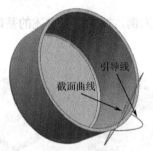
图 11-136　选择的截面曲线及引导线

图 11-137　预览效果

12 创建边倒圆特征。

创建边倒圆特征详见第 6 章中的 6.1 节。

其"边倒圆"对话框中各个参数的设置如图 11-139 所示，倒圆角半径为 1.2mm，此时预览效果如图 11-140 所示，最后生成的边倒圆特征，如图 11-141 所示。

图 11-138　创建的扫掠特征

图 11-139　"边倒圆"对话框

图 11-140　预览效果

13 创建边倒圆特征。

创建边倒圆特征详见第 6 章中的 6.1 节。

按照同样的操作方法创建边倒圆特征，倒圆角为 2.0mm，此时预览效果如图 11-142 所示，最后生成的边倒圆特征，如图 11-143 所示。

图 11-141　创建的边倒圆特征　　　　图 11-142　预览效果　　　　图 11-143　创建的边倒圆特征

11.4　机座的绘制

以如图 11-144 所示的机座为例，按照前面讲述的基础操作方法，下面具体介绍其绘制方法。

图 11-144　机座

操作步骤

01 启动桌面上的"NX 10.0"程序后的界面如图 1-1 所示，其采用的是"NX 10.0 初始操作界面"。

02 新建文件。

新建文件详见第 1 章中的 1.2 节。

03 选择"模型"模块，取文件名为"jz"，并选择相应的文件夹，然后单击"确定"按钮，即进入"建模"设计界面。

04 创建拉伸特征。

创建拉伸特征详见第 5 章中的 5.9 节。

单击对话框中"截面"选项组中的"绘制截面"按钮，系统弹出如图 11-145 所示的"创建草图"对话框，选择 XY 平面作为草绘平面，其绘制的图元如图 11-146 所示。

其"限制"和"设置"选项组中各个参数的设置如图 11-147 所示，此时预览效果如图 11-148 所示，最后生成的拉伸特征，如图 11-149 所示。

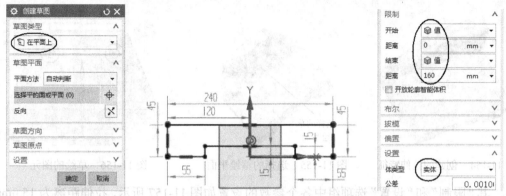

图 11-145　"创建草图"对话框　　　图 11-146　草绘的图元　　　图 11-147　"限制"和"设置"选项组

05 创建拉伸特征。

按照同样的操作方法创建拉伸特征，选择如图 11-150 所示的平面作为草绘平面，然后绘制如图 11-151 所示的图元。

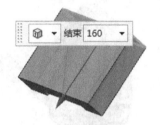

图 11-148　预览效果

图 11-149　创建的拉伸特征

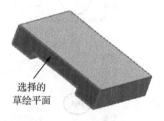

图 11-150　选择的草绘平面

其"限制"和"设置"选项组中各个参数的设置如图 11-152 所示，拉伸距离为 30.0mm，此时预览效果如图 11-153 所示，最后生成的拉伸特征，如图 11-154 所示。

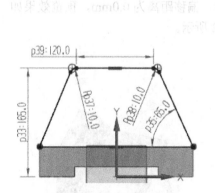

图 11-151　草绘的图元

图 11-152　"限制"和"设置"选项组

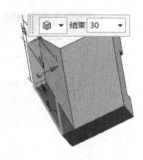

图 11-153　预览效果

06 创建拉伸特征。

按照同样的操作方法创建拉伸特征，选择如图 11-155 所示的平面作为草绘平面，然后绘制如图 11-156 所示的图元。

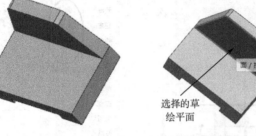

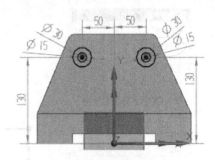

图 11-154　创建的拉伸特征　　　图 11-155　选择的草绘平面　　　图 11-156　草绘的图元

其"限制"和"设置"选项组中各个参数的设置如图 11-157 所示，拉伸距离为 15.0mm，此时预览效果如图 11-158 所示，最后生成的拉伸特征，如图 11-159 所示。

图 11-157　"限制"和"设置"选项组　　　图 11-158　预览效果　　　图 11-159　创建的拉伸特征

07 创建基准平面 1。

创建基准平面详见第 2 章中的 2.2 节。

其"基准平面"对话框的参数设置如图 11-160 所示，偏移距离为 0.0mm，预览效果如图 11-161 所示，最后生成的基准平面特征，如图 11-162 所示。

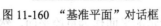

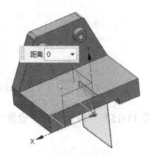

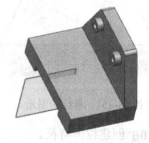

图 11-160　"基准平面"对话框　　　图 11-161　选择的参考面　　　图 11-162　生成的基准平面

08 创建拉伸特征。

按照同样的操作方法创建拉伸特征，选择创建的基准平面作为草绘平面，然后绘制如

图 11-163 所示的图元。

其"限制"和"设置"选项组中各个参数的设置如图 11-164 所示，拉伸距离为-5.0mm，另外一侧的距离为 5.0mm，此时预览效果如图 11-165 所示，最后生成的拉伸特征，如图 11-166 所示。

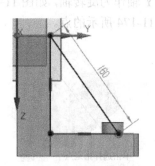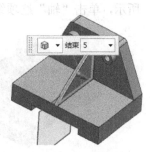

图 11-163　草绘的图元　　　图 11-164　"限制"和"设置"选项组　　　图 11-165　预览效果

09 创建基准平面 2。

创建基准平面详见第 2 章中的 2.2 节。

其"基准平面"对话框的参数设置如图 11-167 所示，预览效果如图 11-168 所示，最后生成的基准平面特征，如图 11-169 所示。

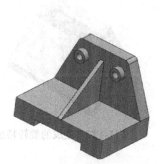

图 11-166　创建的拉伸特征　　　图 11-167　"基准平面"对话框　　　图 11-168　选择的参考面

10 创建草图。

绘制直线详见第 2 章中的 2.4 节。

选择创建的基准平面作为草绘平面，其尺寸效果如图 11-170 所示，最后的效果如图 11-171 所示。

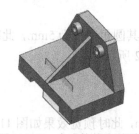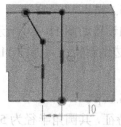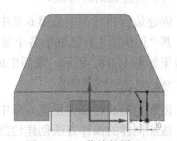

图 11-169　生成的基准平面　　　图 11-170　草绘的图元　　　图 11-171　草绘的图形

11 创建旋转特征。

创建旋转特征详见第 5 章中的 5.10 节。

单击对话框中"截面"选项组中的"选择曲线"选项，然后选择绘制的草图，此时预览效果如图 11-172 所示。

单击对话框中"轴"选项组中的"指定矢量"选项，选择 Y 轴作为旋转轴，如图 11-173 所示，单击"轴"选项组中的"指定点"选项，并单击如图 11-174 所示的点。

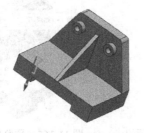  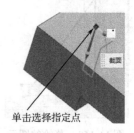

图 11-172　预览效果　　　　图 11-173　选择旋转轴　　　图 11-174　单击选择指定点

选择对话框中"布尔"选项组中的"求差"选项，并单击如图 11-175 所示的选择体，其"限制"和"布尔"选项组中各个参数的设置如图 11-176 所示，最后生成的旋转特征，如图 11-177 所示。

图 11-175　选择体　　　　图 11-176　"限制"和"布尔"选项组　　　图 11-177　生成的旋转特征

12 创建镜像特征。

创建镜像特征详见第 6 章中的 6.10 节。

选择上一步骤创建的旋转特征作为要镜像的特征，然后单击对话框中的"镜像平面"选项组，选择如图 11-178 所示的面作为镜像平面，其预览如图 11-178 所示，所生成的镜像特征，如图 11-179 所示。

13 创建边倒圆特征。

创建边倒圆特征详见第 6 章中的 6.1 节。

其"边倒圆"对话框中各个参数的设置如图 11-180 所示，其圆角半径为 5mm，此时预览效果如图 11-181 所示，最后生成的边倒圆特征，如图 11-182 所示。

14 创建边倒圆特征。

创建边倒圆特征详见第 6 章中的 6.1 节。

按照同样的操作方法创建边倒圆特征，其圆角半径为 5 mm，此时预览效果如图 11-183 所示，最后生成的边倒圆特征，如图 11-184 所示。

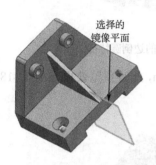

图 11-178　选择的镜像平面　　　图 11-179　生成的镜像特征　　　图 11-180　"边倒圆"对话框

图 11-181　预览效果　　　图 11-182　生成的边倒圆特征　　　图 11-183　预览效果

15 创建边倒圆特征。

创建边倒圆特征详见第 6 章中的 6.1 节。

按照同样的操作方法创建边倒圆特征，其圆角半径为 5mm，此时预览效果如图 11-185 所示，最后生成的边倒圆特征，如图 11-186 所示。

图 11-184　生成的边倒圆特征　　　图 11-185　预览效果　　　图 11-186　生成的边倒圆特征

16 创建边倒圆特征。

创建边倒圆特征详见第 6 章中的 6.1 节。

按照同样的操作方法创建边倒圆特征，其圆角半径为 5mm，此时预览效果如图 11-187 所示，最后生成的边倒圆特征，如图 11-188 所示。

17 创建边倒圆特征。

创建边倒圆特征详见第 6 章中的 6.1 节。

图 11-187　预览效果　　　　　图 11-188　生成的边倒圆特征

按照同样的操作方法创建边倒圆特征，其圆角半径为 20mm，此时预览效果如图 11-189 所示，最后生成的边倒圆特征，如图 11-190 所示。

图 11-189　预览效果　　　　　图 11-190　生成的边倒圆特征

11.5　剃须刀盖的绘制

以如图 11-191 所示为例，按照前面讲述的基础操作方法，下面将具体介绍其绘制方法。

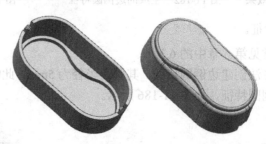

图 11-191　剃须刀盖

操作步骤

01 启动桌面上的"NX 10.0"程序后的界面如图 1-1 所示，其采用的是"NX 10.0 初始操作界面"。

02 新建文件。

新建文件详见第 1 章中的 1.2 节。

03 选择"模型"模块，取文件名为"txdg"，并选择相应的文件夹，然后单击"确定"按钮，即进入"建模"设计界面。

04 创建拉伸特征。

创建拉伸特征详见第 5 章中的 5.9 节。

单击"拉伸"对话框中的"截面"选项组中的"绘制截面"按钮 ，系统弹出如图 11-192 所示的"创建草图"对话框，选择 XY 平面作为草绘平面，其绘制的图元如图 11-193 所示。

其"限制"和"设置"选项组中各个参数的设置如图 11-194 所示，此时预览效果如图 11-195 所示，最后生成的拉伸特征，如图 11-196 所示。

图 11-192　"创建草图"对话框

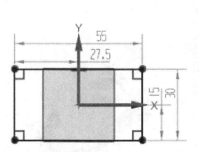

图 11-193　草绘的图元

图 11-194　"限制"和"设置"选项组

05 创建拔模特征。

创建拔模特征详见第 6 章中的 6.6 节。

其要选择的拔模曲面如图 11-197 所示，拔模选择的固定面及脱模方向如图 11-197 所示。

图 11-195　预览效果　　　图 11-196　创建的拉伸特征

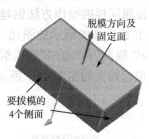

图 11-197　草绘的图元

其"要拔模的面"和"设置"选项组中各个参数的设置如图 11-198 所示，此时预览效果如图 11-199 所示，最后生成的拔模特征，如图 11-200 所示。

图 11-198　"要拔模的面"和"设置"选项组

图 11-199　预览效果

图 11-200　创建的拔模特征

06 创建边倒圆特征。

创建边倒圆特征详见 6 章中的 6.1 节。

其"边倒圆"对话框中各个参数的设置如图 11-201 所示，其圆角半径为 15mm，此时预览效果如图 11-202 所示，最后生成的边倒圆特征，如图 11-203 所示。

图 11-201 "边倒圆"对话框   图 11-202 预览效果   图 11-203 生成的边倒圆特征

07 创建拉伸特征。

按照同样的操作方法创建拉伸特征，选择如图 11-204 所示的平面作为草绘平面，然后绘制如图 11-205 所示的图元。

其"限制"和"布尔"选项组中各个参数的设置如图 11-206 所示，拉伸距离尺寸为 2.0mm，此时预览效果如图 11-207 所示，最后生成的拉伸特征，如图 11-208 所示。

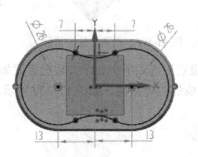

图 11-204 选择的草绘平面   图 11-205 草绘的图元   图 11-206 "限制"和"布尔"选项组

08 创建抽壳特征。

创建抽壳特征详见 6 章中的 6.5 节。

选择对话框中的"移除面，然后抽壳"选项，选择要移除的面如图 11-209 所示，设置抽壳厚度为 1.5mm，其参数如图 11-210 所示，其预览效果如图 11-211 所示，即生成移除面的抽壳特征，如图 11-212 所示。

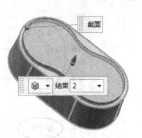

图 11-207　预览效果

图 11-208　创建的拉伸特征

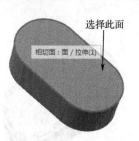

图 11-209　选择要移除的面

图 11-210　参数设置

图 11-211　预览效果

图 11-212　生成的抽壳特征

09 创建边倒圆特征。

创建边倒圆特征详见第 6 章中的 6.1 节。

按照同样的操作方法创建边倒圆特征，其圆角半径为 1，此时预览效果如图 11-213 所示，最后生成的边倒圆特征，如图 11-214 所示。

10 创建边倒圆特征。

创建边倒圆特征详见第 6 章中的 6.1 节。

按照同样的操作方法创建边倒圆特征，其圆角半径为 1.5mm，此时预览效果如图 11-215 所示，最后生成的边倒圆特征，如图 11-216 所示。

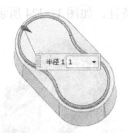

图 11-213　预览效果

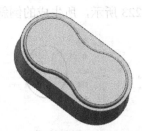

图 11-214　生成的边倒圆特征

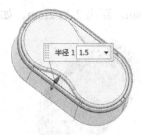

图 11-215　预览效果

11 创建拉伸特征。

按照同样的操作方法创建拉伸特征，选择 YZ 平面作为草绘平面，然后绘制如图 11-217 所示的图元。

其"限制"和"布尔"选项组中各个参数的设置如图 11-218 所示，拉伸距离为-35.0mm，另外一侧的拉伸距离为 35.0mm，此时预览效果如图 11-219 所示，最后生成的拉伸特征，如图 11-220 所示。

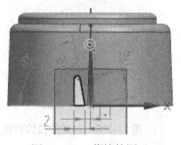

图 11-216　生成的边倒圆特征　　　图 11-217　草绘的图元　　　图 11-218　参数设置

12 创建镜像特征。

创建镜像特征详见第 6 章中的 6.10 节。

选择上一步骤创建的拉伸特征作为要镜像的特征，然后单击对话框中的"镜像平面"选项组，选择 XZ 平面作为镜像平面，如图 11-221 所示，所生成的镜像特征，如图 11-222 所示。

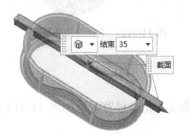

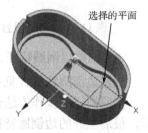

图 11-219　预览效果　　　图 11-220　创建的拉伸特征　　　图 11-221　选择的镜像平面

13 创建倒斜角特征。

创建倒斜角特征详见第 6 章中的 6.3 节。

选择"偏置"选项组的"横截面"下拉列表框中的"非对称"选项，即设置的距离 1 为 1mm，距离 2 为 2mm，如图 11-223 所示，所生成的倒斜角特征，如图 11-224 所示。

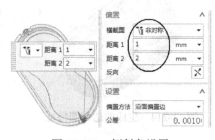

图 11-222　生成的镜像特征　　　图 11-223　倒斜角设置　　　图 11-224　生成的倒斜角特征

14 创建拉伸特征。

按照同样的操作方法创建拉伸特征，选择 XZ 平面作为草绘平面，然后绘制如图 11-225 所示的图元。

其"限制"和"布尔"选项组中的各个参数的设置如图 11-226 所示，拉伸距离为-1.0mm，另外一侧的拉伸距离为 1.0mm，此时预览效果如图 11-227 所示，最后生成的拉伸特征，如图 11-228 所示。

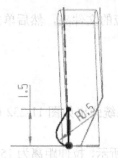

图 11-225　草绘的图元　　　　图 11-226　参数设置　　　　图 11-227　预览效果

15 创建镜像特征。

创建镜像特征详见第 6 章中的 6.10 节。

选择上一步骤创建的拉伸特征作为要镜像的特征，然后单击对话框中的"镜像平面"选项组，选择 YZ 平面作为镜像平面，如图 11-229 所示，所生成的镜像特征，如图 11-230 所示。

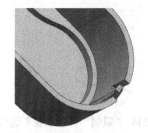

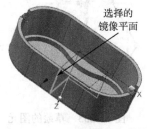

图 11-228　创建的拉伸特征　　　图 11-229　选择的镜像平面　　　图 11-230　生成的镜像特征

11.6　六角螺母的绘制

以如图 11-231 所示为例，按照前面讲述的基础操作方法，下面具体介绍其绘制方法。

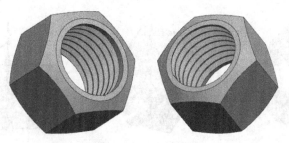

图 11-231　六角螺母

操作步骤

01 启动桌面上的"NX 10.0"程序后的界面如图 1-1 所示，其采用的是"NX 10.0 初始操作界面"。

02 新建文件。

新建文件详见第 1 章中的 1.2 节。

03 选择"模型"模块，取文件名为"LJLM"，并选择相应的文件夹，然后单击"确定"按钮，即进入"建模"设计界面。

04 创建拉伸特征。

创建拉伸特征详见第 5 章中的 5.9 节。

单击对话框中"截面"选项组中的"绘制截面"按钮 ，系统弹出如图 11-232 所示的"创建草图"对话框，其绘制的图元如图 11-233 所示。

其"限制"和"设置"选项组中各个参数的设置如图 11-234 所示，拉伸距离为 15.0mm，此时预览效果如图 11-235 所示，最后生成的拉伸特征，如图 11-236 所示。

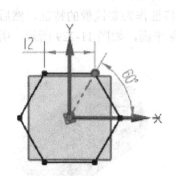

图 11-232 "创建草图"对话框　　图 11-233 草绘的图元　　图 11-234 "限制"和"设置"选项组

05 创建草图。

绘制直线详见第 2 章中的 2.4 节。

选择创建的 XZ 平面作为草绘平面，其尺寸效果如图 11-237 所示，最后的效果如图 11-238 所示。

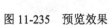

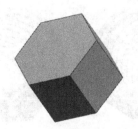

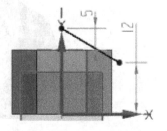

图 11-235 预览效果　　图 11-236 创建的拉伸特征　　图 11-237 草绘的图元

06 创建旋转特征。

创建旋转特征详见第 5 章中的 5.10 节。

单击对话框中"截面"选项组中的"选择曲线"选项，然后选择绘制的草图，此时预览效果如图 11-239 所示；

单击对话框中"轴"选项组中的"指定矢量"选项，然后选择 Y 轴作为旋转轴，如图 11-240 所示，单击"轴"选项组中的"指定点"选项，并单击"点对话框"按钮 ，系统弹出如图 11-241 所示的"点"对话框，其各项设置如图所示。

图 11-238　草绘的图形

图 11-239　预览效果

图 11-240　选择旋转轴

　　选择对话框中"布尔"选项组中的"求差"选项，并选择绘制的拉伸特征作为布尔运算的选择体，其"限制"和"布尔"选项组中各个参数的设置如图 11-242 所示，其预览效果如图 11-243 所示，最后生成的旋转特征，如图 11-244 所示。

图 11-241　"点"对话框

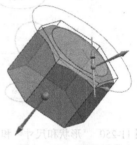

图 11-242　"限制"和"布尔"选项组

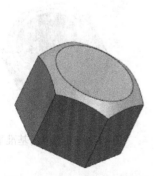

图 11-243　预览效果

07 创建孔特征。

　　创建孔详见第 5 章中的 5.11 节。

　　其"孔"对话框的参数设置如图 11-245 所示，孔的直径大小为 15.0mm，深度为"贯穿体"选项，然后选择绘图区中如图 11-246 所示的平面作为指定点的位置。

图 11-245　"孔"对话框

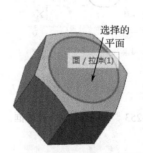

图 11-246　选择的平面

图 11-244　生成的旋转特征

系统弹出如图 11-247 所示的"草图点"对话框，然后在图中单击如图 11-248 所示的点，单击"草图点"对话框中的"关闭"按钮，并修改其点的位置，如图 11-249 所示。

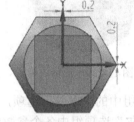

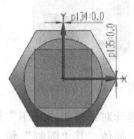

图 11-247　"草图点"对话框　　　　图 11-248　单击的点　　　图 11-249　修改点的位置参数

其"形状和尺寸"和"布尔"选项组设置如图 11-250 所示，其预览效果如图 11-251 所示，最后生成的孔特征，如图 11-252 所示。

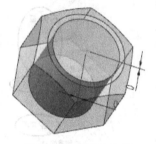

图 11-250　"形状和尺寸"和"布尔"选项组　　　图 11-251　预览效果　　　图 11-252　生成的孔

08 创建基准平面。

创建基准平面详见第 2 章中的 2.2 节。

其"基准平面"对话框的参数设置如图 11-253 所示，选择 XY 平面作为参考平面，偏移距离为 7.5mm，其预览效果如图 11-254 所示，最后生成的基准平面特征，如图 11-255 所示。

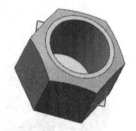

图 11-253　"基准平面"对话框　　　　图 11-254　预览效果　　　图 11-255　生成的基准平面

09 创建镜像特征。

创建镜像特征详见第 6 章中的 6.10 节。

选择创建的旋转特征作为要镜像的特征，然后单击对话框中的"镜像平面"选项组，选择创建的基准平面作为镜像平面，如图 11-256 所示，所生成的镜像特征，如图 11-257 所示。

10 创建螺纹特征。

单击"主页"功能区中"特征"工具栏中的"螺纹"按钮，系统弹出如图 11-258 所示的"螺纹"对话框 1。

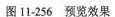

图 11-256　预览效果　　　　图 11-257　生成的镜像特征　　　　图 11-258　"螺纹"对话框

选择对话框中"螺纹类型"选项中的"详细"选项，勾选"旋转"类型为"右旋"选项，然后选择如图 11-259 所示的面，此时"螺纹"对话框各个参数如图 11-260 所示。

单击对话框中的"选择开始"按钮，系统弹出如图 11-261 所示的"螺纹"对话框 2，选择如图 11-261 所示的面。

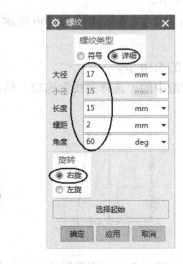

图 11-259　选择的面　　　　图 11-260　"螺纹"对话框　　　　图 11-261　选择的面

系统弹出如图11-262所示的"螺纹"对话框3,此时预览效果如图11-263所示,所生成的螺纹特征,如图11-264所示。

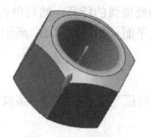

图11-262 "螺纹"对话框3　　　图11-263 预览效果　　　图11-264 生成的螺纹特征

11.7　蝶形螺母的绘制

以如图11-265所示的蝶形螺母为例,按照前面讲述的基础操作方法,下面将具体介绍其绘制方法。

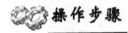操作步骤

01 启动桌面上的"NX 10.0"程序后的界面如图1-1所示,其采用的是"NX 10.0初始操作界面"。

02 新建文件。

新建文件详见第1章中的1.2节。

03 选择"模型"模块,取文件名为"DXLM",并选择相应的文件夹,然后单击"确定"按钮,即进入"建模"设计界面。

04 创建草图。

绘制直线详见第2章中的2.4节。

选择XZ平面作为草绘平面,其尺寸效果如图11-266所示。

05 创建旋转特征。

创建旋转特征详见第5章中的5.10节。

单击对话框中"截面"选项组中的"选择曲线"选项,然后选择绘制的草图,此时预览效果如图11-267所示。

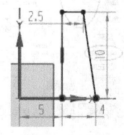

图11-265　蝶形螺母　　　图11-266　草绘的图元　　　图11-267　预览效果

单击对话框中"轴"选项组中的"指定矢量"选项,然后选择Y轴作为旋转轴,如

图 11-268 所示，然后单击"轴"选项组中的"指定点"选项，并单击"点对话框"按钮 ，
系统弹出如图 11-269 所示的"点"对话框，其各项设置如图所示。

其"限制"和"设置"选项组中各个参数的设置如图 11-270 所示，其预览效果如图 11-271
所示，最后生成的旋转特征，如图 11-272 所示。

图 11-268　选择旋转轴

图 11-269　"点"对话框

图 11-270　"限制"和"布尔"选项组

06 创建拉伸特征。

创建拉伸特征详见第 5 章中的 5.9 节。

按照同样的操作方法创建拉伸特征，选择 XY 平面作为草绘平面，然后绘制如图 11-273
所示的图元。

图 11-271　预览效果

图 11-272　生成的旋转特征

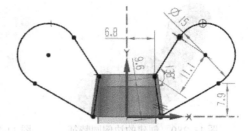
图 11-273　草绘的图元

其"限制"和"布尔"选项组中各个参数的设置如图 11-274 所示，拉伸距离尺寸为
-2.0mm，另外一侧的拉伸距离尺寸为 2.0mm，此时预览效果如图 11-275 所示，最后生成
的拉伸特征，如图 11-276 所示。

图 11-274　"限制"和"布尔"选项组

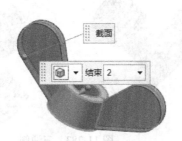
图 11-275　预览效果

图 11-276　创建的拉伸特征

07 创建边倒圆特征。

创建边倒圆特征详见第 6 章中的 6.1 节。

按照同样的操作方法创建边倒圆特征,其圆角半径为 5.0 mm,此时预览效果如图 11-277 所示,最后生成的边倒圆特征,如图 11-278 所示。

08 创建边倒圆特征。

创建边倒圆特征详见第 6 章中的 6.1 节。

按照同样的操作方法创建边倒圆特征,其圆角半径为 0.7 mm,此时预览效果如图 11-279 所示,最后生成的边倒圆特征,如图 11-280 所示。

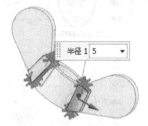
图 11-277　预览效果

图 11-278　创建的边倒圆特征

图 11-279　预览效果

09 创建边倒圆特征。

创建边倒圆特征详见第 6 章中的 6.1 节。

按照同样的操作方法创建边倒圆特征,其圆角半径为 0.7 mm,此时预览效果如图 11-281 所示,最后生成的边倒圆特征,如图 11-282 所示。

图 11-280　创建的边倒圆特征

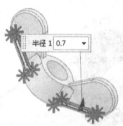
图 11-281　预览效果

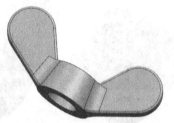
图 11-282　创建的边倒圆特征

11.8　三通阀的绘制

以如图 11-283 所示的主通阀为例,按照前面讲述的基础操作方法,下面具体介绍其绘制方法。

图 11-283　三通阀

13.0mm，此时其成形效果如图 11-291 所示，最后生成的拉伸特征，如图 11-292 所示。

🔩 **操作步骤**

01 启动桌面上的"NX 10.0"程序后的界面如图 1-1 所示，其采用的是"NX 10.0 初始操作界面"。

02 新建文件。

新建文件详见第 1 章中的 1.2 节。

03 选择"模型"模块，取文件名为"STFM"，并选择相应的文件夹，然后单击"确定"按钮，即进入"建模"设计界面。

04 创建拉伸特征。

创建拉伸特征详见第 5 章中的 5.9 节。

单击"拉伸"对话框中"截面"选项组中的"绘制截面"按钮 📷，系统弹出如图 11-284 所示的"创建草图"对话框，其绘制的图元如图 11-285 所示。

其"限制"和"设置"选项组中各个参数的设置如图 11-286 所示，拉伸距离为 26.0mm，此时预览效果如图 11-287 所示，最后生成的拉伸特征，如图 11-288 所示。

05 创建拉伸特征。

创建拉伸特征详见第 5 章中的 5.9 节。

按照同样的操作方法创建拉伸特征，选择 YZ 平面作为草绘平面，然后绘制如图 11-289 所示的图元。

图 11-284 "创建草图"对话框

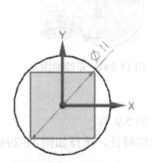

图 11-285 草绘的图元

图 11-286 "限制"和"设置"选项组

图 11-287 预览效果

图 11-288 创建的拉伸特征

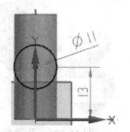

图 11-289 草绘的图元

其"限制"和"布尔"选项组中各个参数的设置如图 11-290 所示，拉伸距离尺寸为

13.0mm，此时预览效果如图 11-291 所示，最后生成的拉伸特征，如图 11-292 所示。

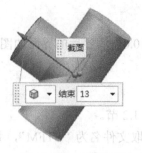

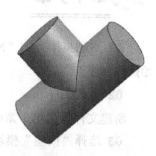

图 11-290 "限制"和"布尔"选项组　　　图 11-291 预览效果　　　图 11-292 创建的拉伸特征

06 创建拉伸特征。

创建拉伸特征详见第 5 章中的 5.9 节。

按照同样的操作方法创建拉伸特征，选择如图 11-293 所示的平面作为草绘平面，然后绘制如图 11-294 所示的图元。

其"限制"和"布尔"选项组中各个参数的设置如图 11-295 所示，拉伸距离尺寸为 10.0mm，此时预览效果如图 11-296 所示，最后生成的拉伸特征，如图 11-297 所示。

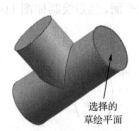

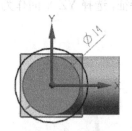

图 11-293 选择的草绘平面　　　图 11-294 草绘的图元　　　图 11-295 "限制"和"布尔"选项组

07 创建拉伸特征。

创建拉伸特征详见第 5 章中的 5.9 节。

按照同样的操作方法创建拉伸特征，选择如图 11-298 所示的平面作为草绘平面，然后绘制如图 11-299 所示的图元。

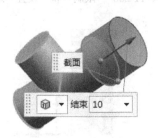

图 11-296 预览效果　　　图 11-297 创建的拉伸特征　　　图 11-298 选择的草绘平面

其"限制"和"布尔"选项组中各个参数的设置如图 11-300 所示，拉伸距离尺寸为

10.0mm，此时预览效果如图 11-301 所示，最后生成的拉伸特征，如图 11-302 所示。

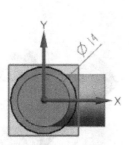

图 11-299　草绘的图元　　　图 11-300　"限制"和"布尔"选项组　　　图 11-301　预览效果

08 创建拉伸特征。

创建拉伸特征详见第 5 章中的 5.9 节。

按照同样的操作方法创建拉伸特征，选择如图 11-303 所示的平面作为草绘平面，然后绘制如图 11-304 所示的图元。

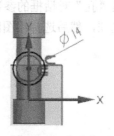

图 11-302　创建的拉伸特征　　　图 11-303　选择的草绘平面　　　图 11-304　草绘的图元

其"限制"和"布尔"选项组中各个参数的设置如图 11-305 所示，拉伸距离尺寸为 10.0mm，此时预览效果如图 11-306 所示，最后生成的拉伸特征，如图 11-307 所示。

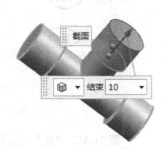

图 11-305　"限制"和"布尔"选项组　　　图 11-306　预览效果　　　图 11-307　创建的拉伸特征

09 创建拉伸特征。

创建拉伸特征详见第 5 章中的 5.9 节。

按照同样的操作方法创建拉伸特征，选择 XZ 平面作为草绘平面，然后绘制如图 11-308 所示的图元。

UG NX 10.0 基础、进阶、高手一本通

其"限制"和"布尔"选项组中各个参数的设置如图 11-309 所示,拉伸距离尺寸为 -6.0mm,另外一侧的拉伸距离尺寸为 6.0mm,此时预览效果如图 11-310 所示,最后生成的拉伸特征,如图 11-311 所示。

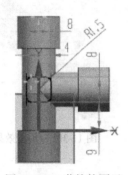

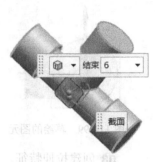

图 11-308 草绘的图元   图 11-309 "限制"和"布尔"选项组   图 11-310 预览效果

10 创建孔特征。

创建孔详见第 5 章中的 5.11 节。

其"孔"对话框的参数设置如图 11-312 所示,孔的直径大小为 8.0mm,深度为"贯穿体"选项,然后选择绘图区中如图 11-313 所示的平面作为指定点的位置。

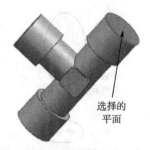

选择的平面

图 11-311 创建的拉伸特征   图 11-312 "孔"对话框   图 11-313 选择的平面

系统弹出如图 11-314 所示的"草图点"对话框,然后在图中单击如图 11-315 所示的点,单击"草图点"对话框中的"关闭"按钮,并修改其点的位置,如图 11-316 所示。

其"形状和尺寸"和"布尔"选项组设置如图 11-317 所示,其预览效果如图 11-318 所示,最后生成的孔特征,如图 11-319 所示。

图 11-314 "草图点"对话框

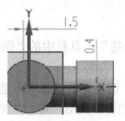

图 11-315 单击的点

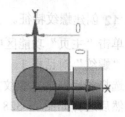

图 11-316 修改点的位置参数

图 11-317 "形状和尺寸"和"布尔"选项组

图 11-318 预览效果

图 11-319 生成的孔

11 创建孔特征。

创建孔详见第 5 章中的 5.11 节。

其"孔"对话框的参数设置如图 11-312 所示，孔的直径大小为 8.0mm，深度为"直到下一个"选项，然后选择绘图区中如图 11-320 所示的平面作为指定点的位置。

系统弹出如图 11-321 所示的"草图点"对话框，然后在图中单击如图 11-322 所示的点，单击"草图点"对话框中的"关闭"按钮，并修改其点的位置，如图 11-323 所示。

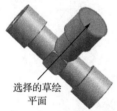

选择的草绘
平面

图 11-320 选择的平面

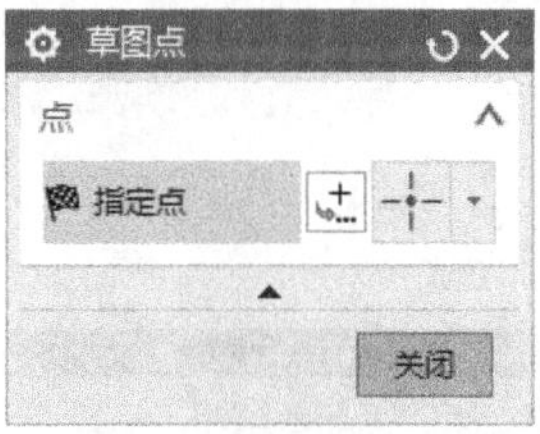

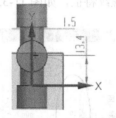

图 11-321 "草图点"对话框

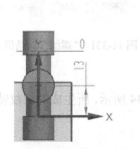

图 11-322 单击的点

其"形状和尺寸"和"布尔"选项组设置如图 11-324 所示，其深度值为 23.0mm，其预览效果如图 11-325 所示，最后生成的孔特征，如图 11-326 所示。

图 11-323 修改点的位置参数

图 11-324 "形状和尺寸"和"布尔"选项组

图 11-325 预览效果

12 创建螺纹特征。

单击"主页"功能区中"特征"工具栏中的"螺纹"按钮 ▦，系统弹出如图 11-327 所示的"螺纹"对话框 1。

选择对话框中"螺纹类型"选项中的"详细"选项，勾选"旋转"类型为"右旋"选项，然后选择如图 11-328 所示的面，此时"螺纹"对话框各个参数如图 11-329 所示。

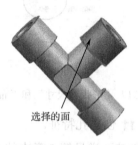

图 11-326 生成的孔　　　图 11-327 "螺纹"对话框　　　图 11-328 选择的面

单击对话框中的"选择开始"按钮，系统弹出如图 11-330 所示的"螺纹"对话框 2，选择如图 11-330 所示的面。

系统弹出如图 11-331 所示的"螺纹"对话框 3，此时预览效果如图 11-332 所示，所生成的螺纹特征，如图 11-333 所示。

图 11-329 "螺纹"对话框　　　图 11-330 选择的面　　　图 11-331 "螺纹"对话框 3

13 创建螺纹特征。

按照同样的操作方法创建螺纹特征，其预览效果如图 11-334 所示，所生成的螺纹特征，如图 11-335 所示。

图 11-332　预览效果　　　　图 11-333　生成的螺纹特征　　　　图 11-334　预览效果

14 创建螺纹特征。

按照同样的操作方法创建螺纹特征，其预览效果如图 11-336 所示，所生成的螺纹特征，如图 11-337 所示。

图 11-335　生成的螺纹特征　　　　图 11-336　预览效果　　　　图 11-337　生成的螺纹特征

11.9　工程图的创建

以如图 11-338 所示的零件为例，按照前面讲述的基础操作方法，下面具体介绍其绘制方法。

图 11-338　零件图

操作步骤

01 启动桌面上的"NX 10.0"程序后的界面如图 1-1 所示，其采用的是"NX 10.0 初始操作界面"。

02 打开文件。

打开文件详见第 1 章中的 1.2 节。

单击"工具栏"中的"打开"按钮 ，系统弹出"打开"对话框，在"打开"对话框中选定文件名为"jlt",然后单击"OK"按钮,或者双击所选定的文件,即打开所选文件,如图 11-338 所示。

03 创建工程制图模块。

创建工程制图模块详见第 10 章中的 10.1 节。

系统进入如图 11-339 所示的"制图"功能模块的软件设计界面。

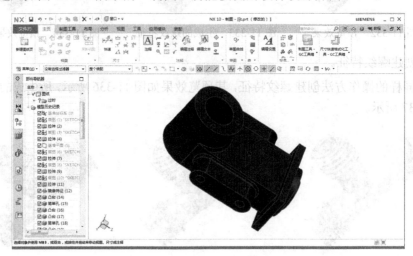

图 11-339 切换到制图功能模块

04 新建图纸页。

新建图纸页详见第 10 章中的 10.3 节。

单击"主页"功能区中"视图"工具栏中的"新建图纸页"按钮，系统弹出如图 11-340 所示的"图纸页"对话框,其参数设置如图 11-340 所示。

05 创建基本视图。选择菜单栏中的"插入"→"视图"→"基本"命令,系统弹出"基本视图"对话框。

06 选择"模型视图"和"比例"选项组的设置如图 11-341 所示,然后在图纸页中单击鼠标,此时图纸页中的效果如图 11-342 所示。

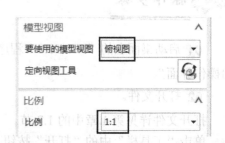

图 11-340 "图纸页"对话框   图 11-341 "模型视图"和"比例"选项组

07 系统弹出"投影视图"对话框，然后在图纸页中移动鼠标至正对位置后，单击鼠标确定，如图 11-343 所示，所生成的视图如图 11-344 所示。

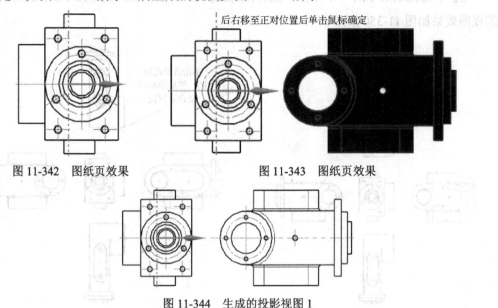

后右移至正对位置后单击鼠标确定

图 11-342　图纸页效果　　　　　　图 11-343　　图纸页效果

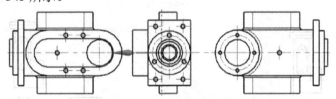

图 11-344　生成的投影视图 1

08 按照同样的操作方法，在图纸页中移动鼠标至正对位置后，单击鼠标确定，所生成的视图如图 11-345 所示。

图 11-345　生成的左视图

09 按照同样的操作方法，在图纸页中移动鼠标至正对位置后，单击鼠标确定，所生成的视图如图 11-346 所示。

10 按照同样的操作方法，在图纸页中移动鼠标至正对位置后，单击鼠标确定，所生成的视图如图 11-347 所示。

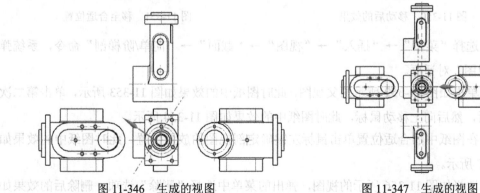
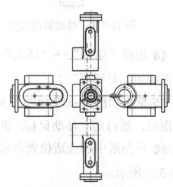

图 11-346　生成的视图　　　　　　图 11-347　生成的视图

11 单击"投影视图"对话框中的"确定"按钮，所生成的视图效果如图 11-348 所示。

12 单击图纸页中的一个视图，然后拖动鼠标至合适位置，如图 11-349 所示，所生成的视图效果如图 11-350 所示。

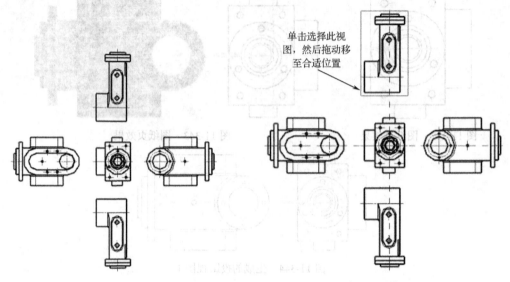

单击选择此视图，然后拖动移至合适位置

图 11-348　生成的视图　　　　　　　　　　图 11-349　移至合适位置

13 按照同样的操作方法，移动需要移动的视图，最后的效果如图 11-351 所示。

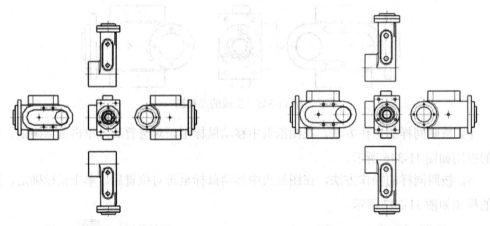

图 11-350　移动后的效果　　　　　　　　　　图 11-351　移至合适位置

14 选择"菜单"→"插入"→"视图"→"截面"→"简单/阶梯剖"命令，系统弹出"剖视图"对话框。

15 单击如图 11-352 所示的父视图，此时图纸中的效果如图 11-353 所示，单击第二次父视图后，然后向上移动鼠标，此时图纸中的效果如图 11-354 所示。

16 在图纸中的合适位置单击鼠标左键确定剖视图的放置位置，此时图纸中的效果如图 11-355 所示。

17 选择如图 11-356 所示的视图，弹出的菜单中选择"删除"选项，删除后的效果如

图 11-357 所示。

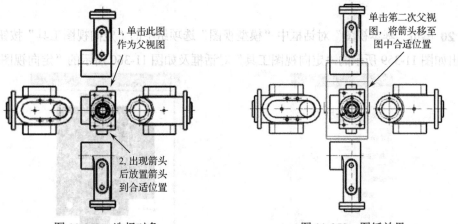

图 11-352　选择对象　　　　　　图 11-353　图纸效果

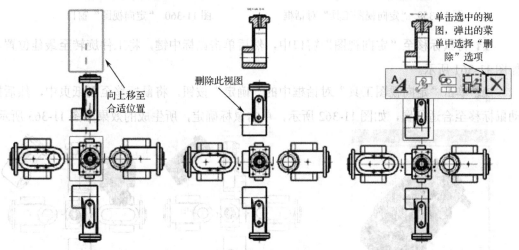

图 11-354　向上移动至合适位置　　图 11-355　生成的剖视图　　图 11-356　弹出的菜单

18 选择生成的剖视图，然后拖动鼠标至合适位置，移动后的视图如图 11-358 所示。

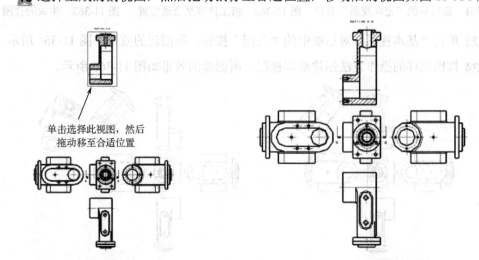

图 11-357　删除的视图　　　　　　图 11-358　移动后的视图

19 选择"菜单"→"插入"→"视图"→"基本"命令，系统弹出"基本视图"对话框。

20 单击"基本视图"对话框中"模型视图"选项组中的"定向视图工具"按钮，系统弹出如图 11-359 所示的"定向视图工具"对话框及如图 11-360 所示的"定向视图"窗口。

图 11-359 "定向视图工具"对话框　　　　　图 11-360 "定向视图"窗口

21 将鼠标移至"定向视图"窗口中，然后单击鼠标中键，将工件旋转至最佳位置，如图 11-361 所示。

22 单击"定向视图工具"对话框中的"确定"按钮，将鼠标移至图纸页中，然后拖动鼠标移至合适位置，如图 11-362 所示，单击鼠标确定，所生成的效果如图 11-363 所示。

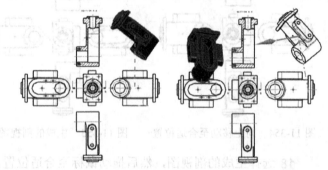

图 11-361　旋转后的"定向视图"窗口　　图 11-362　将工件移至合适位置　　图 11-363　生成的视图

23 单击"基本视图"对话框中的"关闭"按钮，所创建的效果如图 11-364 所示。

24 按照同样的操作方法创建基本视图，所创建的效果如图 11-365 所示。

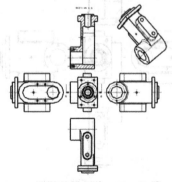

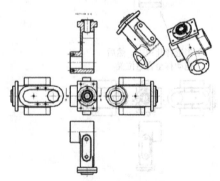

图 11-364　生成的工程图　　　　　　　　图 11-365　生成的工程图

25 选择如图 11-366 所示的"文件"→"导出"→"AutoCAD DXF/DWG…"选项，系统弹出如图 11-367 所示的"AutoCAD DXF/DWG 导出向导"对话框。

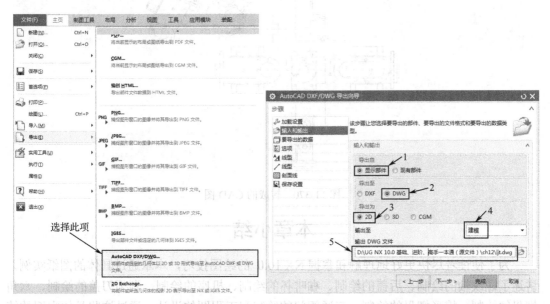

图 11-366　选择的选项　　　　　图 11-367　"AutoCAD DXF/DWG 导出向导"对话框

26 单击"AutoCAD DXF/DWG 导出向导"对话框中的"下一步"按钮，系统弹出如图 11-368 所示的"要导出的数据"选项卡，其设置不变，接着单击"下一步"按钮，系统出现"选项"选项卡，其设置如图 11-369 所示。

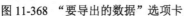
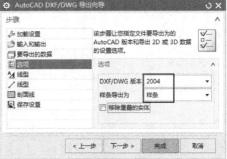

图 11-368　"要导出的数据"选项卡　　　　　图 11-369　"选项"选项卡

27 继续单击"下一步"按钮直至"保存设置"选项卡，选择保存设置到文件的位置，然后单击"AutoCAD DXF/DWG 导出向导"对话框中的"完成"按钮，最后转成的 CAD 图的如图 11-370 所示。其他的转成方法和上面的步骤一样，希望读者能够掌握！

专家提示： 在 NX 10.0 创建好工程图后，一般转成 CAD 图，即利用 CAD 强大的二维绘图功能，在 CAD 图中标注相关尺寸及修改，这是工程师的必备技能。

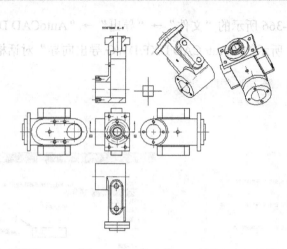

图 11-370　转成的 CAD 图

本章小结

为了使读者尽快更好地理解和掌握 NX 10.0 的绘图技巧，本章通过具体的图纸实例，讲述了螺纹轴的绘制、后盖的绘制、咖啡杯的绘制、机座的绘制、剃须刀盖的绘制、六角螺母的绘制、蝶形螺母的绘制、三通阀门的绘制和工程图的设计，通过这些具体实例的练习，学习具体的操作技巧方法，使读者能够真正学会相关技巧，从练习中掌握其方法。

第 12 章 高手实训—复杂零件设计

Chapter

12

高手实训—复杂零件设计

本章主要通过具体的实例来掌握 NX 10.0 绘图的基本知识，具体的实训实例，包括可乐瓶、零件的装配、工程图的创建实例，通过这些实例读者能够基本掌握 NX 10.0 相关技能。

学习重点

☑ 熟悉 NX 10.0 操作环境

☑ 掌握新建文件的方法

☑ 掌握文件管理的方法

☑ 掌握基本二维草图的绘制方法（第 2 章内容）

☑ 掌握实体特征设计的方法（第 5 章内容）

☑ 掌握三维特征的操作方法（第 6 章内容）

☑ 掌握特征的编辑与管理方法（第 7 章内容）

12.1 容器盖的绘制

以如图 12-1 所示的容器盖为例，按照前面讲述的基础操作方法，下面具体介绍其绘制方法。

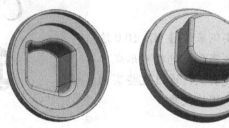

图 12-1 容器盖

操作步骤

01 启动桌面上"NX 10.0"程序后的界面如图 1-1 所示，其采用的是"NX 10.0 初始操作界面"。

02 新建文件。

新建文件详见第 1 章中的 1.2 节。

03 选择"模型"模块，取文件名为"rqg"，并选择相应的文件夹，然后单击"确定"按钮，即进入"建模"设计界面。

04 创建拉伸特征。

创建拉伸特征详见第 5 章中的 5.9 节。

单击对话框中"截面"选项组中的"绘制截面"按钮，系统弹出如图 12-2 所示的"创建草图"对话框，选择 XY 平面作为草绘平面，其绘制的图元如图 12-3 所示。

图 12-2 "创建草图"对话框

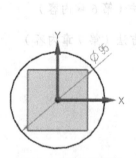

图 12-3 草绘的图元

图 12-4 "限制"和"设置"选项组

其"限制"和"设置"选项组中各个参数的设置如图 12-4 所示，拉伸距离尺寸为 50.0mm，此时预览效果如图 12-5 所示，最后生成的拉伸特征，如图 12-6 所示。

05 创建草图。

绘制直线详见第 2 章中的 2.4 节。

选择 XZ 平面作为草绘平面，其尺寸效果如图 12-7 所示，最后的效果如图 12-8 所示。

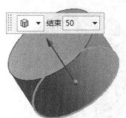

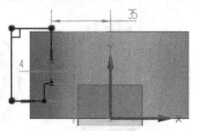

图 12-5 预览效果　　图 12-6 创建的拉伸特征　　　图 12-7 草绘的图元

06 创建旋转特征。

创建旋转特征详见第 5 章中的 5.10 节。

单击对话框中"截面"选项组中的"选择曲线"选项，然后选择绘制的草图，此时预览效果如图 12-9 所示。

单击对话框中"轴"选项组中的"指定矢量"选项，然后选择 Z 轴作为旋转轴，如图 12-10 所示，然后单击"轴"选项组中的"指定点"选项，并单击"点对话框"按钮 ，系统弹出如图 12-11 所示的"点"对话框，设置其各项参数。

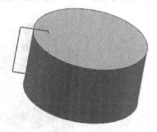

图 12-8 草绘的图形　　　图 12-9 预览效果　　　图 12-10 选择旋转轴

选择对话框中"布尔"选项组中的"求差"选项，并选择绘制的拉伸特征作为布尔运算的选择体，其"限制"和"布尔"选项组中各个参数的设置如图 12-12 所示，其预览效果如图 12-13 所示，最后生成的旋转特征，如图 12-14 所示。

图 12-11 "点"对话框　　图 12-12 "限制"和"布尔"选项组　　图 12-13 预览效果

07 创建草图。

绘制直线详见第 2 章中的 2.4 节。

选择如图 12-15 所示的平面作为草绘平面，其尺寸效果如图 12-16 所示。

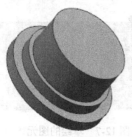

图 12-14　生成的旋转特征

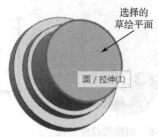

图 12-15　选择的草绘平面

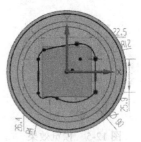

图 12-16　草绘的图元

08 创建拉伸特征。

按照同样的操作方法创建拉伸特征，单击对话框中"截面"选项组中的"选择曲线"选项，然后选择绘制的草图，此时预览效果如图 12-17 所示。

其"限制"和"布尔"选项组中各个参数的设置如图 12-18 所示，拉伸距离尺寸为 30.0mm，选择反向切除选项，此时预览效果如图 12-19 所示，最后生成的拉伸特征，如图 12-20 所示。

图 12-17　预览效果

图 12-18　"限制"和"布尔"选项组

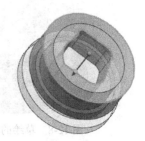

图 12-19　预览效果

09 创建边倒圆特征。

创建边倒圆特征详见第 6 章中的 6.1 节。

其"边倒圆"对话框中各个参数的设置如图 12-21 所示，其圆角半径为 3.5 mm，此时预览效果如图 12-22 所示，最后生成的边倒圆特征，如图 12-23 所示。

图 12-20　创建的拉伸特征

图 12-21　"边倒圆"对话框

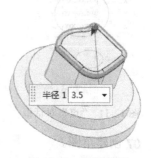

图 12-22　预览效果

10 创建边倒圆特征。

创建边倒圆特征详见第 6 章中的 6.1 节。

按照同样的操作方法创建边倒圆特征，其圆角半径为 2.0 mm，此时预览效果如图 12-24 所示，最后生成的边倒圆特征，如图 12-25 所示。

图 12-23　生成的边倒圆特征

图 12-24　预览效果

图 12-25　生成的边倒圆特征

11 创建抽壳特征。

创建抽壳特征详见 6 章中的 6.5 节。

选择对话框中的"移除面，然后抽壳"选项，选择要移除的面如图 12-26 所示，设置抽壳厚度为 2.0mm，其参数如图 12-27 所示，其预览效果如图 12-28 所示，即生成移除面的抽壳特征，如图 12-29 所示。

图 12-26　选择要移除的面

图 12-27　参数设置

图 12-28　预览效果

图 12-29　生成的抽壳特征

12.2　拔键器的绘制

以如图 12-30 所示的拔键器（拔磁极用的）为例，按照前面讲述的基础操作方法，下面具体介绍其绘制方法。

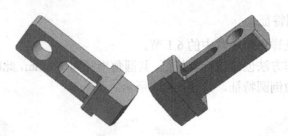

图 12-30　拔键器

操作步骤

01 启动桌面上的"NX 10.0"程序后的界面如图 1-1 所示,其采用的是"NX 10.0 初始操作界面"。

02 新建文件。

新建文件详见第 1 章中的 1.2 节。

03 选择"模型"模块,取文件名为"bjq",并选择相应的文件夹,然后单击"确定"按钮,即进入"建模"设计界面。

04 创建拉伸特征。

创建拉伸特征详见第 5 章中的 5.9 节。

单击对话框中"截面"选项组中的"绘制截面"按钮,系统弹出如图 12-31 所示的"创建草图"对话框,选择 XY 平面作为草绘平面,其绘制的图元如图 12-32 所示。

其"限制"和"设置"选项组中各个参数的设置如图 12-33 所示,拉伸深度尺寸为 37.8mm,此时预览效果如图 12-34 所示,最后生成的拉伸特征,如图 12-35 所示。

 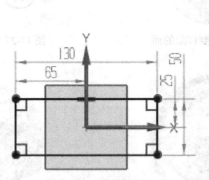 

图 12-31　"创建草图"对话框　　　图 12-32　草绘的图元　　　图 12-33　"限制"和"设置"选项组

05 创建拉伸特征。

按照同样的操作方法创建拉伸特征,选择如图 12-36 所示的平面作为草绘平面,然后绘制如图 12-37 所示的图元。

其"限制"和"布尔"选项组中各个参数的设置如图 12-38 所示,拉伸深度尺寸为 50.0mm,此时预览效果如图 12-39 所示,最后生成的拉伸特征,如图 12-40 所示。

图 12-34　预览效果

图 12-35　创建的拉伸特征

图 12-36　选择的草绘平面

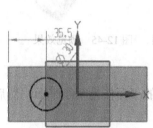

图 12-37　草绘的图元

图 12-38　"限制"和"布尔"选项组

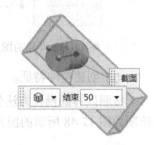

图 12-39　预览效果

06 创建边倒圆特征。

创建边倒圆特征详见第 6 章中的 6.1 节。

其"边倒圆"对话框中各个参数的设置如图 12-41 所示,其圆角半径为 6.0 mm,此时预览效果如图 12-42 所示,最后生成的边倒圆特征,如图 12-43 所示。

图 12-40　创建的拉伸特征

图 12-41　"边倒圆"对话框

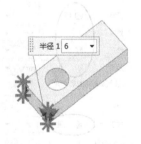

图 12-42　预览效果

07 创建拉伸特征。

按照同样的操作方法创建拉伸特征,选择 XZ 平面作为草绘平面,然后绘制如图 12-43 所示的图元。

其"限制"和"布尔"选项组中各个参数设置如图 12-44 所示,拉伸深度尺寸为-25.0mm,

另外一侧为 25.0mm，此时预览效果如图 12-45 所示，最后生成的拉伸特征，如图 12-46 所示。

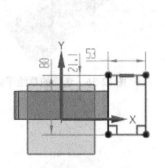  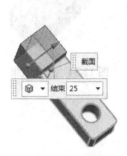

图 12-43　草绘的图元　　　图 12-44　"限制"和"布尔"选项组　　图 12-45　预览效果

08 创建拉伸特征。

按照同样的操作方法创建拉伸特征，选择如图 12-47 所示的平面作为草绘平面，然后绘制如图 12-48 所示的图元。

 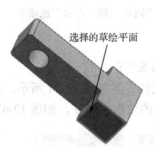 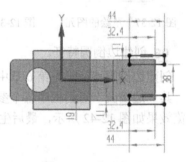

图 12-46　创建的拉伸特征　　图 12-47　选择的草绘平面　　　图 12-48　草绘的图元

其"限制"和"布尔"选项组中各个参数的设置如图 12-49 所示，拉伸深度尺寸为 90.0mm，此时预览效果如图 12-50 所示，最后生成的拉伸特征，如图 12-51 所示。

 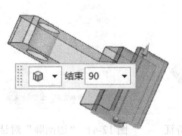 

图 12-49　"限制"和"布尔"选项组　　　图 12-50　预览效果　　　图 12-51　创建的拉伸特征

09 创建拉伸特征。

按照同样的操作方法创建拉伸特征，选择 XZ 平面作为草绘平面，然后绘制如图 12-52 所示的图元。

其"限制"和"布尔"选项组中各个参数的设置如图 12-53 所示，拉伸深度尺寸为 -11.75mm，另外一侧为 11.75mm，此时预览效果如图 12-54 所示，最后生成的拉伸特征，如图 12-55 所示。

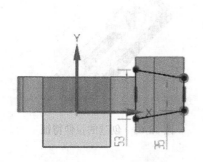

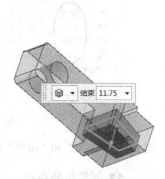

图 12-52　草绘的图元　　　图 12-53　"限制"和"布尔"选项组　　　图 12-54　预览效果

10 创建边倒圆特征。

创建边倒圆特征详见第 6 章中的 6.1 节。

按照同样的操作方法创建边倒圆特征，其圆角半径为 3.0 mm，此时预览效果如图 12-56 所示，最后生成的边倒圆特征，如图 12-57 所示。

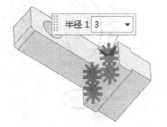

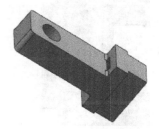

图 12-55　创建的拉伸特征　　　图 12-56　预览效果　　　图 12-57　生成的边倒圆特征

11 创建边倒圆特征。

创建边倒圆特征详见第 6 章中的 6.1 节。

按照同样的操作方法创建边倒圆特征，其圆角半径为 4.0 mm，此时预览效果如图 12-58 所示，最后生成的边倒圆特征，如图 12-59 所示。

12 创建拉伸特征。

按照同样的操作方法创建拉伸特征，选择 XY 平面作为草绘平面，然后绘制如图 12-60 所示的图元。

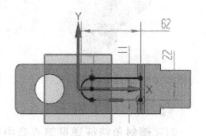

图 12-58　预览效果　　　图 12-59　生成的边倒圆特征　　　图 12-60　草绘的图元

其"限制"和"布尔"选项组中各个参数的设置如图 12-61 所示，拉伸深度尺寸为 -60.0mm，此时预览效果如图 12-62 所示，最后生成的拉伸特征，如图 12-63 所示。

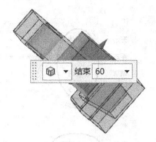

图 12-61 "限制"和"布尔"选项组　　图 12-62　预览效果　　图 12-63　创建的拉伸特征

13 创建拉伸特征。

按照同样的操作方法创建拉伸特征，选择 XY 平面作为草绘平面，然后绘制如图 12-64 所示的图元。

其"限制"和"布尔"选项组中各个参数的设置如图 12-65 所示，拉伸深度尺寸为 -60.0mm，此时预览效果如图 12-66 所示，最后生成的拉伸特征，如图 12-67 所示。

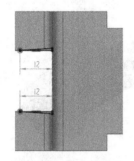

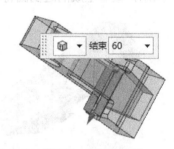

图 12-64 草绘的图元　　图 12-65 "限制"和"布尔"选项组　　图 12-66 预览效果

14 创建倒斜角特征。

创建倒斜角特征详见第 6 章中的 6.3 节。

选择"偏置"选项组的"横截面"下拉列表框中的"非对称"选项，设置的距离 1 为 15mm，距离 2 为 3mm，如图 12-68 所示，所生成的倒斜角特征，如图 12-69 所示。

图 12-67 创建的拉伸特征　　图 12-68 倒斜角设置　　图 12-69 生成的倒斜角特征

15 创建倒斜角特征。

创建倒斜角特征详见第 6 章中的 6.3 节。

按照同样的操作方法创建倒斜角特征，选择"偏置"选项组的"横截面"下拉列表框中的"非对称"选项，设置的距离 1 为 15mm，距离 2 为 3mm，如图 12-70 所示，所生成的倒斜角特征，如图 12-71 所示。

图 12-70　倒斜角设置

图 12-71　生成的倒斜角特征

12.3　特制套筒的绘制

以如图 12-72 所示的特制套筒为例，按照前面讲述的基础操作方法，下面具体介绍其绘制方法。

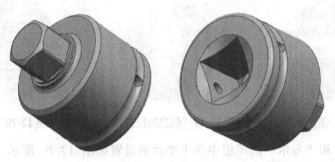

图 12-72　特制套筒

操作步骤

01 启动桌面上的"NX 10.0"程序后的界面如图 1-1 所示，其采用的是"NX 10.0 初始操作界面"。

02 新建文件。

新建文件详见第 1 章中的 1.2 节。

03 选择"模型"模块，取文件名为"tztt"，并选择相应的文件夹，然后单击"确定"按钮，即进入"建模"设计界面。

04 创建拉伸特征。

创建拉伸特征详见第 5 章中的 5.9 节。

单击对话框中"截面"选项组中的"绘制截面"按钮，系统弹出如图 12-73 所示的"创建草图"对话框，选择 XY 平面作为草绘平面，其绘制的图元如图 12-74 所示。

其"限制"和"设置"选项组中各个参数的设置如图 12-75 所示，拉伸深度尺寸为 62.0mm，此时预览效果如图 12-76 所示，最后生成的拉伸特征，如图 12-77 所示。

图 12-73 "创建草图"对话框

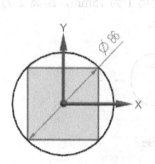

图 12-74 草绘的图元

图 12-75 "限制"和"设置"选项组

05 创建拉伸特征。

按照同样的操作方法创建拉伸特征，选择刚刚绘制圆柱体的顶面作为草绘平面，然后绘制如图 12-78 所示的图元。

图 12-76 预览效果

图 12-77 创建的拉伸特征

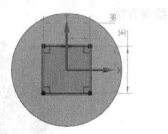

图 12-78 草绘的图元

其"限制"和"布尔"选项组中各个参数的设置如图 12-79 所示，拉伸深度尺寸为 45.0mm，此时预览效果如图 12-80 所示，最后生成的拉伸特征，如图 12-81 所示。

图 12-79 "限制"和"布尔"选项组

图 12-80 预览效果

图 12-81 创建的拉伸特征

06 创建拉伸特征。

按照同样的操作方法创建拉伸特征，选择如图 12-82 所示的平面作为草绘平面，然后绘制如图 12-83 所示的图元。

其"限制"和"布尔"选项组中各个参数的设置如图 12-84 所示，拉伸深度尺寸为 7.0mm，此时预览效果如图 12-85 所示，最后生成的拉伸特征，如图 12-86 所示。

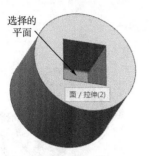
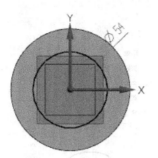

图 12-82　选择的草绘平面　　　图 12-83　草绘的图元　　　图 12-84　"限制"和"设置"选项组

07 创建草图。

绘制直线详见第 2 章中的 2.4 节。

选择 **XZ** 平面作为草绘平面,其尺寸效果如图 12-87 所示,最后的效果如图 12-88 所示。

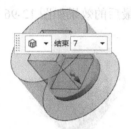

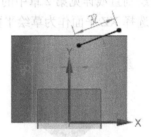

图 12-85　预览效果　　　图 12-86　创建的拉伸特征　　　图 12-87　草绘的图元

08 创建旋转特征。

创建旋转特征详见第 5 章中的 5.10 节。

单击对话框中"截面"选项组中的"选择曲线"选项,然后选择绘制的草图,此时预览效果如图 12-89 所示。

单击对话框中"轴"选项组中的"指定矢量"选项,选择 Z 轴作为旋转轴,如图 12-90 所示,然后单击"轴"选项组中的"指定点"选项,并单击"点对话框"按钮,系统弹出如图 12-91 所示的"点"对话框,设置其各项参数。

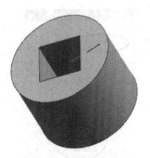
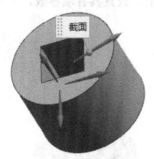
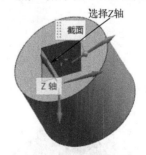

图 12-88　草绘的图形　　　图 12-89　预览效果　　　图 12-90　选择旋转轴

选择对话框中"布尔"选项组中的"求差"选项,并选择绘制的拉伸特征作为布尔运算的选择体,其"限制"和"布尔"选项组中各个参数的设置如图 12-92 所示,其预览效果如图 12-93 所示,最后生成的旋转特征,如图 12-94 所示。

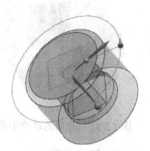

图 12-91 "点"对话框　　　图 12-92 "限制"和"布尔"选项组　　　图 12-93 预览效果

09 创建草图。

绘制直线详见第 2 章中的 2.4 节。

选择 XZ 平面作为草绘平面，其尺寸效果如图 12-95 所示，最后的效果如图 12-96 所示。

图 12-94 创建的旋转特征　　　图 12-95 草绘的图元　　　图 12-96 草绘的图形

10 创建旋转特征。

创建旋转特征详见第 5 章中的 5.10 节。

单击对话框中的"截面"选项组中的"选择曲线"选项，然后选择绘制的草图，此时预览效果如图 12-97 所示。

单击对话框中"轴"选项组中的"指定矢量"选项，并选择 Z 轴作为旋转轴，如图 12-98 所示，然后单击"轴"选项组中的"指定点"选项，并单击"点对话框"按钮，系统弹出如图 12-99 所示的"点"对话框，设置其各项参数。

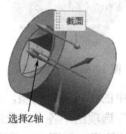

图 12-97 预览效果　　　图 12-98 选择旋转轴　　　图 12-99 "点"对话框

选择对话框中"布尔"选项组中的"求差"选项，并选择绘制的拉伸特征作为布尔运算的选择体，其"限制"和"布尔"选项组中各个参数的设置如图 12-100 所示，其预览效果如图 12-101 所示，最后生成的旋转特征，如图 12-102 所示。

图 12-100　"限制"和"布尔"选项组

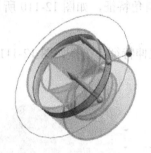

图 12-101　预览效果

图 12-102　创建的旋转特征

11 创建边倒圆特征。

创建边倒圆特征详见第 6 章中的 6.1 节。

按照同样的操作方法创建边倒圆特征，其圆角半径为 3.0 mm，此时预览效果如图 12-103 所示，最后生成的边倒圆特征，如图 12-104 所示。

12 创建拉伸特征。

按照同样的操作方法创建拉伸特征，选择 XZ 平面作为草绘平面，然后绘制如图 12-105 所示的图元。

图 12-103　预览效果

图 12-104　生成的边倒圆特征

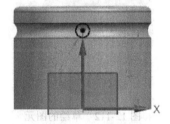

图 12-105　草绘的图元

其"限制"和"布尔"选项组中各个参数的设置如图 12-106 所示，拉伸深度尺寸为 −55.0mm，另外一侧为 55.0mm，此时预览效果如图 12-107 所示，最后生成的拉伸特征，如图 12-108 所示。

图 12-106　"限制"和"布尔"选项组

图 12-107　预览效果

图 12-108　创建的拉伸特征

13 创建倒斜角特征。

创建倒斜角特征详见第 6 章中的 6.3 节。

选择"偏置"选项组的"横截面"下拉列表框中的"对称"选项，设置距离为 3mm，如图 12-109 所示，所生成的倒斜角特征，如图 12-110 所示。

14 创建拉伸特征。

按照同样的操作方法创建拉伸特征，选择如图 12-111 所示的平面作为草绘平面，然后绘制如图 12-112 所示的图元。

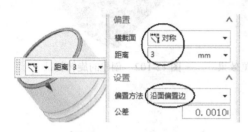

图 12-109　倒斜角设置　　　图 12-110　生成的倒斜角特征　　图 12-111　选择的草绘平面

其"限制"和"布尔"选项组中各个参数的设置如图 12-113 所示，拉伸深度尺寸为 7.0mm，此时预览效果如图 12-114 所示，最后生成的拉伸特征，如图 12-115 所示。

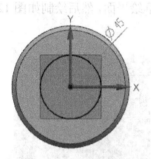

图 12-112　草绘的图元　　图 12-113　"限制"和"布尔"选项组　　图 12-114　预览效果

15 创建拉伸特征。

按照同样的操作方法创建拉伸特征，选择如图 12-116 所示的平面作为草绘平面，然后绘制如图 12-117 所示的图元。

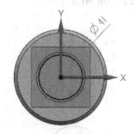

图 12-115　创建的拉伸特征　　图 12-116　选择的草绘平面　　图 12-117　草绘的图元

其"限制"和"布尔"选项组中各个参数的设置如图 12-118 所示，拉伸深度尺寸为 2.0mm，此时预览效果如图 12-119 所示，最后生成的拉伸特征，如图 12-120 所示。

图 12-118　"限制"和"布尔"选项组　　图 12-119　预览效果　　图 12-120　创建的拉伸特征

16 创建拉伸特征。

按照同样的操作方法创建拉伸特征，选择如图 12-121 所示的平面作为草绘平面，然后绘制如图 12-122 所示的图元。

其"限制"和"布尔"选项组中各个参数的设置如图 12-123 所示，拉伸深度尺寸为 27.0mm，此时预览效果如图 12-124 所示，最后生成的拉伸特征，如图 12-125 所示。

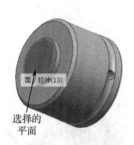

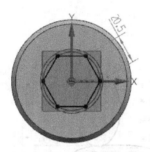

图 12-121　选择的草绘平面　　图 12-122　草绘的图元　　图 12-123　"限制"和"布尔"选项组

17 创建草图。

绘制直线详见第 2 章中的 2.4 节。

选择 XZ 平面作为草绘平面，其尺寸效果如图 12-126 所示，最后的效果如图 12-127 所示。

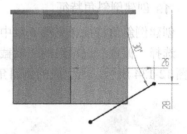

图 12-124　预览效果　　图 12-125　创建的拉伸特征　　图 12-126　草绘的图元

18 创建旋转特征。

创建旋转特征详见第 5 章中的 5.10 节。

单击对话框中"截面"选项组中的"选择曲线"选项，然后选择绘制的草图，此时预览效果如图 12-128 所示。

单击对话框中"轴"选项组中的"指定矢量"选项，然后选择 Z 轴作为旋转轴，如

图 12-129 所示，然后单击"轴"选项组中的"指定点"选项，并单击"点对话框"按钮 ⫶，
系统弹出如图 12-130 所示的"点"对话框，设置其各项参数。

图 12-127　草绘的图形　　　　图 12-128　预览效果　　　　图 12-129　选择旋转轴

选择对话框中"布尔"选项组中的"求差"选项，并选择绘制的拉伸特征作为布尔运
算的选择体，其"限制"和"布尔"选项组中各个参数的设置如图 12-131 所示，并勾选"开
放轮廓智能体积"选项，其预览效果如图 12-132 所示，最后生成的旋转特征，如图 12-133
所示。

图 12-130　"点"对话框　　　图 12-131　"限制"和"布尔"选项组　　　图 12-132　预览效果

19 创建倒斜角特征。

创建倒斜角特征详见第 6 章中的 6.3 节。

选择"偏置"选项组的"横截面"下拉列表框中的"对称"选项，设置距离为 1mm，
如图 12-134 所示，所生成的倒斜角特征，如图 12-135 所示。

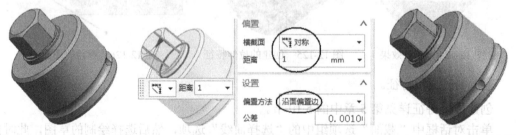

图 12-133　创建的旋转特征　　　图 12-134　倒斜角设置　　　图 12-135　生成的倒斜角特征

20 创建边倒圆特征。

创建边倒圆特征详见第 6 章中的 6.1 节。

按照同样的操作方法创建边倒圆特征，其圆角半径为 3.0 mm，此时预览效果如图 12-136 所示，最后生成的边倒圆特征，如图 12-137 所示。

图 12-136　预览效果　　　　图 12-137　生成的边倒圆特征

12.4　直齿圆柱齿轮的绘制

以如图 12-138 所示的直齿圆柱齿轮为例，按照前面讲述的基础操作方法，下面具体介绍其绘制方法。

图 12-138　直齿圆柱齿轮

操作步骤

01 启动桌面上的"NX 10.0"程序后的界面如图 1-1 所示，其采用的是"NX 10.0 初始操作界面"。

02 新建文件。

新建文件详见第 1 章中的 1.2 节。

03 选择"模型"模块，取文件名为"gear"，并选择相应的文件夹，然后单击"确定"按钮，即进入"建模"设计界面。

04 创建直齿圆柱齿轮特征。

单击"主页"功能区中"齿轮建模-GC 工具箱"工具栏中的"柱齿轮建模"按钮，系统弹出如图 12-139 所示的"渐开线圆柱齿轮建模"对话框。

选择对话框中的"创建齿轮"选项，单击对话框中的"确定"按钮，系统弹出如图 12-140 所示的"渐开线圆柱齿轮类型"对话框，选择对话框中的"直齿轮"、"外啮合齿轮"、"滚齿"选项。

单击对话框中的"确定"按钮，系统弹出如图 12-141 所示的"渐开线圆柱齿轮参数"对话框，选择"标准齿轮"选项组中的"名称"选项为"gear"、模数为"4"，牙数为"10"，齿宽为"24"，压力角为"20"，并选择齿轮建模精度为"中部"选项。

图 12-139 "渐开线圆柱齿轮 建模"对话框

图 12-140 "渐开线圆柱齿轮 类型"对话框

图 12-141 "渐开线圆柱齿轮 参数"对话框

单击对话框中的"确定"按钮，系统弹出如图 12-142 所示的"矢量"对话框，并选择"类型"选项组中的"ZC 轴"选项，然后单击对话框中的"确定"按钮，系统弹出如图 12-143 所示的"点"对话框，设置其各项参数，单击对话框中的"确定"按钮，最后生成的直齿齿轮特征，如图 12-144 所示。

图 12-142 "矢量"对话框

图 12-143 "点"对话框

图 12-144 生成的直齿齿轮特征

05 创建拉伸特征。

按照同样的操作方法创建拉伸特征，选择如图 12-145 所示的平面作为草绘平面，然后绘制如图 12-146 所示的图元。

其"限制"和"布尔"选项组中各个参数的设置如图 12-147 所示，拉伸深度尺寸为 4.0mm，此时预览效果如图 12-148 所示，最后生成的拉伸特征，如图 12-149 所示。

06 创建拉伸特征。

按照同样的操作方法创建拉伸特征，选择如图 12-150 所示的平面作为草绘平面，然后绘制如图 12-151 所示的图元。

图 12-145 选择的草绘平面

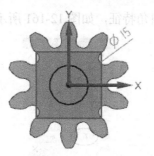

图 12-146 草绘的图元

图 12-147 "限制"和"布尔"选项组

图 12-148 预览效果

图 12-149 创建的拉伸特征

图 12-150 选择的草绘平面

其"限制"和"布尔"选项组中各个参数的设置如图 12-152 所示,拉伸深度尺寸为 10.0mm,此时预览效果如图 12-153 所示,最后生成的拉伸特征,如图 12-154 所示。

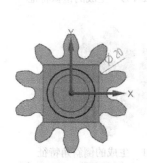

图 12-151 草绘的图元

图 12-152 "限制"和"布尔"选项组

图 12-153 预览效果

07 创建基准平面。

创建基准平面详见第 2 章中的 2.2 节。

其"基准平面"对话框的参数设置如图 12-155 所示,选择的参考平面如图 12-156 所示,偏置距离为 12.0mm,最后生成的基准平面特征,如图 12-157 所示。

08 创建镜像特征。

创建镜像特征详见第 6 章中的 6.10 节。

选择绘制的两个拉伸特征作为要镜像的特征,然后单击对话框中的"镜像平面"选项组,选择创建的基准平面作为镜像平面,其预览如图 12-158 所示。

单击对话框中的"确定"按钮,即生成镜像特征,如图 12-159 所示。

09 创建倒斜角特征。

创建倒斜角特征详见第 6 章中的 6.3 节。

选择"偏置"选项组的"横截面"下拉列表框中的"对称"选项,设置距离为 1mm,

如图 12-160 所示，所生成的倒斜角特征，如图 12-161 所示。

图 12-154　创建的拉伸特征　　　图 12-155　"基准平面"对话框　　　图 12-156　选择的参考平面

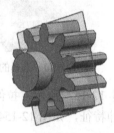

图 12-157　创建的基准平面特征　　　图 12-158　镜像预览　　　图 12-159　生成的镜像特征

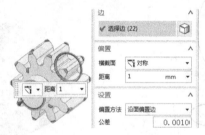

图 12-160　倒斜角设置　　　　　　图 12-161　生成的倒斜角特征

12.5　齿轮轴的绘制

以如图 12-162 所示的齿轮轴为例，按照前面讲述的基础操作方法，下面具体介绍其绘制方法。

图 12-162　齿轮轴

操作步骤

01 启动桌面上的"NX 10.0"程序后的界面如图 1-1 所示，其采用的是"NX 10.0 初始操作界面"。

02 新建文件。

新建文件详见第 1 章中的 1.2 节。

03 选择"模型"模块，取文件名为"clz"，并选择相应的文件夹，然后单击"确定"按钮，即进入"建模"设计界面。

04 创建直齿圆柱齿轮特征。

单击"主页"功能区中"齿轮建模-GC 工具箱"工具栏中的"柱齿轮建模"按钮，系统弹出如图 12-163 所示的"渐开线圆柱齿轮建模"对话框。

选择对话框中的"创建齿轮"选项，单击对话框中的"确定"按钮，系统弹出如图 12-164 所示的"渐开线圆柱齿轮类型"对话框，选择对话框中的"直齿轮"、"外啮合齿轮"、"滚齿"选项。

单击对话框中的"确定"按钮，系统弹出如图 12-165 所示的"渐开线圆柱齿轮参数"对话框，选择"标准齿轮"选项组中的"名称"选项为"gear"、模数为"2"，牙数为"20"，齿宽为"24"，压力角为"20"，并选择齿轮建模精度为"中部"选项。

图 12-163　"渐开线圆柱齿轮 　　图 12-164　"渐开线圆柱齿轮 　　图 12-165　"渐开线圆柱齿轮
建模"对话框 　　　　　　　　类型"对话框 　　　　　　　　参数"对话框

单击对话框中的"确定"按钮，系统弹出如图 12-166 所示的"矢量"对话框，并选择"类型"选项组中的"ZC 轴"选项，然后单击对话框中的"确定"按钮，系统弹出如图 12-167 所示的"点"对话框，设置其各项参数。单击对话框中的"确定"按钮，最后生成的直齿齿轮特征，如图 12-168 所示。

05 创建拉伸特征。

按照同样的操作方法创建拉伸特征，选择如图 12-169 所示的平面作为草绘平面，然后绘制如图 12-170 所示的图元。

图 12-166　"矢量"对话框　　　　图 12-167　"点"对话框　　　　图 12-168　生成的直齿齿轮特征

其"限制"和"布尔"选项组中各个参数的设置如图 12-171 所示，拉伸深度尺寸为 4.0mm，此时预览效果如图 12-172 所示，最后生成的拉伸特征，如图 12-173 所示。

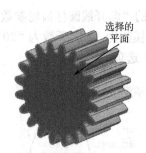

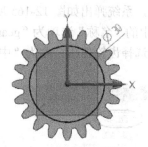

图 12-169　选择的草绘平面　　　图 12-170　草绘的图元　　　图 12-171　"限制"和"布尔"选项组

06 创建拉伸特征。

按照同样的操作方法创建拉伸特征，选择如图 12-174 所示的平面作为草绘平面，然后绘制如图 12-175 所示的图元。

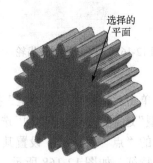

图 12-172　预览效果　　　　图 12-173　创建的拉伸特征　　　图 12-174　选择的草绘平面

其"限制"和"布尔"选项组中各个参数的设置如图 12-176 所示，拉伸深度尺寸为 4.0mm，此时预览效果如图 12-177 所示，最后生成的拉伸特征，如图 12-178 所示。

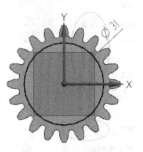

图 12-175　草绘的图元　　　图 12-176　"限制"和"布尔"选项组　　　图 12-177　预览效果

07 创建拉伸特征。

按照同样的操作方法创建拉伸特征，选择如图 12-179 所示的平面作为草绘平面，然后绘制如图 12-180 所示的图元。

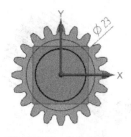

图 12-178　创建的拉伸特征　　图 12-179　选择的草绘平面　　图 12-180　草绘的图元

其"限制"和"布尔"选项组中各个参数的设置如图 12-181 所示，拉伸深度尺寸为 15.0mm，此时预览效果如图 12-182 所示，最后生成的拉伸特征，如图 12-183 所示。

图 12-181　"限制"和"布尔"选项组　　　图 12-182　预览效果　　　图 12-183　创建的拉伸特征

08 创建拉伸特征。

按照同样的操作方法创建拉伸特征，选择如图 12-184 所示的平面作为草绘平面，然后绘制如图 12-185 所示的图元。

其"限制"和"布尔"选项组中各个参数的设置如图 12-186 所示，拉伸深度尺寸为 25.0mm，此时预览效果如图 12-187 所示，最后生成的拉伸特征，如图 12-188 所示。

09 创建基准平面。

创建基准平面详见第 2 章中的 2.2 节。

其"基准平面"对话框的设置参数如图 12-189 所示，选择 YZ 平面作为参考，偏置距离为 15.0mm，预览效果如图 12-190 所示，最后生成的基准平面特征，如图 12-191 所示。

选择的
平面

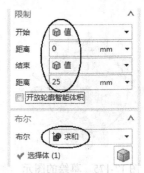

图 12-184　选择的草绘平面　　　图 12-185　草绘的图元　　　图 12-186　"限制"和"布尔"选项组

图 12-187　预览效果　　　图 12-188　创建的拉伸特征　　　图 12-189　"基准平面"对话框

10 创建拉伸特征。

按照同样的操作方法创建拉伸特征，选择创建的基准平面作为草绘平面，然后绘制如图 12-192 所示的图元。

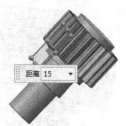

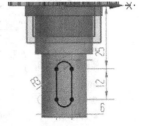

图 12-190　预览效果　　　图 12-191　创建的基准平面特征　　　图 12-192　草绘的图元

其"限制"和"布尔"选项组中各个参数的设置如图 12-193 所示，拉伸深度尺寸为 9.0mm，此时预览效果如图 12-194 所示，最后生成的拉伸特征，如图 12-195 所示。

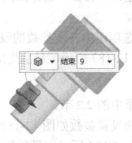

图 12-193　"限制"和"布尔"选项组　　　图 12-194　预览效果　　　图 12-195　创建的拉伸特征

12.6　按钮的绘制

以如图 12-196 所示的按钮为例，按照前面讲述的基础操作方法，下面具体介绍其绘制方法。

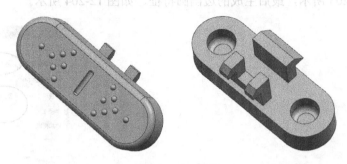

图 12-196　按钮

操作步骤

01 启动桌面上的"NX 10.0"程序后的界面如图 1-1 所示，其采用的是"NX 10.0 初始操作界面"。

02 新建文件。

新建文件详见第 1 章中的 1.2 节。

03 选择"模型"模块，新文件名为"anniu"，并选择相应的文件夹，然后单击"确定"按钮，即进入"建模"设计界面。

04 创建拉伸特征。

创建拉伸特征详见第 5 章中的 5.9 节。

单击"拉伸"对话框中"截面"选项组中的"绘制截面"按钮 ，系统弹出如图 12-197 所示的"创建草图"对话框，其绘制的图元如图 12-198 所示。

其"限制"和"设置"选项组中各个参数的设置如图 12-199 所示，此时预览效果如图 12-200 所示，最后生成的拉伸特征，如图 12-201 所示。

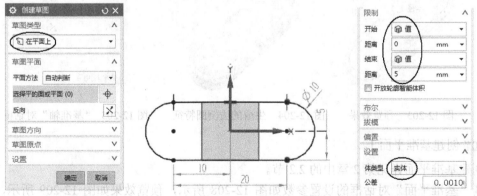

图 12-197　"创建草图"对话框　　图 12-198　草绘的图元　　图 12-199　"限制"和"设置"选项组

05 创建边倒圆特征。

创建边倒圆特征详见第 6 章中的 6.1 节。

其"边倒圆"对话框中各个参数的设置如图 12-202 所示，其圆角半径为 1mm，此时预览效果如图 12-203 所示，最后生成的边倒圆特征，如图 12-204 所示。

图 12-200　预览效果　　　图 12-201　创建的拉伸特征　　　图 12-202　"边倒圆"对话框

06 创建基准轴。

创建基准轴详见第 2 章中的 2.2 节。

其"基准轴"对话框如图 12-205 所示，此时预览效果如图 12-206 所示，最后生成的基准轴特征，如图 12-207 所示。

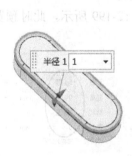

图 12-203　预览效果　　　图 12-204　生成的边倒圆特征　　　图 12-205　"基准轴"对话框

07 创建基准平面 1。

创建基准平面详见第 2 章中的 2.2 节。

其"基准平面"对话框的设置参数如图 12-208 所示，预览效果如图 12-209 所示，最后生成的基准平面特征，如图 12-210 所示。

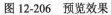

选择的
参考曲面

图 12-206　预览效果　　　　　图 12-207　创建的基准轴　　　　图 12-208　"基准平面"对话框

08 创建草图。

绘制直线详见第 2 章中的 2.4 节。

选择创建的基准平面作为草绘平面，其尺寸效果如图 12-211 所示，最后的效果如图 12-212 所示。

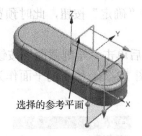

选择的参考平面

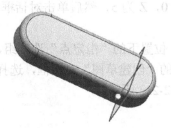

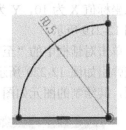

图 12-209　选择的参考面　　　　图 12-210　生成的基准平面　　　图 12-211　草绘的图元

09 创建旋转特征。

创建旋转特征详见第 5 章中的 5.10 节。

单击对话框中"截面"选项组中的"选择曲线"选项，然后选择上一步骤绘制的草图，此时预览效果如图 12-213 所示。

单击对话框中"轴"选项组中的"指定矢量"选项，然后选择创建的基准轴作为旋转轴，如图 12-214 所示。

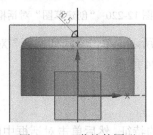

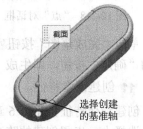

截面

选择创建
的基准轴

图 12-212　草绘的图形　　　　图 12-213　预览效果　　　　图 12-214　选择的旋转轴

选择对话框中"布尔"选项组中的"求和"选项，并选择如图 12-215 所示的选择体，其"限制"和"布尔"选项组中各个参数的设置如图 12-216 所示，最后生成的旋转特征，如图 12-217 所示。

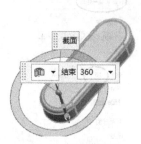

图 12-215　选择体

图 12-216　"限制"和"布尔"选项组

图 12-217　生成的旋转特征

10 创建阵列特征。

创建阵列特征详见第 6 章中的 6.11 节。

单击对话框中的"要形成阵列的特征"选项组，单击长方体图中的孔，单击"阵列定义"选项组，选择"布局"选项中的"常规"选项，单击"出发点"位置下的"指定点"选项组，单击"点对话框"按钮 ⬩，系统弹出如图 12-218 所示的"点"对话框。

其各项设置如图 12-218 所示，选择对话框中的"类型"选项组中的"光标位置"选项，输入坐标值 X 为 10，Y 为 0，Z 为 5，然后单击对话框中的"确定"按钮，此时预览效果如图 12-219 所示。

单击对话框中的"至"位置下的"指定点"选项组，然后单击"绘制截面"按钮 📷，系统弹出如图 12-220 所示的"创建草图"对话框，选择如图 12-221 所示的平面作为草绘平面，其绘制的图元如图 12-222 所示。

图 12-218　"点"对话框

图 12-219　预览效果

图 12-220　"创建草图"对话框

单击"完成草图"按钮 🏁，此时预览效果如图 12-223 所示，单击"阵列特征"对话框中的"确定"按钮，即生成"常规"阵列特征，如图 12-224 所示。

11 创建镜像特征。

创建镜像特征详见第 6 章中的 6.10 节。

选择上一步骤创建的阵列特征和旋转特征作为要镜像的特征，然后单击对话框中的"镜像平面"选项组，选择 YZ 平面作为镜像平面，其预览效果如图 12-225 所示，所生成的镜像特征，如图 12-226 所示。

选择的
草绘平面

面 / 拉伸(1)

图 12-221　选择的草绘平面

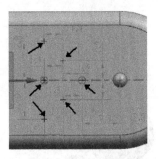

图 12-222　草绘的图元

图 12-223　预览效果

图 12-224　生成的阵列特征

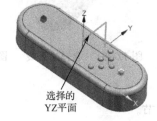

选择的
YZ平面

图 12-225　选择的镜像平面

图 12-226　生成的镜像特征

12 创建草图。

绘制点详见第 2 章中的 2.8 节。

选择 YZ 平面作为草绘平面，其绘制的图元如图 12-227 所示。

13 创建旋转特征。

创建旋转特征详见第 5 章中的 5.10 节。

单击对话框中的"截面"选项组中的"选择曲线"选项，然后选择绘制的草图，此时预览效果如图 12-228 所示。

单击对话框中的"轴"选项组中的"指定矢量"选项，选择 Y 轴作为旋转轴，如图 12-229 所示，并单击"点对话框"按钮 ，系统弹出如图 12-230 所示的"点"对话框，其各项设置如图所示；选择"点"对话框中"类型"选项中的"端点"选项，然后选择如图 12-231 所示直线。

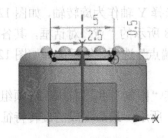

图 12-227　草绘的图元

图 12-228　预览效果

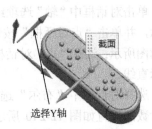

截面

选择Y轴

图 12-229　选择旋转轴

选择对话框中"布尔"选项组中的"求差"选项，其"限制"和"布尔"选项组中各个参数的设置如图 12-232 所示，其预览效果如图 12-233 所示，最后生成的旋转特征，如图 12-234 所示。

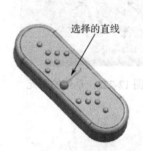

选择的直线

图 12-230　单击选择指定点　　　图 12-231　选择的直线　　　图 12-232　"限制"和"布尔"选项组

14 创建草图。

绘制点详见第 2 章中的 2.8 节。

选择前面创建的基准平面作为草绘平面，其绘制的图元如图 12-235 所示。

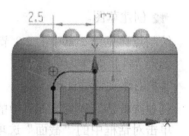

图 12-233　预览效果　　　图 12-234　生成的旋转特征　　　图 12-235　草绘的图元

15 创建旋转特征。

创建旋转特征详见第 5 章中的 5.10 节。

单击对话框中"截面"选项组中的"选择曲线"选项，然后选择绘制的草图，此时预览效果如图 12-236 所示。

单击对话框中"轴"选项组中的"指定矢量"选项，选择 Y 轴作为旋转轴，如图 12-237 所示，并单击"点对话框"按钮，系统弹出如图 12-238 所示的"点"对话框，其各项设置如图所示；选择"点"对话框中的"类型"选项中的"端点"选项，然后选择如图 12-239 所示直线。

选择对话框中"布尔"选项组中的"求差"选项，其"限制"和"布尔"选项组中各个参数的设置如图 12-240 所示，其预览效果如图 12-241 所示，最后生成的旋转特征，如图 12-242 所示。

16 创建镜像特征。

创建镜像特征详见第 6 章中的 6.10 节。

选择上一步骤创建旋转特征作为要镜像的特征，然后单击对话框中的"镜像平面"选项组，选择 YZ 平面作为镜像平面，其预览效果如图 12-243 所示，所生成的镜像特征，如图 12-244 所示。

图 12-236　预览效果

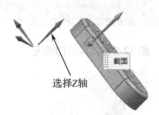

选择Z轴

图 12-237　选择旋转轴

图 12-238　"点"对话框

选择的
直线

图 12-239　选择的直线

图 12-240　"限制"和"布尔"选项组

图 12-241　预览效果

图 12-242　生成的旋转特征

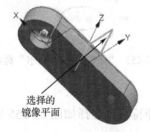

选择的
镜像平面

图 12-243　选择的镜像平面

图 12-244　生成的镜像特征

17 创建拉伸特征。

按照同样的操作方法创建拉伸特征，选择如图 12-245 所示的平面作为草绘平面，然后绘制如图 12-246 所示的图元。

其"限制"和"布尔"选项组中各个参数的设置如图 12-247 所示，拉伸距离为 2.0mm，此时预览效果如图 12-248 所示，最后生成的拉伸特征，如图 12-249 所示。

18 创建拉伸特征。

按照同样的操作方法创建拉伸特征，选择如图 12-250 所示的平面作为草绘平面，然后绘制如图 12-251 所示的图元。

其"限制"和"布尔"选项组中各个参数的设置如图 12-252 所示，拉伸距离为 2.0mm，此时预览效果如图 12-253 所示，最后生成的拉伸特征，如图 12-254 所示。

图 12-245　选择的草绘平面

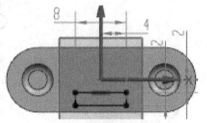

图 12-246　草绘的图元

图 12-247　"限制"和"布尔"选项组

图 12-248　预览效果

图 12-249　生成的拉伸特征

图 12-250　选择的草绘平面

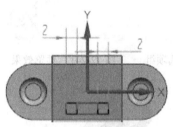

图 12-251　草绘的图元

图 12-252　"限制"和"布尔"选项组

图 12-253　预览效果

19 创建拉伸特征。

按照同样的操作方法创建拉伸特征，选择如图 12-255 所示的平面作为草绘平面，然后绘制如图 12-256 所示的图元。

图 12-254　生成的拉伸特征

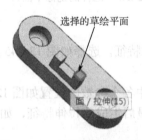

图 12-255　选择的草绘平面

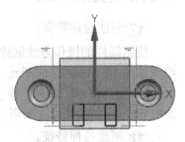

图 12-256　草绘的图元

其"限制"和"布尔"选项组中各个参数的设置如图 12-257 所示，拉伸距离为 2.0mm，此时预览效果如图 12-258 所示，最后生成的拉伸特征，如图 12-259 所示。

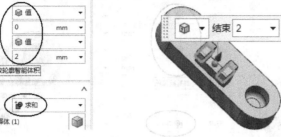

图 12-257　"限制"和"布尔"选项组　　图 12-258　预览效果　　图 12-259　生成的拉伸特征

20 创建拉伸特征。

按照同样的操作方法创建拉伸特征，选择如图 12-260 所示的平面作为草绘平面，然后绘制如图 12-261 所示的图元。

其"限制"和"布尔"选项组中各个参数的设置如图 12-262 所示，拉伸距离为 3.0mm，此时预览效果如图 12-263 所示，最后生成的拉伸特征，如图 12-264 所示。

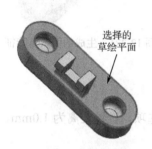

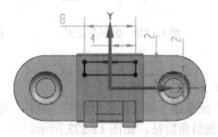

图 12-260　选择的草绘平面　　　　图 12-261　草绘的图元　　　图 12-262　"限制"和"布尔"选项组

21 创建拉伸特征。

按照同样的操作方法创建拉伸特征，选择如图 12-265 所示的平面作为草绘平面，然后绘制如图 12-266 所示的图元。

图 12-263　预览效果　　　　图 12-264　生成的拉伸特征　　　图 12-265　选择的草绘平面

其"限制"和"布尔"选项组中各个参数的设置如图 12-267 所示，拉伸距离为 2.0mm，此时预览效果如图 12-268 所示，最后生成的拉伸特征，如图 12-269 所示。

22 创建倒斜角特征。

创建倒斜角特征详见第 6 章中的 6.3 节。

选择"偏置"选项组的"横截面"下拉列表框中的"对称"选项，设置距离为 2.0mm，如图 12-270 所示，所生成的倒斜角特征，如图 12-271 所示。

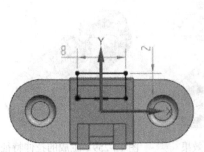

图 12-266　草绘的图元

图 12-267　"限制"和"布尔"选项组

图 12-268　预览效果

图 12-269　生成的拉伸特征

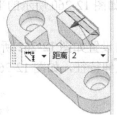

图 12-270　倒斜角设置

图 12-271　生成的倒斜角特征

23 创建倒斜角特征。

创建倒斜角特征详见第 6 章中的 6.3 节。

选择"偏置"选项组的"横截面"下拉列表框中的"对称"选项，设置距离为 1.0mm，如图 12-272 所示，所生成的倒斜角特征，如图 12-273 所示。

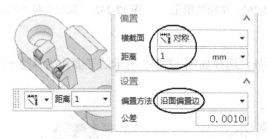

图 12-272　倒斜角设置

图 12-273　生成的倒斜角特征

本章小结

为了使读者尽快理解和掌握 NX 10.0 的绘图技巧，本章通过具体的图纸实例，讲述了容器盖的绘制、拔键器的绘制、特制套筒的绘制、直齿圆柱齿轮的绘制、齿轮轴的绘制和按钮的绘制，通过这些具体实例的练习，从具体的操作技巧方法入手，使读者能够真正学会相关技巧，在练习中掌握其方法。

第 13 章 高手实训—装配设计

本章主要通过具体的实例训练来掌握 NX 10.0 绘图的基本知识，具体的实训实例，包括轴承的装配、凸轮的总、千斤顶的装配和齿轮泵的装配实例。

Chapter

13

高手实训—
装配设计

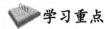
学习重点

- ☑ 轴承的装配
- ☑ 凸轮的装配
- ☑ 千斤顶的装配
- ☑ 齿轮泵的装配

13.1　轴承的装配

以如图 13-1 所示的轴承为例，按照前面讲述的基础操作方法，下面具体介绍其绘制方法。

图 13-1　轴承

操作步骤

01 启动桌面上的"NX 10.0"程序后的界面如图 1-1 所示，其采用的是"NX 10.0 初始操作界面"。

02 新建装配文件。

新建装配文件详见第 9 章中的 9.4 节。

03 选择"装配"模块，取文件名为"zczp"，并选择相应的文件夹，然后单击"确定"按钮，即进入"装配"设计界面。

04 装配轴承内圈和滚珠。

添加组件详见第 9 章中的 9.4 节中的 9.4.2 小节。

单击"添加组件"对话框中"部件"选项组中的"打开"按钮，系统打开如图 13-2 所示的"部件名"对话框。

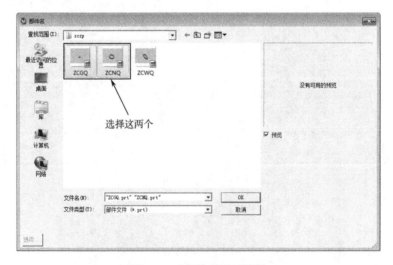

图 13-2　"部件名"对话框

选择完部件后，单击"部件名"对话框中的"OK"按钮，系统即在"部件名"对话框中的"部件"选项组中显示"已加载的部件"，然后选择如图 13-3 所示的部件，系统显示如图 13-4 所示的"组件预览"窗口。

选择如图 13-4 所示的部件后，单击"部件名"对话框中的"确定"按钮，系统弹出如图 13-5 所示的"点"对话框，按照图中所示设置参数，然后单击对话框中的"确定"按钮，系统弹出如图 13-6 所示的"装配约束"对话框。

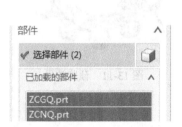

图 13-3　"部件"选项组　　　图 13-4　"组件预览"对话框　　　图 13-5　"点"对话框

选择如图 13-7 所示的两个面作为参考面，然后单击对话框中的"确定"按钮，即将所选的部件装配到图中，如图 13-8 所示。

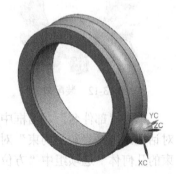

图 13-6　"装配约束"对话框　　　图 13-7　选择的面　　　图 13-8　装配效果

05 阵列滚珠。

阵列组件详见第 9 章中的 9.4 节中的 9.4.5 小节。

选择绘图区中的滚珠作为选择对象，选择对话框中"阵列定义"选项组中的"布局"选项下的"圆形"选项，然后单击"旋转轴"选项下的"指定矢量"选项，并选择如图 13-9 所示的边作为参考方向。

选择"角度方向"选项中的"数量和节距"选项，输入"数量"为12，节距角为30，其"阵列定义"选项组如图13-10所示，其预览效果如图13-11所示，单击对话框中的"确定"按钮，系统生成阵列特征，如图13-12所示。

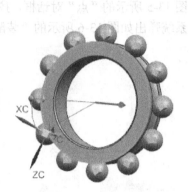

图 13-9　选择的边　　　　图 13-10　"阵列定义"选项组　　　　图 13-11　预览效果

06 装配轴承外圈。

添加组件详见第9章中的9.4节中的9.4.2小节。

系统弹出"添加组件"对话框，选择如图13-13所示的部件，此时系统弹出如图13-14所示的"组件预览"对话框。

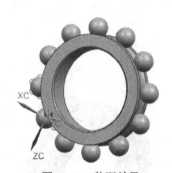

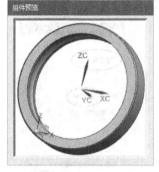

图 13-12　装配效果　　　　图 13-13　"部件"选项组　　　　图 13-14　"组件预览"对话框

单击"部件名"对话框中的"确定"按钮，系统弹出如图13-15所示的"装配约束"对话框，选择"装配约束"对话框中"类型"选项组中的"接触对齐"选项，选择"要约束的几何体"选项组中"方位"选项组中的"对齐"选项，选择如图13-16所示的两个几何体的表面。

单击"装配约束"对话框中的"确定"按钮，即将所选的部件装配到图中，如图13-17所示。

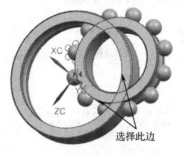

图 13-15　"装配约束"对话框　　图 13-16　选择的两个几何体的边　　图 13-17　装配效果

13.2　凸轮的装配

以如图 13-18 所示的凸轮装配为例，按照前面讲述的基础操作方法，下面具体介绍其绘制方法。

图 13-18　凸轮装配

操作步骤

01 启动桌面上的"NX 10.0"程序后的界面如图 1-1 所示，其采用的是"NX 10.0 初始操作界面"。

02 新建装配文件。

新建装配文件详见第 9 章中的 9.4 节。

03 选择"装配"模块，取文件名为"tlzp"，并选择相应的文件夹，然后单击"确定"按钮，即进入"装配"设计界面。

04 装配支承冒。

添加组件详见第 9 章中的 9.4 节中的 9.4.2 小节。

单击"添加组件"对话框中"部件"选项组中的"打开"按钮，系统打开如图 13-19 所示的"部件名"对话框。

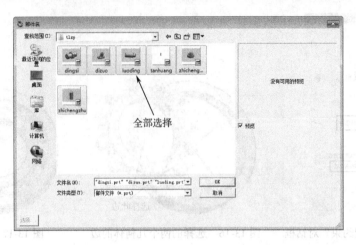

图 13-19 "部件名"对话框

选择完所有部件后，单击"部件名"对话框中的"OK"按钮，系统即在"部件名"对话框中的"部件"选项组中显示"已加载的部件"，然后选择如图 13-20 所示的部件，系统显示如图 13-21 所示的"组件预览"窗口。

选择如图 13-21 所示的部件后，单击"部件名"对话框中的"确定"按钮，系统弹出如图 13-22 所示的"装配约束"对话框，单击"确定"按钮，即将所选的部件装配到图中，如图 13-23 所示。

图 13-20 "部件"选项组　　　图 13-21 "组件预览"对话框　　　图 13-22 "装配约束"对话框

05 装配顶丝。

添加组件详见第 9 章中的 9.4 节中的 9.4.2 小节。

系统弹出"添加组件"对话框，选择如图 13-24 所示的部件，此时系统弹出如图 13-25 所示的"组件预览"对话框。

单击"部件名"对话框中的"确定"按钮，系统弹出如图 13-26 所示的"装配约束"对话框，选择"装配约束"对话框中"类型"选项组中的"接触对齐"选项，选择"要约束的几何体"选项组中"方位"选项组中的"对齐"选项，选择如图 13-27 所示的两个几

何体的表面。

图 13-23 装配效果

图 13-24 "部件"选项组

图 13-25 "组件预览"对话框

单击"装配约束"对话框中的"确定"按钮，即将所选的部件装配到图中，如图 13-28 所示。

图 13-26 "装配约束"对话框

图 13-27 选择的两个几何体的表面

图 13-28 装配效果

单击"装配"工具栏中的"装配约束"按钮 ，系统弹出如图 13-29 所示的"装配约束"对话框。

选择"装配约束"对话框中"类型"选项组中的"接触对齐"选项，选择"要约束的几何体"选项组中"方位"选项组中的"自动判断中心/轴"选项，选择如图 13-30 所示的两个几何体圆的边。

单击"装配约束"对话框中的"确定"按钮，即完成装配约束，如图 13-31 所示。

06 装配支撑柱。

添加组件详见第 9 章中的 9.4 节中的 9.4.2 小节。

系统弹出"添加组件"对话框，选择如图 13-32 所示的部件，此时系统弹出如图 13-33 所示的"组件预览"对话框。

单击"部件名"对话框中的"确定"按钮，系统弹出如图 13-34 所示的"装配约束"对话框，选择"装配约束"对话框中"类型"选项组中的"接触对齐"选项，选择"要约束的几何体"选项组中"方位"选项组中的"接触"选项，选择如图 13-35 所示的两个几何体的表面。

图 13-29 "装配约束"对话框

图 13-30 选择两个几何体圆的边

图 13-31 装配效果

图 13-32 "部件"选项组

图 13-33 "组件预览"对话框

图 13-34 "装配约束"对话框

单击"装配约束"对话框中的"确定"按钮，即将所选的部件装配到图中，如图 13-36 所示。

选中装配导航器中的对齐约束，系统弹出如图 13-37 所示的效果，然后选择"反向"选项，系统的装配效果如图 13-38 所示。

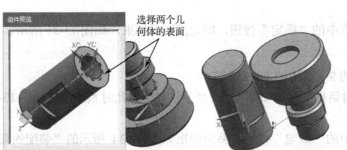

图 13-35 选择的两个几何体的表面　　图 13-36 装配效果　　图 13-37 选择"反向"选项

单击"装配"工具栏中的"装配约束"按钮 ，系统弹出如图 13-39 所示的"装配约束"对话框。

选择"装配约束"对话框中"类型"选项组中的"接触对齐"选项，选择"要约束的几何体"选项组中"方位"选项组中的"自动判断中心/轴"选项，选择如图 13-40 所示的两个几何体圆的边。

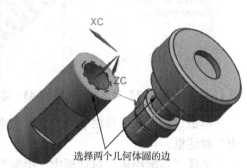

图 13-38　装配效果　　　图 13-39　"装配约束"对话框　　　图 13-40　选择两个几何体圆的边

单击"装配约束"对话框中的"确定"按钮，即完成装配约束，如图 13-41 所示。

07 装配弹簧。

添加组件详见第 9 章中的 9.4 节中的 9.4.2 小节。

系统弹出"添加组件"对话框，选择如图 13-42 所示的部件，此时系统弹出如图 13-43 所示的"组件预览"对话框。

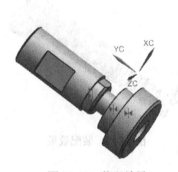

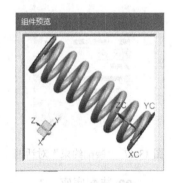

图 13-41　装配效果　　　图 13-42　"部件"选项组　　　图 13-43　"组件预览"对话框

单击"部件名"对话框中的"确定"按钮，系统弹出如图 13-44 所示的"装配约束"对话框，选择"装配约束"对话框中"类型"选项组中的"接触对齐"选项，选择"要约束的几何体"选项组中"方位"选项组中的"接触"选项，选择如图 13-45 所示的两个几何体的表面。

单击"装配约束"对话框中的"确定"按钮，即将所选的部件装配到图中，如图 13-46 所示。

图 13-44 "装配约束"对话框　图 13-45 选择的两个几何体的表面　图 13-46 装配效果

单击"装配"工具栏中的"装配约束"按钮，系统弹出如图 13-47 所示的"装配约束"对话框。

选择"装配约束"对话框中"类型"选项组中的"同心"选项，单击"要约束的几何体"选项组中的"选择两个对象"选项，选择如图 13-48 所示的两个几何体圆的边。

单击"装配约束"对话框中的"确定"按钮，即完成装配约束，如图 13-49 所示。

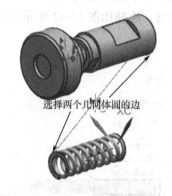

图 13-47 "装配约束"对话框　图 13-48 选择两个几何体圆的边　图 13-49 装配效果

08 装配底座。

添加组件详见第 9 章中的 9.4 节中的 9.4.2 小节。

系统弹出"添加组件"对话框，选择如图 13-50 所示的部件，此时系统弹出如图 13-51 所示的"组件预览"对话框。

单击"部件名"对话框中的"确定"按钮，系统弹出如图 13-52 所示的"装配约束"对话框，选择"装配约束"对话框中"类型"选项组中的"接触对齐"选项，选择"要约束的几何体"选项组中"方位"选项组中的"对齐"选项，选择如图 13-53 所示的两个几

何体的表面。

图 13-50　"部件"选项组　　　图 13-51　"组件预览"对话框　　图 13-52　"装配约束"对话框

单击"装配约束"对话框中的"确定"按钮，即将所选的部件装配到图中，如图 13-54 所示。

单击"装配"工具栏中的"装配约束"按钮 ，系统弹出如图 13-55 所示的"装配约束"对话框。

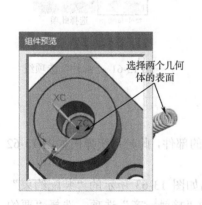

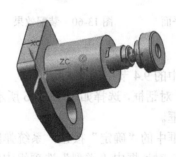

图 13-53　选择的两个几何体的表面　　　图 13-54　装配效果　　图 13-55　"装配约束"对话框

选择"装配约束"对话框中"类型"选项组中的"同心"选项，单击"要约束的几何体"选项组中的"选择两个对象"选项，选择如图 13-56 所示的两个几何体圆的边。

单击"装配约束"对话框中的"确定"按钮，即完成装配约束，如图 13-57 所示。

在如图 13-58 所示的"装配约束"对话框中，选择"装配约束"对话框中"类型"选项组中的"平行"选项，单击"要约束的几何体"选项组中的"选择两个对象"选项，选择如图 13-59 所示的两个几何体的平面。

选择两个几何体圆的边

图 13-56 选择两个几何体圆的边

图 13-57 装配效果

图 13-58 "装配约束"对话框

单击"装配约束"对话框中的"确定"按钮，即完成装配约束，如图 13-60 所示。

 专家提示：在做"平行"约束类型时，选择完约束条件后，可以修改平行方向，即单击"要约束的几何体"选项组中的"返回上一约束"按钮 。

选择的两个几何体的平面

图 13-59 选择两个几何体的平面

图 13-60 装配效果

选择此项

图 13-61 "部件"选项组

09 装配螺钉。

添加组件详见第 9 章中的 9.4 节中的 9.4.2 小节。

系统弹出"添加组件"对话框，选择如图 13-146 所示的部件，此时系统弹出如图 13-62 所示的"组件预览"对话框。

单击"部件名"对话框中的"确定"按钮，系统弹出如图 13-63 所示的"装配约束"对话框，选择"装配约束"对话框中"类型"选项组中的"接触对齐"选项，选择"要约束的几何体"选项组中"方位"选项组中的"对齐"选项，选择如图 13-64 所示的两个几何体的表面。

单击"装配约束"对话框中的"确定"按钮，即将所选的部件装配到图中，如图 13-65 所示。

选中装配导航器中的对齐约束，系统弹出如图 13-66 所示的效果，然后选择"反向"选项，系统的装配效果如图 13-67 所示。

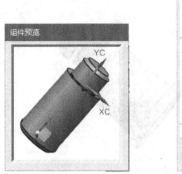

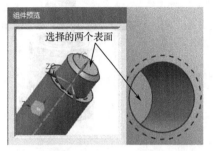

图 13-62 "组件预览"对话框　　图 13-63 "装配约束"对话框　　图 13-64 选择两个几何体的表面

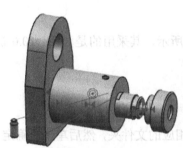

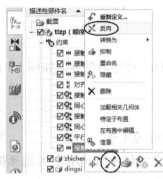

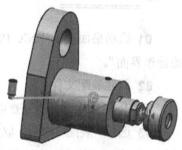

图 13-65 装配效果　　　　　图 13-66 选择"反向"选项　　　　图 13-67 装配效果

单击"装配"工具栏中的"装配约束"按钮 ，系统弹出如图 13-68 所示的"装配约束"对话框。

选择"装配约束"对话框中"类型"选项组中的"同心"选项，单击"要约束的几何体"选项组中的"选择两个对象"选项，选择如图 13-69 所示的两个几何体圆的边。

单击"装配约束"对话框中的"确定"按钮，即完成装配约束，如图 13-70 所示。

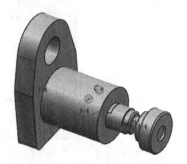

图 13-68 "装配约束"对话框　　图 13-69 选择两个几何体圆的边　　图 13-70 装配效果

13.3　千斤顶的装配

以如图 13-71 所示的千斤顶装配为例，按照前面讲述的基础操作方法，下面具体介绍其装配方法。

图 13-71　千斤顶装配

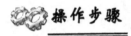

01 启动桌面上的"NX 10.0"程序后的界面如图 1-1 所示，其采用的是"NX 10.0 初始操作界面"。

02 新建装配文件。

新建装配文件详见第 9 章中的 9.4 节。

03 选择"装配"模块，取文件名为"qjdzp"，并选择相应的文件夹，然后单击"确定"按钮，即进入"装配"设计界面。

04 装配底座。

添加组件详见第 9 章中的 9.4 节中的 9.4.2 小节。

单击"添加组件"对话框中"部件"选项组中的"打开"按钮，系统打开如图 13-72 所示的"部件名"对话框。

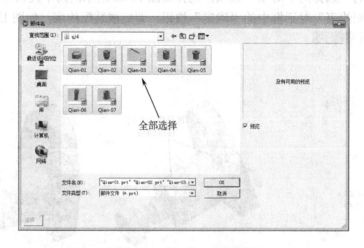

图 13-72　"部件名"对话框

选择完所有部件后，单击"部件名"对话框中的"OK"按钮，系统即在"部件名"对话框中的"部件"选项组中显示"已加载的部件"，然后选择如图 13-73 所示的部件，系统显示如图 13-74 所示的"组件预览"窗口。

选择如图 13-74 所示的部件后，单击"部件名"对话框中的"确定"按钮，系统弹出如图 13-75 所示的"装配约束"对话框，单击"确定"按钮，即将所选的部件装配到图中，如图 13-76 所示的。

图 13-73　"部件"选项组　　图 13-74　"组件预览"对话框　　图 13-75　"装配约束"对话框

05 装配压块。

添加组件详见第 9 章中的 9.4 节中的 9.4.2 小节。

系统弹出"添加组件"对话框，选择如图 13-77 所示的部件，此时系统弹出如图 13-78 所示的"组件预览"对话框。

图 13-76　装配效果　　　图 13-77　"部件"选项组　　图 13-78　"组件预览"对话框

单击"部件名"对话框中的"确定"按钮，系统弹出如图 13-79 所示的"装配约束"对话框，选择"装配约束"对话框中"类型"选项组中的"接触对齐"选项，选择"要约束的几何体"选项组中"方位"选项组中的"对齐"选项，选择如图 13-80 所示的两个几何体的表面。

单击"装配约束"对话框中的"确定"按钮，即将所选的部件装配到图中，如图 13-81 所示。

选择此面

图 13-79 "装配约束"对话框　　图 13-80 选择的两个几何体的表面　　图 13-81 装配效果

单击"装配"工具栏中的"装配约束"按钮，系统弹出如图 13-82 所示的"装配约束"对话框。

选择"装配约束"对话框中"类型"选项组中的"同心"选项，单击"要约束的几何体"选项组中的"选择两个对象"选项，选择如图 13-83 所示的两个几何体圆的边。

单击"装配约束"对话框中的"确定"按钮，即将所选的部件装配到图中，如图 13-84 所示。

选择此两个圆的边

图 13-82 "装配约束"对话框　　图 13-83 选择两个几何体圆的边　　图 13-84 装配效果

06 装配顶杆。

添加组件详见第 9 章中的 9.4 节中的 9.4.2 小节。

系统弹出"添加组件"对话框，选择如图 13-85 所示的部件，此时系统弹出如图 13-86 所示的"组件预览"对话框。

单击"部件名"对话框中的"确定"按钮，系统弹出如图 13-87 所示的"装配约束"对话框，选择"装配约束"对话框中"类型"选项组中的"接触对齐"选项，选择"要约束的几何体"选项组中"方位"选项组中的"对齐"选项，选择如图 13-88 所示的两个几

何体的表面。

图 13-85 "部件"选项组　　　图 13-86 "组件预览"对话框　　图 13-87 "装配约束"对话框

单击"装配约束"对话框中的"确定"按钮，即将所选的部件装配到图中，如图 13-89 所示。

单击"装配"工具栏中的"装配约束"按钮，系统弹出如图 13-90 所示的"装配约束"对话框。

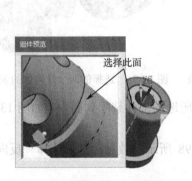

图 13-88 选择的两个几何体的表面　　图 13-89 装配效果　　图 13-90 "装配约束"对话框

选择"装配约束"对话框中"类型"选项组中的"同心"选项，单击"要约束的几何体"选项组中的"选择两个对象"选项，选择如图 13-91 所示的两个几何体圆的边。

单击"装配约束"对话框中的"确定"按钮，即将所选的部件装配到图中，如图 13-92 所示。

07 装配顶帽。

添加组件详见第 9 章中的 9.4 节中的 9.4.2 小节。

系统弹出"添加组件"对话框，选择如图 13-93 所示的部件，此时系统弹出如图 13-94 所示的"组件预览"对话框。

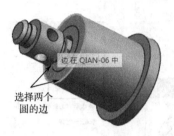

图 13-91　选择两个几何体圆的边　　图 13-92　装配效果　　图 13-93　"部件"选项组

　　单击"部件名"对话框中的"确定"按钮，系统弹出如图 13-95 所示的"装配约束"对话框。

　　选择"装配约束"对话框中"类型"选项组中的"同心"选项，单击"要约束的几何体"选项组中的"选择两个对象"选项，选择如图 13-99 所示的两个几何体圆的边。

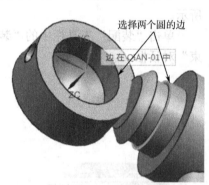

图 13-94　"组件预览"对话框　　图 13-95　"装配约束"对话框　　图 13-96　选择的两个几何体的表面

　　单击"装配约束"对话框中的"确定"按钮，即将所选的部件装配到图中，如图 13-97 所示。

　　选中装配导航器中的对齐约束，系统弹出如图 13-98 所示的效果，然后选择"反向"选项，系统的装配效果如图 13-99 所示。

图 13-97　装配效果　　图 13-98　选择"反向"选项　　图 13-99　装配效果

08 装配一字螺钉 1。

添加组件详见第 9 章中的 9.4 节中的 9.4.2 小节。

系统弹出"添加组件"对话框，选择如图 13-100 所示的部件，此时系统弹出如图 13-101 所示的"组件预览"对话框。

单击"部件名"对话框中的"确定"按钮，系统弹出如图 13-102 所示的"装配约束"对话框，选择"装配约束"对话框中"类型"选项组中的"接触对齐"选项，选择"要约束的几何体"选项组中"方位"选项组中的"对齐"选项，选择如图 13-103 所示的两个几何体的表面。

图 13-100　"部件"选项组

图 13-101　"组件预览"对话框

图 13-102　"装配约束"对话框

单击"装配约束"对话框中的"确定"按钮，即将所选的部件装配到图中，如图 13-104 所示。

选择"装配约束"对话框中"类型"选项组中的"同心"选项，单击"要约束的几何体"选项组中的"选择两个对象"选项，其"装配约束"对话框如图 13-105 所示，选择如图 13-106 所示的两个几何体圆的边。

图 13-103　选择的两个几何体的表面

图 13-104　装配效果

图 13-105　"装配约束"对话框

单击"装配约束"对话框中的"确定"按钮，即将所选的部件装配到图中，如图 13-107 所示。

09 装配一字螺钉 2。

添加组件详见第 9 章中的 9.4 节中的 9.4.2 小节。

系统弹出"添加组件"对话框，选择如图 13-108 所示的部件，此时系统弹出如图 13-109 所示的"组件预览"对话框。

图 13-106　选择两个几何体圆的边　　图 13-107　装配效果　　图 13-108　"部件"选项组

单击"部件名"对话框中的"确定"按钮，系统弹出如图 13-110 所示的"装配约束"对话框，选择"装配约束"对话框中"类型"选项组中的"同心"选项，单击"要约束的几何体"选项组中的"选择两个对象"选项，选择如图 13-111 所示的两个几何体圆的边。

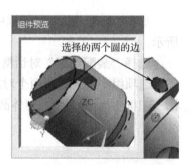

图 13-109　"组件预览"对话框　　图 13-110　"装配约束"对话框　　图 13-111 选择两个几何体圆的边

单击"装配约束"对话框中的"确定"按钮，即将所选的部件装配到图中，如图 13-112 所示。

选中装配导航器中的对齐约束，系统弹出如图 13-113 所示的效果，然后选择"反向"选项，系统的装配效果如图 13-114 所示。

10 装配摇臂。

添加组件详见第 9 章中的 9.4 节中的 9.4.2 小节。

系统弹出"添加组件"对话框，选择如图 13-115 所示的部件，此时系统弹出如图 13-116 所示的"组件预览"对话框。

图 13-112 装配效果   图 13-113 选择"反向"选项   图 13-114 装配效果

    单击"部件名"对话框中的"确定"按钮，系统弹出如图 13-117 所示的"装配约束"对话框，选择"装配约束"对话框中"类型"选项组中的"中心"选项，选择"要约束的几何体"选项组中"子类型"选项中的"2 对 1"选项，选择"轴向几何元素"选项中的"自动判断中心/轴"选项，选择如图 13-118 所示摇臂的两个端面，然后选择如图 13-118 所示的轴。

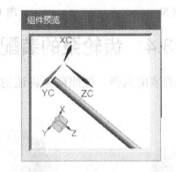

图 13-115 "部件"选项组   图 13-116 "组件预览"对话框   图 13-117 "装配约束"对话框

    单击"装配约束"对话框中的"确定"按钮，即将所选的部件装配到图中，如图 13-119 所示。

    单击"装配"工具栏中的"装配约束"按钮 🔧，系统弹出如图 13-120 所示的"装配约束"对话框。

    选择"装配约束"对话框中"类型"选项组中的"接触对齐"选项，单击"要约束的几何体"选项组中"方位"选项中的"自动判断中心/轴"，选择如图 13-121 所示的两个几何体的轴。

    单击"装配约束"对话框中的"确定"按钮，即将所选的部件装配到图中，如图 13-122 所示。

先选择两个端面，然后再选择此轴

图 13-118 　选择的对象 　　　图 13-119 　装配效果 　　　图 13-120 　"装配约束"对话框

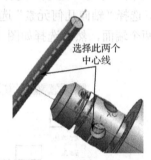

选择此两个中心线

图 13-121 　选择的对象 　　　　　　　图 13-122 　装配效果

13.4 　齿轮泵的装配

以如图 13-123 所示齿轮泵的装配为例，按照前面讲述的基础操作方法，下面具体介绍其装配方法。

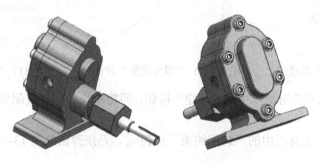

图 13-123 　齿轮泵的装配

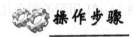操作步骤

01 启动桌面上的"NX 10.0"程序后的界面如图 1-1 所示，其采用的是"NX 10.0 初

始操作界面"。

02 新建装配文件。

新建装配文件详见第 9 章中的 9.4 节。

03 选择"装配"模块，取文件名为"clb"，并选择相应的文件夹，然后单击"确定"按钮，即进入"装配"设计界面。

04 装配泵体。

添加组件详见第 9 章 9.4 节中的 9.4.2 小节。

单击"添加组件"对话框中"部件"选项组中的"打开"按钮，系统打开如图 13-124 所示的"部件名"对话框。

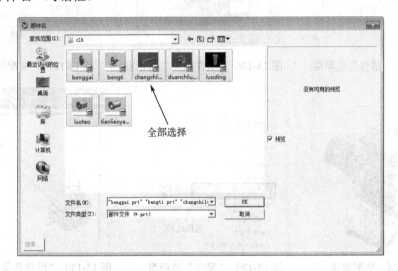

全部选择

图 13-124　"部件名"对话框

选择完所有部件后，单击"部件名"对话框中的"OK"按钮，系统即在"部件名"对话框中的"部件"选项组中显示"已加载的部件"，然后选择如图 13-125 所示的部件，系统显示如图 13-126 所示的"组件预览"窗口。

选择如图 13-126 所示的部件后，单击"部件名"对话框中的"确定"按钮，系统弹出如图 13-127 所示的"装配约束"对话框，单击"确定"按钮，即将所选的部件装配到图中，如图 13-128 所示的。

05 装配长齿轮轴。

添加组件详见第 9 章中的 9.4 节中的 9.4.2 小节。

系统弹出"添加组件"对话框，选择如图 13-129 所示的部件，此时系统弹出如图 13-130 所示的"组件预览"对话框。

单击"部件名"对话框中的"确定"按钮，系统弹出如图 13-131 所示的"装配约束"对话框，选择"装配约束"对话框中"类型"选项组中的"接触对齐"选项，选择"要约束的几何体"选项组中"方位"选项组中的"对齐"选项，选择如图 13-132 所示的两个几何体的表面。

单击"装配约束"对话框中的"确定"按钮，即将所选的部件装配到图中，如图 13-133 所示。

图 13-125 "部件"选项组 图 13-126 "组件预览"对话框 图 13-127 "装配约束"对话框

图 13-128 装配效果 图 13-129 "部件"选项组 图 13-130 "组件预览"对话框

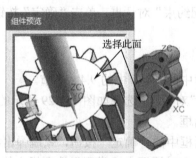

图 13-131 "装配约束"对话框 图 13-132 选择的两个几何体的表面 图 13-133 装配效果

选中装配导航器中的对齐约束，系统弹出如图 13-134 所示的效果，然后选择"反向"选项，系统的装配效果如图 13-135 所示。

单击"装配"工具栏中的"装配约束"按钮，系统弹出如图 13-136 所示的"装配约

"束"对话框。

图 13-134　选择"反向"选项　　　　图 13-135　装配效果　　　图 13-136　"装配约束"对话框

　　选择"装配约束"对话框中"类型"选项组中的"接触对齐"选项，单击"要约束的几何体"选项组中"方位"选项中的"自动判断中心/轴"，选择如图 13-137 所示的两个几何体的轴。

　　单击"装配约束"对话框中的"确定"按钮，即将所选的部件装配到图中，如图 13-138 所示。

06 装配端齿轮轴。

　　添加组件详见第 9 章中的 9.4 节中的 9.4.2 小节。

　　系统弹出"添加组件"对话框，选择如图 13-139 所示的部件，此时系统弹出如图 13-140 所示的"组件预览"对话框。

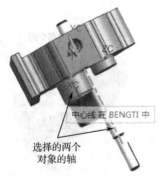

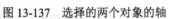

图 13-137　选择的两个对象的轴　　　　图 13-138　装配效果　　　　图 13-139　"部件"选项组

　　单击"部件名"对话框中的"确定"按钮，系统弹出如图 13-141 所示的"装配约束"对话框，选择"装配约束"对话框中"类型"选项组中的"接触对齐"选项，选择"要约束的几何体"选项组中"方位"选项组中的"对齐"选项，选择如图 13-142 所示的两个几何体的表面。

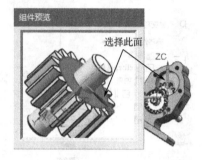

图 13-140 "组件预览"对话框　　图 13-141 "装配约束"对话框　　图 13-142 选择的两个几何体的表面

单击"装配约束"对话框中的"确定"按钮，即将所选的部件装配到图中，如图 13-143 所示。

单击"装配"工具栏中的"装配约束"按钮![icon]，系统弹出如图 13-144 所示的"装配约束"对话框。

选择"装配约束"对话框中"类型"选项组中的"接触对齐"选项，单击"要约束的几何体"选项组中"方位"选项中的"自动判断中心/轴"，选择如图 13-145 所示的两个几何体的面。

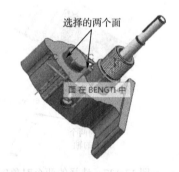

图 13-143　装配效果　　图 13-144　"装配约束"对话框　　图 13-145　选择的两个对象的面

单击"装配约束"对话框中的"确定"按钮，即将所选的部件装配到图中，如图 13-146 所示。

07 装配泵盖。

添加组件详见第 9 章中的 9.4 节中的 9.4.2 小节。

系统弹出"添加组件"对话框，选择如图 13-147 所示的部件，此时系统弹出如图 13-148

所示的"组件预览"对话框。

图 13-146　装配效果　　　　图 13-147　"部件"选项组　　　　图 13-148　"组件预览"对话框

单击"部件名"对话框中的"确定"按钮，系统弹出如图 13-149 所示的"装配约束"对话框，选择"装配约束"对话框中"类型"选项组中的"接触对齐"选项，选择"要约束的几何体"选项组中"方位"选项组中的"对齐"选项，选择如图 13-150 所示的两个几何体的表面。

单击"装配约束"对话框中的"确定"按钮，即将所选的部件装配到图中，如图 13-143 所示。

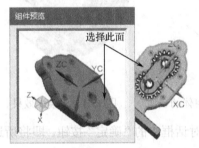

图 13-149　"装配约束"对话框　　　图 13-150　选择的两个几何体的表面　　　图 13-151　装配效果

选中装配导航器中的对齐约束，系统弹出如图 13-152 所示的效果，然后选择"反向"选项，系统的装配效果如图 13-153 所示。

单击"装配"工具栏中的"装配约束"按钮 ，系统弹出如图 13-154 所示的"装配约束"对话框。

选择"装配约束"对话框中"类型"选项组中的"接触对齐"选项，选择"要约束的几何体"选项组中"方位"选项组中的"对齐"选项，选择如图 13-155 所示的两个几何体的表面。

单击"装配约束"对话框中的"确定"按钮，即将所选的部件装配到图中，如图 13-156 所示。

单击"装配"工具栏中的"装配约束"按钮 ，系统弹出如图 13-154 所示的"装配约

束"对话框;

图 13-152　选择"反向"选项　　　图 13-153　装配效果　　　图 13-154　"装配约束"对话框

选择"装配约束"对话框中"类型"选项组中的"接触对齐"选项,选择"要约束的几何体"选项组中"方位"选项组中的"对齐"选项,选择如图 13-157 所示的两个几何体的表面。

图 13-155　选择的两个几何体的表面　　图 13-156　装配效果　　图 13-157　选择的两个几何体的表面

单击"装配约束"对话框中的"确定"按钮,即将所选的部件装配到图中,如图 13-158 所示。

08 装配压环。

添加组件详见第 9 章中的 9.4 节中的 9.4.2 小节。

系统弹出"添加组件"对话框,选择如图 13-159 所示的部件,此时系统弹出如图 13-160 所示的"组件预览"对话框。

单击"部件名"对话框中的"确定"按钮,系统弹出如图 13-161 所示的"装配约束"对话框,选择"装配约束"对话框中"类型"选项组中的"接触对齐"选项,选择"要约束的几何体"选项组中"方位"选项组中的"对齐"选项,选择如图 13-162 所示的两个几何体的表面。

单击"装配约束"对话框中的"确定"按钮,即将所选的部件装配到图中,如图 13-163 所示。

图 13-158　装配效果

图 13-159　"部件"选项组

图 13-160　"组件预览"对话框

图 13-161　"装配约束"对话框

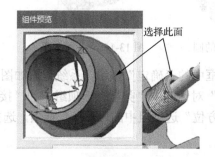

图 13-162　选择的两个几何体的表面

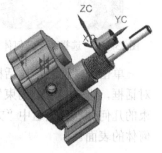

图 13-163　装配效果

选中装配导航器中的对齐约束，系统弹出如图 13-164 所示的效果，然后选择"反向"选项，系统的装配效果如图 13-165 所示。

单击"装配"工具栏中的"装配约束"按钮，系统弹出如图 13-166 所示的"装配约束"对话框。

图 13-164　选择"反向"选项

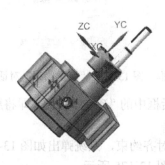

图 13-165　装配效果

图 13-166　"装配约束"对话框

选择"装配约束"对话框中"类型"选项组中的"同心"选项，单击"要约束的几何体"选项组中的"选择两个对象"选项，选择如图 13-167 所示的两个几何体圆的边。

单击"装配约束"对话框中的"确定"按钮，即将所选的部件装配到图中，如图 13-168 所示。

09 装配螺栓套。

添加组件详见第 9 章中的 9.4 节中的 9.4.2 小节。

系统弹出"添加组件"对话框，选择如图 13-169 所示的部件，此时系统弹出如图 13-170 所示的"组件预览"对话框。

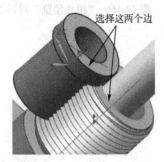

图 13-167　选择两个几何体的圆　　图 13-168　装配效果　　图 13-169　"部件"选项组

单击"部件名"对话框中的"确定"按钮，系统弹出如图 13-171 所示的"装配约束"对话框，选择"装配约束"对话框中"类型"选项组中的"接触对齐"选项，选择"要约束的几何体"选项组中"方位"选项组中的"对齐"选项，选择如图 13-172 所示的两个几何体的表面。

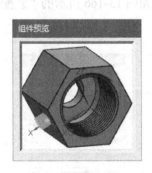

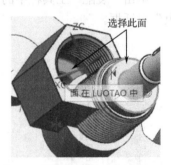

图 13-170　"组件预览"对话框　图 13-171　"装配约束"对话框　图 13-172 选择的两个几何体的表面

单击"装配约束"对话框中的"确定"按钮，即将所选的部件装配到图中，如图 13-173 所示。

选中装配导航器中的对齐约束，系统弹出如图 13-174 所示的效果，然后选择"反向"选项，系统的装配效果如图 13-175 所示。

图 13-173　装配效果　　　图 13-174　选择"反向"选项　　　图 13-175　装配效果

单击"装配"工具栏中的"装配约束"按钮，系统弹出如图 13-176 所示的"装配约束"对话框。

选择"装配约束"对话框中"类型"选项组中的"同心"选项，单击"要约束的几何体"选项组中的"选择两个对象"选项，选择如图 13-177 所示的两个几何体圆的边。

单击"装配约束"对话框中的"确定"按钮，即将所选的部件装配到图中，如图 13-178 所示。

图 13-176　"装配约束"对话框　　图 13-177　选择两个几何体的圆　　图 13-178　装配效果

10 装配螺钉。

添加组件详见第 9 章中的 9.4 节中的 9.4.2 小节。

系统弹出"添加组件"对话框，选择如图 13-179 所示的部件，此时系统弹出如图 13-180 所示的"组件预览"对话框。

单击"部件名"对话框中的"确定"按钮，系统弹出如图 13-181 所示的"装配约束"对话框，选择"装配约束"对话框中"类型"选项组中的"接触对齐"选项，选择"要约束的几何体"选项组中"方位"选项组中的"对齐"选项，选择如图 13-182 所示的两个几何体的表面。

单击"装配约束"对话框中的"确定"按钮，即将所选的部件装配到图中，如图 13-183 所示。

图 13-179 "部件"选项组   图 13-180 "组件预览"对话框   图 13-181 "装配约束"对话框

选中装配导航器中的对齐约束，系统弹出如图 13-184 所示的效果，然后选择"反向"选项，系统的装配效果如图 13-185 所示。

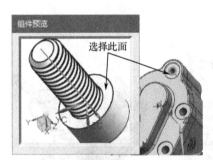

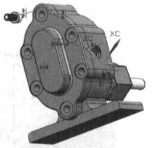

图 13-182 选择的两个几何体的表面   图 13-183 装配效果   图 13-184 选择"反向"选项

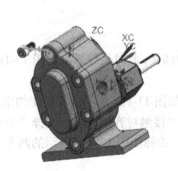

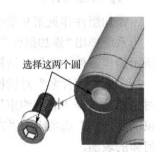

图 13-185 装配效果   图 13-186 "装配约束"对话框   图 13-187 选择两个几何体的圆

单击"装配"工具栏中的"装配约束"按钮 ，系统弹出如图 13-186 所示的"装配约束"对话框。

选择"装配约束"对话框中"类型"选项组中的"同心"选项,单击"要约束的几何体"选项组中的"选择两个对象"选项,选择如图 13-187 所示的两个几何体圆的边。

单击"装配约束"对话框中的"确定"按钮,即将所选的部件装配到图中,如图 13-188 所示。

11 装配螺钉。

添加组件详见第 9 章中的 9.4 节的 9.4.2 小节。

按照同样的操作方法装配另外五个螺钉,装配完成后的效果如图 13-189 所示。

图 13-188 装配效果

图 13-189 装配效果

本章小结

本章主要讲了轴承的装配、凸轮的装配、千斤顶的装配和齿轮泵的装配,通过这些具体实例的练习,学习具体的操作技巧方法,使读者能够真正学会相关技巧,从练习中掌握其方法。

第 14 章 高手实训—曲面设计

本章主要通过具体的实例练习来掌握 NX 10.0 绘图的基本知识，具体的实训实例包括可乐瓶、盖子、上盖、啤酒瓶盖、轮毂模型实例。

Chapter

14

高手实训— 曲面设计

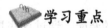
学习重点

☑ 可乐瓶的绘制

☑ 盖子的绘制

☑ 上盖的绘制

☑ 啤酒瓶盖的绘制

☑ 轮毂模型的绘制

14.1 可乐瓶的绘制

以如图 14-1 所示的可乐瓶为例，按照前面讲述的基础操作方法，下面具体介绍其绘制方法。

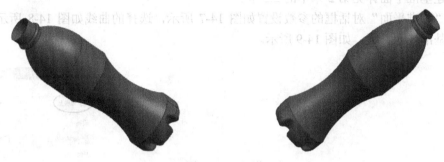

图 14-1 可乐瓶

操作步骤

01 启动桌面上的"NX 10.0"程序后的界面如图 1-1 所示，其采用的是"NX 10.0 初始操作界面"。

02 新建文件。

新建文件详见第 1 章中的 1.2 节。

03 选择"模型"模块，取文件名为"klp"，并选择相应的文件夹，然后单击"确定"按钮，即进入"建模"设计界面。

04 创建草图。

绘制直线详见第 2 章中的 2.4 节。

选择绘制的草图平面为 YZ 平面，然后绘制如图 14-2 所示两条直线。

绘制直线详见第 2 章中的 2.6 节。

其尺寸效果如图 14-3 所示，最后的效果如图 14-4 所示。

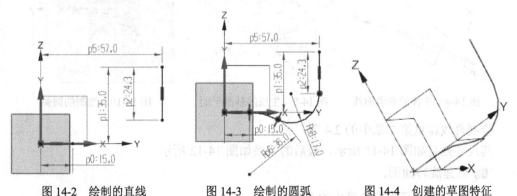

图 14-2 绘制的直线   图 14-3 绘制的圆弧   图 14-4 创建的草图特征

05 创建圆弧。

绘制直线详见第 2 章中的 2.6 节。

选择绘制的草图平面为 YZ 平面，然后绘制如图 14-5 所示的圆弧，其尺寸效果如图所示，最后的效果如图 14-6 所示。

06 创建基准平面 1。

创建基准平面详见第 2 章中的 2.2 节。

其"基准平面"对话框的参数设置如图 14-7 所示，选择的曲线如图 14-8 所示，最后生成的基准平面特征，如图 14-9 所示。

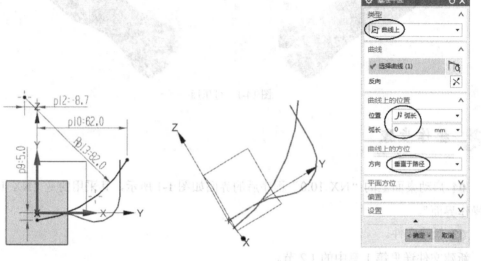

图 14-5　绘制的圆弧　　　　图 14-6　创建的草图特征　　　图 14-7　"基准平面"对话框

07 创建草图。

绘制圆弧详见第 2 章中的 2.6 节。

选择绘制的草图平面为 XZ 平面，然后绘制如图 14-10 所示的圆弧。

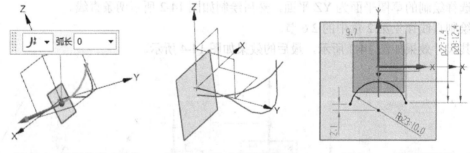

图 14-8　选择的参考曲线　　　图 14-9　生成的基准平面　　　图 14-10　绘制的圆弧

绘制直线详见第 2 章中的 2.4 节。

其尺寸效果如图 14-11 所示，最后的效果如图 14-12 所示。

08 创建旋转曲面。

创建旋转曲面详见第 8 章中的 8.4 节。

单击对话框中的"截面"选项组中的"选择曲线"选项，然后选择如图 14-13 所示的曲线作为选择曲线。

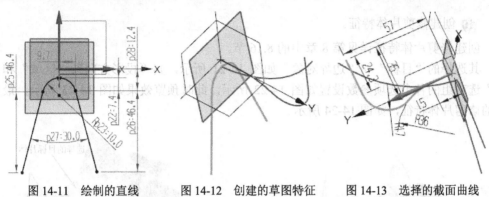

图 14-11　绘制的直线　　　　图 14-12　创建的草图特征　　　图 14-13　选择的截面曲线

　　单击对话框中"轴"选项组中的"指定矢量"选项，然后单击"矢量对话框"按钮，系统弹出如图 14-14 所示的"矢量"对话框，选择的 ZC 轴作为轴的指定矢量，并选择坐标原点作为指定原点。

　　其"限制"和"设置"选项组中各个参数的设置如图 14-15 所示，此时预览效果如图 14-16 所示，最后生成的旋转曲面特征，如图 14-17 所示。

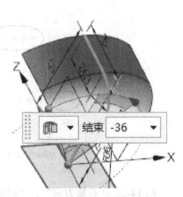

图 14-14　"矢量"对话框　　图 14-15　"限制"和"设置"选项组　　图 14-16　预览效果

09 创建扫掠特征。

　　创建扫掠特征详见第 8 章中的 8.8 节。

　　其选择的"截面曲线"和"引导线"如图 14-18 所示，此时预览效果如图 14-19 所示，最后生成的扫掠特征，如图 14-20 所示。

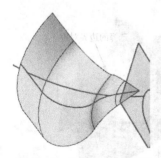

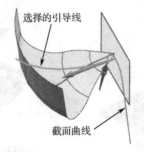

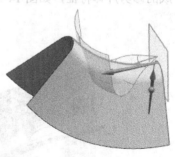

图 14-17　生成的回转特征　　图 14-18　选择的截面曲线及引导线　　图 14-19　预览效果

10 创建修剪片体特征。

创建修剪片体特征详见第 8 章中的 8.16 节。

其选择的"目标"和"边界对象"如图 14-21 所示,其"投影方向"、"区域"和"设置"选项组的各个选项参数设置如图 14-22 所示,此时预览效果如图 14-23 所示,最后生成的修剪片体特征,如图 14-24 所示。

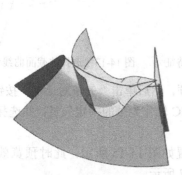

图 14-20 创建的扫掠特征

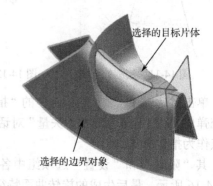

图 14-21 选择的"目标"和"边界对象"

图 14-22 "投影方向"、"区域"和"设置"选项组

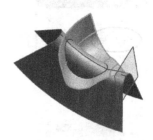

图 14-23 预览效果

11 创建修剪片体特征。

创建修剪片体特征详见第 8 章中的 8.16 节。

其选择的"目标"和"边界对象"如图 14-25 所示,其"投影方向"、"区域"和"设置"选项组的各个选项参数设置如图 14-26 所示,此时预览效果如图 14-27 所示,最后生成的修剪片体特征,如图 14-28 所示。

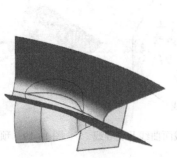

图 14-24 创建的修剪片体

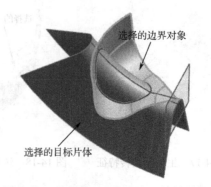

图 14-25 选择的"目标"和"边界对象"

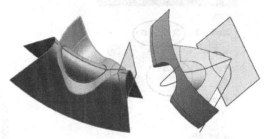

图 14-26　"投影方向"、"区域"和"设置"选项组　图 14-27　预览效果　图 14-28　创建的修剪片体

12 创建缝合特征。

缝合是指通过将公共边缝合在一起来组合片体，或通过缝合公共面来组合实体。

单击"曲面"功能区中"曲面工序"工具栏中的"缝合"按钮 📖，系统弹出如图 14-29 所示的"缝合"对话框，然后按照如图 14-30 所示的要求选择目标和工具片体，最后生成的缝合特征，如图 14-31 所示。

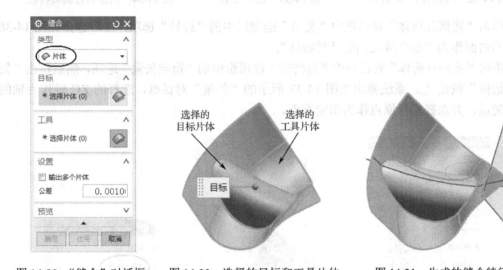

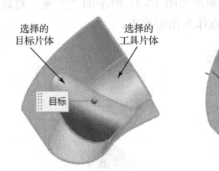

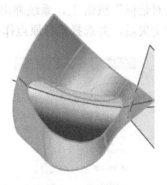

图 14-29　"缝合"对话框　　图 14-30　选择的目标和工具片体　　图 14-31　生成的缝合特征

13 创建边倒圆特征。

创建边倒圆特征详见第 6 章中的 6.1 节。

其"边倒圆"对话框中各个参数的设置如图 14-32 所示，倒圆角半径为 3.0mm，此时预览效果如图 14-33 所示，最后生成的边倒圆特征，如图 14-34 所示。

14 创建实例几何体特征。

实例几何体是指将几何特征复制到各种同样阵列中。

专家提示：实例几何体在创建复制特征中经常使用到，请读者掌握这种创建几何特征复制的方法。

单击"特征"工具栏中的"实例几何体"按钮 🔁，系统弹出如图 14-35 所示的"实例几何体"对话框。

图 14-32 "边倒圆"对话框　　图 14-33 预览效果　　图 14-34 创建的边倒圆特征

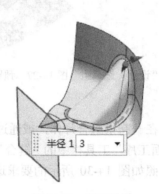

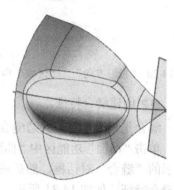

单击"实例几何体"对话框中"类型"选项组中的"旋转"选项，然后选择如图 14-36 所示的曲面作为"要生成实例的几何特征"。

单击"实例几何体"对话框中"旋转轴"选项组中的"指定矢量"选项，然后单击"矢量对话框"按钮，系统弹出如图 14-37 所示的"矢量"对话框，选择的 ZC 轴作为轴的指定矢量，并选择坐标原点作为指定原点。

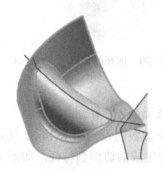

图 14-35 "实例几何体"对话框　　图 14-36 选择的对象　　图 14-37 "矢量"对话框

其"角度、距离和副本"及"设置"选项组中各个参数的设置如图 14-38 所示，此时预览效果如图 14-39 所示，最后生成的实例几何体特征，如图 14-40 所示。

15 创建实例几何体特征。

按照同样的操作方法创建实例几何体特征。

其"实例几何体"对话框中各个参数的设置如图 14-41 所示，此时预览效果如图 14-42 所示，最后生成的实例几何体特征，如图 14-43 所示。

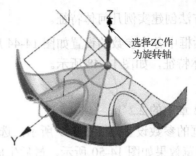

选择ZC作
为旋转轴

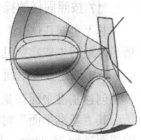

图 14-38　"角度、距离和副本"及 　　　图 14-39　预览效果　　　　　图 14-40　生成的实例
　　　　　"设置"选项组　　　　　　　　　　　　　　　　　　　　　　　　　　几何体特征

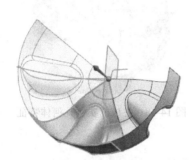

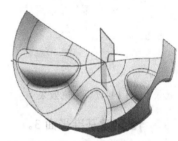

图 14-41　"实例几何体"对话框　　　图 14-42　预览效果　　　图 14-43　生成的实例几何体特征

16 创建实例几何体特征。

按照同样的操作方法创建实例几何体特征。

其"实例几何体"对话框中各个参数的设置如图 14-44 所示，此时预览效果如图 14-45
所示，最后生成实例几何体特征，如图 14-46 所示。

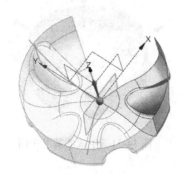

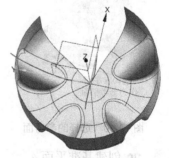

图 14-44　"实例几何体"对话框　　　图 14-45　预览效果　　　图 14-46　生成的实例几何体特征

17 按照同样的操作方法创建实例几何体特征。

其"实例几何体"对话框中各个参数的设置如图 14-44 所示，此时预览效果如图 14-47 所示，最后生成实例几何体特征，如图 14-48 所示。

18 创建基准平面 2。

创建基准平面详见第 2 章中的 2.2 节。

其"基准平面"对话框的参数设置如图 14-49 所示，选择的 XY 平面作为参考平面，偏置距离为 35.0mm，其预览效果如图 14-50 所示，最后生成的基准平面特征，如图 14-51 所示。

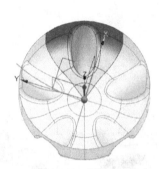 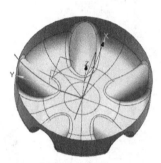 

图 14-47　预览效果　　　　图 14-48　生成的实例几何体特征　　　图 14-49　"基准平面"对话框

19 创建基准平面 3。

创建基准平面详见第 2 章中的 2.2 节。

其"基准平面"对话框的参数设置如图 14-52 所示，选择创建的基准平面 2 位参考平面，偏置距离为 80.0mm，其预览效果如图 14-53 所示，最后生成的基准平面特征，如图 14-54 所示。

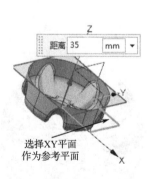 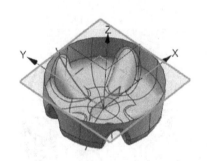 

图 14-50　选择的参考面　　　图 14-51　生成的基准平面　　　图 14-52　"基准平面"对话框

20 创建基准平面 4。

创建基准平面详见第 2 章中的 2.2 节。

其"基准平面"对话框的参数设置如图 14-55 所示，选择创建的基准平面 3 位参考平面，偏置距离为 80.0mm，其预览效果如图 14-56 所示，最后生成的基准平面特征，如图 14-57 所示。

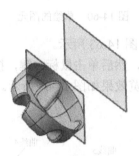

图 14-53　选择的参考面　　　　图 14-54　生成的基准平面　　　图 14-55　"基准平面"对话框

21 绘制圆。

绘制直线详见第 2 章中的 2.5 节。

选择创建的基准平面 2，然后绘制如图 14-58 所示的圆。

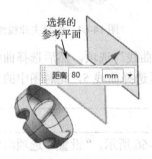

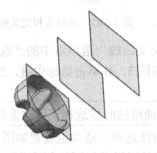

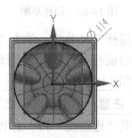

图 14-56　选择的参考面　　　　图 14-57　生成的基准平面　　　图 14-58　草绘的图元

22 绘制圆。

绘制直线详见第 2 章中的 2.5 节。

选择创建的基准平面 3，然后绘制如图 14-59 所示直径大小为 Φ80 的圆。

23 绘制圆。

绘制直线详见第 2 章中的 2.5 节。

选择创建的基准平面 4，然后绘制如图 14-60 所示的圆。

24 创建草图。

绘制圆弧详见第 2 章中的 2.6 节。

其尺寸效果如图 14-61 所示，最后的效果如图 14-62 所示。

25 曲线网格创建曲面。

曲线网格创建曲面详见第 8 章中的 8.7 节。

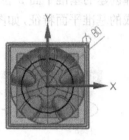

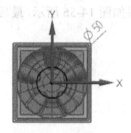

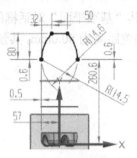

图 14-59　绘制的圆　　　　图 14-60　草绘的图元　　　　图 14-61　绘制的圆弧

主曲线和交叉曲线的效果如图 14-63 所示。

选择主曲线。先选择曲线 1，然后单击鼠标中键，接着选择曲线 2，再单击鼠标中键，然后选择曲线 3，此时图中的预览效果如图 14-64 所示。

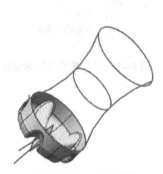

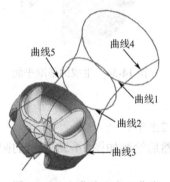

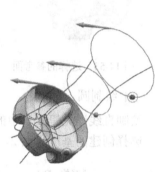

图 14-62　创建草图　　　　图 14-63　主曲线和交叉曲线　　　　图 14-64　选择主曲线预览

选择交叉曲线。单击"交叉曲线"选项组中的"选择曲线"选项，然后选择曲线 4，并单击鼠标中键，然后选择曲线 5，并单击鼠标中键，然后选择曲线 5，此时图中的预览效果如图 14-65 所示。

> **注意**：这里在选择交叉曲线的时候选择了两次曲线 5。

其"连续性"和"输出曲线选项"选项组设置如图 14-66 所示，"设置"选项组中的参数如图 14-67 所示，最后完成的通过曲线网格创建曲面，如图 14-68 所示。

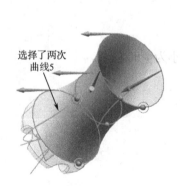

图 14-65　选择交叉曲线预览　图 14-66　"连续性"和"输出曲线选项"选项组　图 14-67　"设置"选项组

专家提示： 在"设置"选项组中，其"公差"选项中的"交点"选项适当设置较大一些，这样对于绘制的主曲线和交叉曲线交点不相交时，能够生成曲面。

26 创建拉伸曲面。

创建拉伸曲面详见第 8 章中的 8.3 节。

在"截面"选项组中"选择曲线"为绘图区中的草图曲线，其"限制"和"设置"选项组中的设置如图 14-69 所示，此时预览效果如图 14-70 所示，其拉伸深度为 65.0mm，最后生成的拉伸曲面特征，如图 14-71 所示。

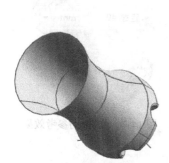

图 14-68　创建的曲面　　图 14-69　"限制"和"设置"选项组　　图 14-70　预览效果

27 创建基准平面 5。

创建基准平面详见第 2 章中的 2.2 节。

其"基准平面"对话框的参数设置如图 14-72 所示，选择的效果如图 14-73 所示，最后生成的基准平面特征，如图 14-74 所示。

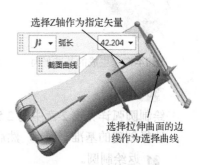

图 14-71　生成的拉伸曲面特征　　图 14-72　"基准平面"对话框　　图 14-73　选择的参考效果

28 创建基准平面 6。

创建基准平面详见第 2 章中的 2.2 节。

其"基准平面"对话框的参数设置如图 14-75 所示，选择的对象效果如图 14-76 所示，最后生成的基准平面特征，如图 14-77 所示。

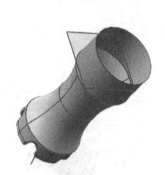

图 14-74　生成的基准平面　　图 14-75　"基准平面"对话框　　图 14-76　选择的参考效果

29 创建基准平面 7。

创建基准平面详见第 2 章中的 2.2 节。

其"基准平面"对话框的参数设置如图 14-78 所示，选择的对象效果如图 14-79 所示，最后生成的基准平面特征，如图 14-80 所示。

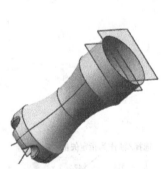

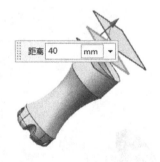

图 14-77　生成的基准平面　　图 14-78　"基准平面"对话框　　图 14-79　选择的参考效果

30 绘制圆。

绘制圆弧详见第 2 章中的 2.5 节。

选择创建的基准平面 5，然后绘制如图 14-81 所示的圆。

31 返绘制圆。

绘制圆弧详见第 2 章中的 2.5 节。

选择创建的基准平面 6，然后绘制如图 14-82 所示直径大小为Φ100 的圆。

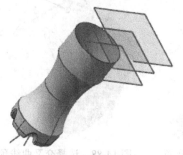
图 14-80　生成的基准平面

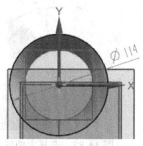
图 14-81　绘制的圆

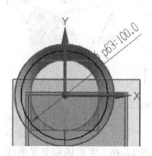
图 14-82　绘制的圆

32 绘制圆。

绘制圆弧详见第 2 章中的 2.5 节。

选择创建的基准平面 7，然后绘制如图 14-83 所示直径大小为Φ50 的圆。

33 创建草图。

绘制圆弧详见第 2 章中的 2.6 节。

选择 YZ 平面作为草绘平面，其尺寸效果如图 14-84 所示，最后的效果如图 14-85 所示。

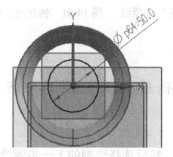
图 14-83　绘制的圆

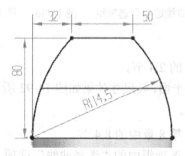
图 14-84　绘制的圆弧

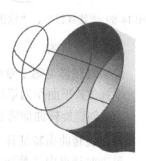
图 14-85　创建草图

34 曲线网格创建曲面。

曲线网格创建曲面详见第 8 章中的 8.7 节。

主曲线和交叉曲线的效果如图 14-86 所示。

选择主曲线。先选择曲线 1，然后单击鼠标中键，接着选择曲线 2，再单击鼠标中键，然后选择曲线 3，此时图中的预览效果如图 14-87 所示。

选择交叉曲线。单击"交叉曲线"选项组中的"选择曲线"选项，选择曲线 4，并单击鼠标中键，选择曲线 5，并单击鼠标中键，选择曲线 5，此时图中的预览效果如图 14-88 所示。

> **注意**：这里在选择交叉曲线的时候选择了两次曲线 5。

其"连续性"和"输出曲线选项"选项组设置如图 14-89 所示，"设置"选项组中的参数如图 14-90 所示，最后完成的通过曲线网格创建曲面，如图 14-91 所示。

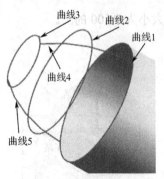

图 14-86 主曲线和交叉曲线

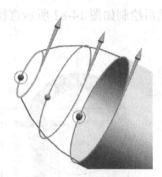

图 14-87 选择主曲线预览

图 14-88 选择交叉曲线预览

图 14-89 "连续性"、"输出曲线选项"选项组　　图 14-90 "设置"选项组　　图 14-91 创建的曲面

35 创建草图。

绘制直线详见第 2 章中的 2.4 节。

选择 YZ 平面作为草绘平面，其尺寸效果如图 14-92 所示，最后的效果如图 14-93 所示。

36 创建旋转曲面特征。

创建旋转曲面特征详见第 8 章中的 8.4 节。

单击对话框中"截面"选项组中的"选择曲线"选项，然后选择绘制的上一步骤绘制的曲线作为截面曲线。

单击对话框中"轴"选项组中的"指定矢量"选项，然后选择如图 14-94 所示的 Z 轴作为轴的指定矢量。

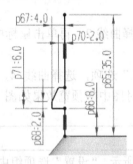

图 14-92 草绘的直线

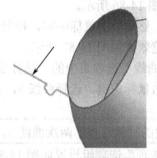

图 14-93 创建的草图

图 14-94 选择轴的指定矢量

其"限制"和"设置"选项组中各个参数的设置如图 14-95 所示，此时预览特征效果如图 14-96 所示，最后生成的旋转曲面特征，如图 14-97 所示。

图 14-95　"限制"和"设置"选项组　　　图 14-96　预览效果　　　图 14-97　生成的旋转曲面特征

37 创建缝合特征。

单击"曲面"功能区中"曲面工序"工具栏中的"缝合"按钮📖，系统弹出如图 14-98
所示的"缝合"对话框，然后按照如图 14-99 所示的要求选择目标和工具片体，最后生成
的缝合特征，如图 14-100 所示。

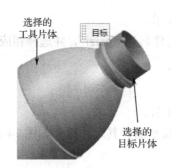

图 14-98　"缝合"对话框　　　图 14-99　选择的目标和工具片体　　　图 14-100　生成的缝合特征

38 创建缝合特征。

按照同样的操作方法创建缝合特征，最后生成的缝合特征，如图 14-101 所示。

39 最后经过渲染颜色，生成的效果如图 14-102 所示。

图 14-101　缝合后的效果　　　　　　　图 14-102　最后的效果

14.2　盖子的绘制

以如图 14-103 所示的盖子为例，按照前面讲述的基础操作方法，下面具体介绍其绘制方法。

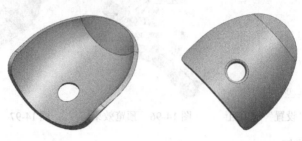

图 14-103　盖子

操作步骤

01 启动桌面上的"NX 10.0"程序后的界面如图 1-1 所示，其采用的是"NX 10.0 初始操作界面"。

02 新建文件。

新建文件详见第 1 章中的 1.2 节。

03 选择"模型"模块，取文件名为"gaizi"，并选择相应的文件夹，然后单击"确定"按钮，即进入"建模"设计界面。

04 创建草图。

绘制直线详见第 2 章中的 2.4 节。

选择创建的 XY 平面作为草绘平面，其尺寸效果如图 14-104 所示。

05 创建草图。

绘制直线详见第 2 章中的 2.4 节。

选择创建的 XY 平面作为草绘平面，其尺寸效果如图 14-105 所示，最后的效果如图 14-106 所示。

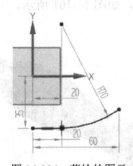

图 14-104　草绘的图元

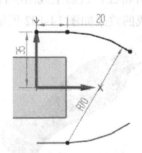

图 14-105　草绘的图元

图 14-106　草绘的图形

06 创建基准平面。

创建基准平面详见第 2 章中的 2.2 节。

其"基准平面"对话框的参数设置如图 14-107 所示，选择对话框类型选项中的"点和方向"选项，单击对话框中的"通过点"选项，然后选择如图 14-108 所示的点作为参考点。

单击对话框中"法向"选项组的"指定矢量"选项后的"矢量对话框"按钮 ，系统弹出如图 14-109 所示的"矢量"对话框，选择对话框中"类型"选项中的"XC 轴"选项，此时预览效果如图 14-110 所示，最后生成的基准平面特征，如图 14-111 所示。

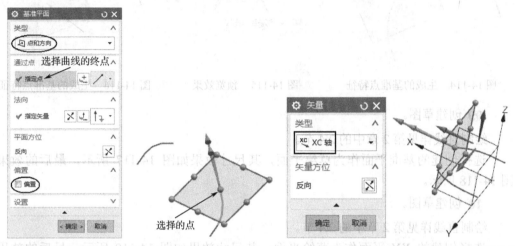

图 14-107　"基准平面"对话框　图 14-108　选择的点　图 14-109　"矢量"对话框　图 14-110　预览效果

07 创建基准点。

创建基准点详见第 2 章中的 2.2 节。

其"点"对话框如图 14-112 所示，选择对话框中"类型"选项组中的"点在曲线/边上"选项，然后选择如图 14-113 所示的曲线，并且选择"点"对话框中"曲线上的位置"选项的"位置"选项的"弧长百分比"选项，其"弧长百分比"为 0，最后生成的基准点特征，如图 14-114 所示。

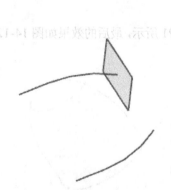

图 14-111　生成的基准平面特征　　图 14-112　"点"对话框　　图 14-113　预览效果

08 创建基准点 2。

创建基准点详见第 2 章中的 2.2 节。

按照同样的方法创建基准点 2，其"点"对话框的设置和上一步骤一样，其"弧长百分比"为 0，其预览效果如图 14-115 所示，最后生成的基准点特征，如图 14-116 所示。

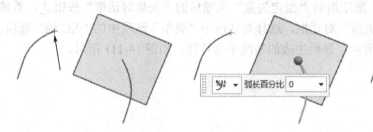

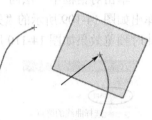

图 14-114　生成的基准点特征　　　　图 14-115　预览效果　　　　图 14-116　生成的基准点特征

09 创建草图。

绘制直线详见第 2 章中的 2.4 节。

选择创建的基准平面作为草绘平面，其尺寸效果如图 14-117 所示，最后的效果如图 14-118 所示。

10 创建草图。

绘制直线详见第 2 章中的 2.4 节。

选择创建的 XY 平面作为草绘平面，其尺寸效果如图 14-119 所示，最后的效果如图 14-120 所示。

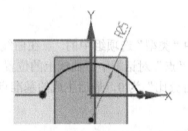

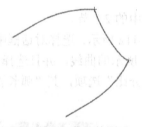

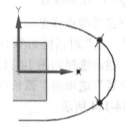

图 14-117　草绘的图元　　　　图 14-118　草绘的图形　　　　图 14-119　草绘的图元

11 创建草图。

绘制直线详见第 2 章中的 2.4 节。

选择创建的 YZ 平面作为草绘平面，其尺寸效果如图 14-121 所示，最后的效果如图 14-122 所示。

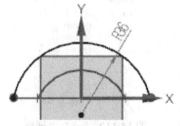

图 14-120　草绘的图形　　　　图 14-121　草绘的图元　　　　图 14-122　草绘的图形

12 隐藏特征。

选中部件导航器中的草图（7）特征，单击鼠标右键，系统弹出如图 14-123 所示的效果，然后选择"隐藏"选项，隐藏后的效果如图 14-124 所示。

13 创建艺术曲面特征。

创建艺术曲面特征详见第 8 章中的 8.5 节。

系统弹出"艺术曲面"对话框，单击对话框中"截面（主要）曲线"选项组中的"选择曲线"选项，选择如图 14-124 所示曲线 1 作为截面曲线 1，单击"截面（主要）曲线"选项组中的"添加新集"按钮，然后选择如图 14-124 所示曲线 2 作为截面曲线 2，此时预览效果如图 14-125 所示。

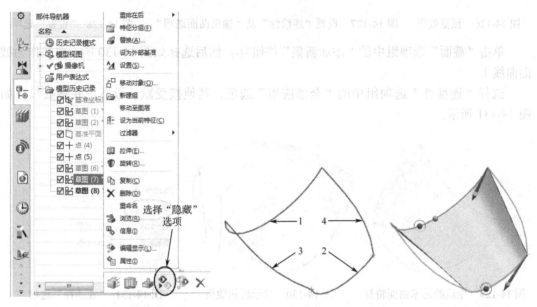

图 14-123　选择"隐藏"选项　　　　图 14-124　隐藏后的效果　　　　图 14-125　预览效果

单击"引导（交叉）曲线"选项组，然后单击其中的"选择曲线"选项，选择如图 14-124 所示曲线 3 作为引导曲线 1，单击"截面（主要）曲线"选项组中的"添加新集"按钮，选择如图 14-124 所示曲线 4 作为引导曲线 2，此时预览效果如图 14-126 所示。

设置"连续性"选项组和"输出曲面选项"选项组，其参数设置如图 14-127 所示，选择"设置"选项组的"体类型"选项为"片体"选项，接受默认的相应公差设置，其参数设置如图 14-128 所示。

单击对话框中的"确定"按钮，即完成艺术曲面的创建，如图 14-129 所示。

14 显示特征。

选中部件导航器中的草图（7）特征，单击鼠标右键，然后选择菜单中的"显示"选项，显示的效果如图 14-130 所示。

15 创建通过曲线组创建曲面特征。

创建艺术曲面特征详见第 8 章中的 8.6 节。

系统弹出"通过曲线组"对话框，单击"截面"选项组中的"选择曲线"选项，然后选择如图 14-130 所示曲线作为截面曲线 1。

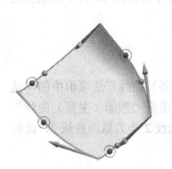

图 14-126　预览效果　　图 14-127　设置"连续性"及"输出曲面选项"　　图 14-128　"设置"选项

单击"截面"选项组中的"添加新集"按钮，然后选择如图 14-130 所示曲线作为截面曲线 1。

选择"连续性"选项组中的"全部应用"选项，其他接受默认设置，其参数设置如图 14-131 所示。

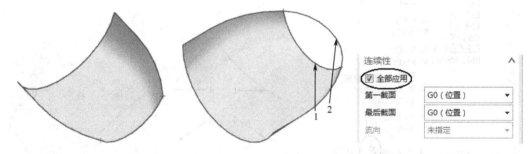

图 14-129　生成的艺术曲面特征　　　图 14-130　显示后的效果　　　图 14-131　"连续性"选项

选择"设置"选项组中的"体类型"为"片体"选项，接受默认的相应公差设置，其参数设置如图 14-132 所示，此时的预览如图 14-133 所示，完成的通过曲线组创建曲面特征，如图 14-134 所示。

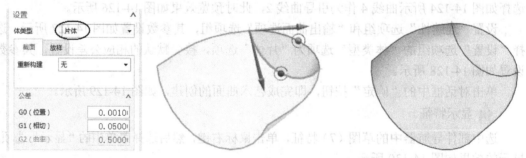

图 14-132　"设置"选项　　　图 14-133　预览效果　　　图 14-134　通过曲线组创建曲面特征

16 创建缝合特征。

缝合是指通过将公共边缝合在一起来组合片体，或通过缝合公共面来组合实体。

单击"曲面"功能区中的"曲面工序"工具栏中的"缝合"按钮，系统弹出"缝合"

对话框，然后按照如图 14-135 所示的要求选择目标和工具片体，最后生成的缝合特征，如图 14-136 所示。

17 创建拉伸特征。

创建拉伸特征详见第 5 章中的 5.9 节。

单击对话框中"截面"选项组中的"绘制截面"按钮 📄，系统弹出"创建草图"对话框，选择 XY 平面作为草绘平面，其绘制的图元如图 14-137 所示。

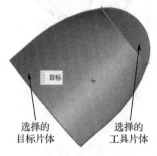

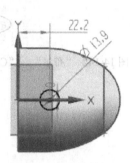

图 14-135　选择的目标和工具片体　　图 14-136　生成的缝合特征　　图 14-137　草绘的图元

其"限制"和"布尔"选项组中的各个参数设置如图 14-138 所示，拉伸距离为 50.0mm，其"布尔"运算为"求差"选项，此时预览效果如图 14-139 所示，最后生成的拉伸特征，如图 14-140 所示。

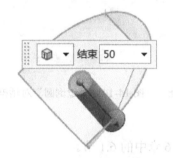

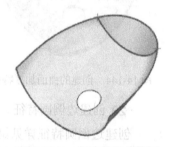

图 14-138　"限制"和"布尔"选项组　　图 14-139　预览效果　　图 14-140　创建的拉伸特征

18 创建曲面加厚特征。

创建曲面加厚特征详见第 8 章中的 8.12 节。

系统弹出"加厚"对话框，单击对话框中的"面"选项组的"选择面"选项，然后选择绘图区中缝合的面作为选择对象。

在"厚度"选项组中输入偏置 1 的值为 3.0mm，偏置 2 的值为 0，此时生成的偏置厚度预览如图 14-141 所示。

其"布尔"、"Check-Mate"和"设置"选项组的参数设置如图 14-142 所示，此时绘图区效果如图 14-143 所示。

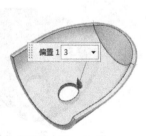

图 14-141　偏置厚度预览

单击对话框中的"确定"按钮，即完成曲面加厚特征的创建，如图 14-144 所示。

19 创建边倒圆特征。

创建边倒圆特征详见第 6 章中的 6.1 节。

其"边倒圆"对话框中各个参数的设置如图 14-145 所示，倒圆角半径为 10.0mm，此时预览效果如图 14-146 所示，最后生成的边倒圆特征，如图 14-147 所示。

图 14-142 "布尔"、"Check-Mate"和"设置"选项组   图 14-143 预览效果

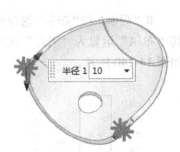

图 14-144 创建的曲面加厚特征   图 14-145 "边倒圆"对话框   图 14-146 预览效果

20 创建边倒圆特征。

创建边倒圆特征详见第 6 章中的 6.1 节。

按照同样的操作方法创建边倒圆特征，倒圆角为 1.5mm，此时预览效果如图 14-148 所示，最后生成的边倒圆特征，如图 14-149 所示。

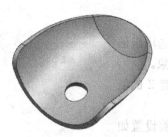

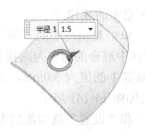

图 14-147 创建的边倒圆特征   图 14-148 预览效果   图 14-149 创建的边倒圆特征

14.3 上盖的绘制

以如图 14-150 所示的上盖为例，按照前面讲述的基础操作方法，下面具体介绍其绘制方法。

图 14-150　上盖

操作步骤

01 启动桌面上的"NX 10.0"程序后的界面如图 1-1 所示，其采用的是"NX 10.0 初始操作界面"。

02 新建文件。

新建文件详见第 1 章中的 1.2 节。

03 选择"模型"模块，取文件名为"sg"，并选择相应的文件夹，然后单击"确定"按钮，即进入"建模"设计界面。

04 创建草图。

绘制直线详见第 2 章中的 2.4 节。

选择创建的 XY 平面作为草绘平面，其尺寸效果如图 14-151 所示。

05 创建拉伸曲面。

拉伸曲面详见第 8 章中的 8.3 节。

在"截面"选项组中的"选择曲线"为绘图区的草图曲线，其"限制"和"设置"选项组中的设置如图 14-152 所示，拉伸深度为 10.0mm，此时预览效果如图 14-153 所示，最后生成的边倒圆特征，如图 14-154 所示。

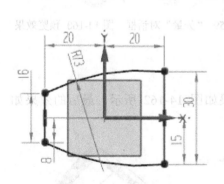

图 14-151　草绘的图元　　　图 14-152　"限制"和"设置"选项组　　　图 14-153　预览效果

06 创建草图。

绘制直线详见第 2 章中的 2.4 节。

选择创建的 XZ 平面作为草绘平面，其尺寸效果如图 14-155 所示，最后的效果如图 14-156

所示。

图 14-154 创建的拉伸曲面特征

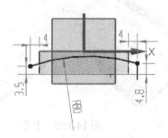

图 14-155 草绘的图元

图 14-156 草绘的图形

07 创建基准平面。

创建基准平面详见第 2 章中的 2.2 节。

其"基准平面"对话框的参数设置如图 14-157 所示,选择对话框类型选项中的"点和方向"选项,单击对话框中的"通过点"选项,然后选择如图 14-158 所示的点作为参考点。

单击对话框中"法向"选项组的"指定矢量"选项后的"矢量对话框"按钮，系统弹出如图 14-159 所示的"矢量"对话框,选择对话框中"类型"选项中的"XC轴"选项,此时预览效果如图 14-160 所示,最后生成的基准平面特征,如图 14-161 所示。

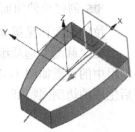

图 14-157 "基准平面"对话框　图 14-158 选择的点　图 14-159 "矢量"对话框　图 14-160 预览效果

08 创建草图。

绘制直线详见第 2 章中的 2.4 节。

选择创建的基准平面作为草绘平面,其尺寸效果如图 14-162 所示,最后的效果如图 14-163 所示。

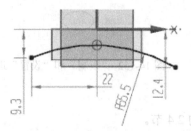

图 14-161 创建的拉伸曲面特征　图 14-162 草绘的图元　图 14-163 选择的对象

09 创建扫掠特征。

创建扫掠特征详见第 8 章中的 8.8 节。

其选择的"截面曲线"和"引导线"如图 14-163 所示，此时预览效果如图 14-164 所示，最后生成的扫掠特征，如图 14-165 所示。

10 创建修剪片体特征。

创建修剪片体特征详见第 8 章中的 8.16 节。

系统弹出"修剪片体"对话框，单击对话框中的"目标"选项组的"选择片体"选项，然后在绘图区中选择如图 14-166 所示的拉伸曲面作为选择对象，单击对话框中的"边界对象"选项组的"选择对象"选项，然后在绘图区中选择如图 14-166 所示的面作为边界对象。

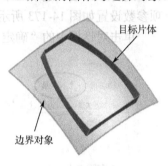

图 14-164　预览效果　　图 14-165　生成的扫掠特征　　图 14-166　选择的对象

单击对话框中的"投影方向"选项组，选择"沿矢量"选项，然后选择如图 14-166 所示的 Z 轴作为矢量方向，并选择如图 14-166 所示的方向。

选择"区域"选项组中的"放弃"选项，其"投影方向"和"区域"选项组的各个选项参数设置如图 14-167 所示，此时预览效果如图 14-168 所示。

单击对话框中的"确定"按钮，即完成修剪片体的创建，如图 14-169 所示。

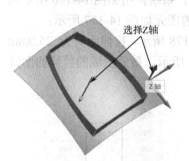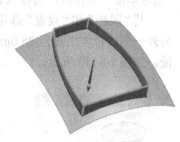

图 14-167　选择的方向　　图 14-168　"投影方向"和"区域"选项组　　图 14-169　预览效果

11 创建修剪片体特征。

创建修剪片体特征详见第 8 章中的 8.16 节。

按照同样的操作方法创建修剪片体，所选择的目标片体如图 14-170 所示，边界对象如图 14-171 所示。

选择"投影方向"选项组中的"沿矢量"选项，然后选择如图 14-172 所示的 Z 轴作为矢量方向，并选择如图 14-172 所示的方向。

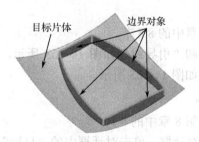

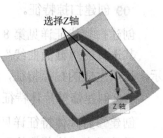

图 14-170　生成的修剪片体特征　　　　图 14-171　选择的对象　　　　图 14-172　选择的方向

选择"区域"选项组中的"保留"选项，其"投影方向"和"区域"选项组的各个选项参数设置如图 14-173 所示，此时预览效果如图 14-174 所示。

单击对话框中的"确定"按钮，即完成修剪片体的创建，如图 14-175 所示。

图 14-173　"投影方向"和"区域"选项组　　　图 14-174　预览效果　　图 14-175　生成的修剪片体特征

12 创建拉伸曲面特征。

创建拉伸曲面特征详见第 8 章中的 8.3 节。

单击对话框中"截面"选项组中的"绘制截面"按钮，系统弹出如图 14-176 所示的"创建草图"对话框，选择 XY 平面作为草绘平面，其绘制的图元如图 14-177 所示；

其"限制"和"设置"选项组中各个参数的设置如图 14-178 所示，拉伸距离为-25.0mm另外一侧的拉伸距离为 25.0mm，此时预览效果如图 14-179 所示，最后生成的拉伸曲面特征，如图 14-180 所示。

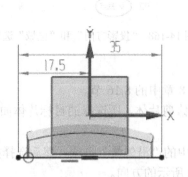

图 14-176　"创建草图"对话框　　　图 14-177　草绘的图元　　　图 14-178　"限制"和"设置"选项组

13 创建修剪片体特征。

创建修剪片体特征详见第 8 章中的 8.16 节。

按照同样的操作方法创建修剪片体，所选择的目标片体如图 14-181 所示，边界对象如图 14-180 所示。

图 14-179　预览效果　　　图 14-180　生成的拉伸曲面特征　　　图 14-181　选择的对象

选择"投影方向"选项组中的"沿矢量"选项，然后选择如图 14-182 所示的 Z 轴作为矢量方向，并选择如图 14-182 所示的方向。

选择"区域"选项组中的"放弃"选项，其"投影方向"和"区域"选项组的各个选项参数设置如图 14-183 所示，此时预览效果如图 14-184 所示。

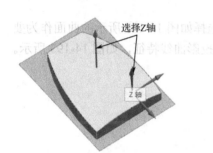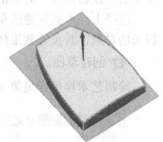

图 14-182　选择的方向　　　图 14-183　"投影方向"和"区域"选项组　　　图 14-184　预览效果

单击对话框中的"确定"按钮，即完成修剪片体的创建，如图 14-184 所示。

14 创建缝合特征。

单击"曲面"功能区中"曲面工序"工具栏中的"缝合"按钮 📖，系统弹出"缝合"对话框，然后按照如图 14-186 所示的要求选择目标和工具片体，最后生成的缝合特征，如图 14-187 所示。

图 14-185　生成的修剪片体特征　　　图 14-186　选择的目标和工具片体　　　图 14-187　生成的缝合特征

15 创建草图。

绘制直线详见第 2 章中的 2.14 节。

选择如图 14-188 所示的平面作为草绘平面，其尺寸效果如图 14-189 所示，最后的效果如图 14-190 所示。

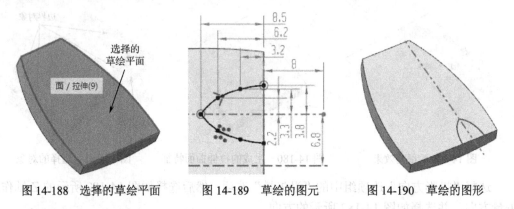

图 14-188　选择的草绘平面　　　　图 14-189　草绘的图元　　　　图 14-190　草绘的图形

16 创建投影曲线。

单击"曲线"功能区中"派生曲线"工具栏的"投影曲线"按钮，系统弹出如图 14-191 所示的"投影曲线"对话框。

选择上一步骤创建的草绘曲线作为要投影的曲线，选择如图 14-192 所示的曲面作为要投影的对象，其预览效果如图 14-192 所示，最后生成的投影曲线特征，如图 14-193 所示。

17 创建草图。

绘制艺术样条详见第 2 章中的 2.14 节。

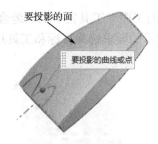

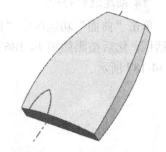

图 14-191　"投影曲线"对话框　　　图 14-192　预览效果　　　图 14-193　生成的投影曲线特征

选择如图 14-194 所示的平面作为草绘平面，其尺寸效果如图 14-195 所示，最后的效果如图 14-196 所示。

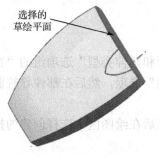

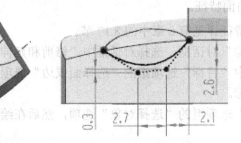

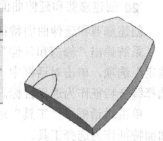

图 14-194　选择的草绘平面　　　　图 14-195　草绘的图元　　　　图 14-196　草绘的图形

18 创建扫掠特征。

创建扫掠特征详见第 8 章中的 8.8 节。

单击对话框中"曲线"选项组的"选择曲线"选项，然后单击如图 14-197 所示的曲线作为截面曲线，单击对话框中"引导线"选项组的"选择曲线"选项，选择如图 14-196 所示的一条曲线作为引导线，此时预览效果如图 14-198 所示。

单击对话框中"引导线"选项组的"添加新集"按钮 ✦，并选择如图 14-197 所示的另外一条引导线，此时预览效果如图 14-199 所示，最后生成的扫掠特征，如图 14-200 所示。

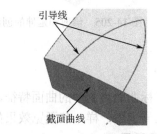

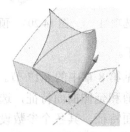

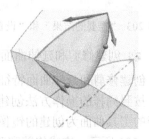

图 14-197　选择的对象　　　　图 14-198　预览效果　　　　图 14-199　预览效果

19 创建镜像特征。

创建镜像特征详见第 6 章中的 6.10 节。

系统弹出"镜像特征"对话框，选择上一步骤创建的扫掠曲面作为要镜像的特征，然后单击对话框中的"镜像平面"选项组，选择 XZ 平面作为镜像平面，其预览如图 14-201 所示，单击对话框中的"确定"按钮，即生成镜像特征，如图 14-202 所示。

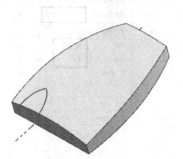

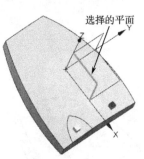

图 14-200　生成的扫掠曲面特征　　　　图 14-201　镜像预览　　　　图 14-202　生成的镜像特征

20 创建修剪和延伸曲面特征。

创建修剪和延伸曲面特征详见第 8 章中的 8.17 节。

系统弹出"修剪和延伸"对话框，选择对话框中"修剪和延伸类型"选项组的"直至选定"选项，单击对话框中"目标"选项组的"选择面或边"选项，然后在部件导航器中选择缝合特征作为选择目标。

单击对话框中"工具"选项组的"选择对象"选项，然后在绘图区中选择创建的扫掠曲面特征作为选择工具。

其"需要的结果"和"设置"选项组的各个参数设置如图 14-203 所示，此时预览效果如图 14-204 所示，单击对话框中的"确定"按钮，即完成修剪和延伸曲面特征的创建，如图 14-205 所示。

图 14-203 "需要的结果"和"设置"选项组　　图 14-204 预览效果　　图 14-205 修剪和延伸的创建

21 创建修剪和延伸曲面特征。

创建修剪和延伸曲面特征详见第 8 章中的 8.17 节。

按照同样的操作方法创建修剪和延伸曲面特征，选择的目标曲面为缝合的曲面特征，选择的工具曲面为创建的镜像曲面特征，其各个参数设置和上一步骤一样，其预览效果如图 14-206 所示，完成修剪和延伸曲面特征的创建，如图 14-207 所示。

22 创建边倒圆特征。

创建边倒圆特征详见第 6 章中的 6.1 节。

其"边倒圆"对话框中各个参数的设置如图 14-208 所示，倒圆角半径为 4.5mm，此时预览效果如图 14-209 所示，最后生成的边倒圆特征，如图 14-210 所示。

图 14-206 预览效果　　图 14-207 修剪和延伸特征的创建　　图 14-208 "边倒圆"对话框

23 创建边倒圆特征。

创建边倒圆特征详见第 6 章中的 6.1 节。

按照同样的操作方法创建边倒圆特征，倒圆角为 3.0mm，此时预览效果如图 14-211 所示，最后生成的边倒圆特征，如图 14-212 所示。

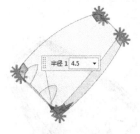

图 14-209　预览效果　　　图 14-210　生成的边倒圆特征　　　图 14-211　预览效果

24 创建边倒圆特征。

创建边倒圆特征详见第 6 章中的 6.1 节。

按照同样的操作方法创建边倒圆特征，倒圆角为 1.0mm，此时预览效果如图 14-213 所示，最后生成的边倒圆特征，如图 14-214 所示。

图 14-212　生成的边倒圆特征　　　图 14-213　预览效果　　　图 14-214　生成的边倒圆特征

25 创建抽壳特征。

创建抽壳特征详见第 6 章中的 6.5 节。

系统弹出"抽壳"对话框，选择"抽壳"对话框中的"移除面，然后抽壳"选项，选择要移除的面如图 14-215 所示，设置抽壳厚度为 1.0mm，其参数如图 14-216 所示，其预览效果如图 14-215 所示。

单击"抽壳"对话框中的"确定"按钮，即生成抽壳特征，如图 14-217 所示。

26 创建拉伸特征。

创建拉伸特征详见第 5 章中的 5.9 节。

单击对话框中"截面"选项组的"绘制截面"按钮，系统弹出"创建草图"对话框，选择 YZ 平面作为草绘平面，其绘制的图元如图 14-218 所示。

其"限制"和"布尔"选项组中各个参数的设置如图 14-219 所示，拉伸距离为-15.0mm，另外一侧拉伸距离为 20.0mm，其"布尔"运算为"求差"选项，此时预览效果如图 14-220 所示，最后生成的拉伸特征，如图 14-221 所示。

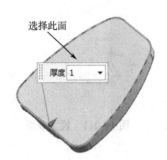

选择此面

厚度 1

图 14-215　选择要移除的面　　　图 14-216　参数设置　　　图 14-217　生成的抽壳特征

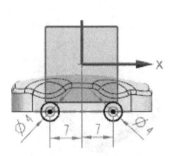

图 14-218　草绘的图元　　　图 14-219　"限制"和"布尔"选项组　　　图 14-220　预览效果

27 创建拉伸特征。

创建拉伸特征详见第 5 章中的 5.9 节。

单击对话框中"截面"选项组的"绘制截面"按钮，系统弹出"创建草图"对话框，选择如图 14-222 所示的平面作为草绘平面，其绘制的图元如图 14-223 所示。

选择的
草绘平面

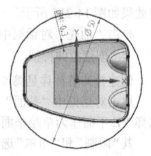

图 14-221　创建的拉伸特征　　　图 14-222　选择的草绘平面　　　图 14-223　草绘的图元

其"限制"和"布尔"选项组中各个参数的设置如图 14-224 所示，拉伸距离为 0.3mm，其"布尔"运算为"求差"选项，此时预览效果如图 14-225 所示，最后生成的拉伸特征，如图 14-225 所示。

 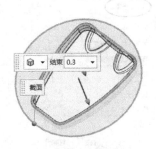 

图 14-224　"限制"和"布尔"选项组　　图 14-225　预览效果　　图 14-226　创建的拉伸特征

14.4　啤酒瓶盖的绘制

以如图 14-227 所示的啤酒瓶盖为例，按照前面讲述的基础操作方法，下面具体介绍其绘制方法。

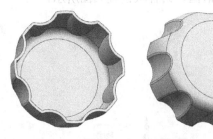

图 14-227　啤酒瓶盖

操作步骤

01 启动桌面上的"NX 10.0"程序后的界面如图 1-1 所示，其采用的是"NX 10.0 初始操作界面"。

02 新建文件。

新建文件详见第 1 章中的 1.2 节。

03 选择"模型"模块，取文件名为"pjpg"，并选择相应的文件夹，然后单击"确定"按钮，即进入"建模"设计界面。

04 创建草图。

绘制圆弧详见第 2 章中的 2.6 节。

选择创建的 XY 平面作为草绘平面，其尺寸效果如图 14-227 所示。

05 创建旋转曲面特征。

创建旋转曲面特征详见第 8 章中的 8.4 节。

单击对话框中"截面"选项组的"绘制截面"按钮，系统弹出如图 14-229 所示的"创建草图"对话框，选择 YZ 平面作为草绘平面，其绘制的图元如图 14-230 所示。

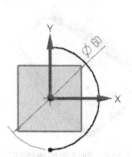

图 14-228 草绘的图元

图 14-229 "创建草图"对话框

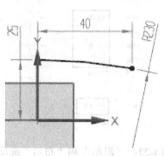

图 14-230 草绘的图元

　　绘制完成后，此时预览效果如图 14-231 所示，单击对话框中"轴"选项组的"指定矢量"选项，然后选择 Z 轴作为旋转轴，如图 14-232 所示。

　　单击对话框中"轴"选项组的"指定点"选项，并单击"点对话框"按钮 ，系统弹出如图 14-233 所示的"点"对话框，其各项设置如图所示。

图 14-231 预览效果

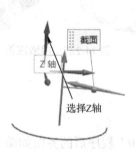

图 14-232 选择 Z 轴及方向

图 14-233 "点"对话框

　　其旋转角度为 360°，设置为"片体"选项，其"限制"和"设置"选项组中各个参数的设置如图 14-234 所示，此时预览效果如图 14-235 所示，最后生成的旋转曲面特征，如图 14-236 所示。

图 14-234 "限制"和"设置"选项组

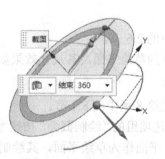

图 14-235 预览效果

图 14-236 生成的旋转曲面特征

06 创建旋转曲面特征。

创建旋转曲面特征详见第 8 章中的 8.4 节。

单击对话框中"截面"选项组的"绘制截面"按钮，系统弹出"创建草图"对话框，选择 YZ 平面作为草绘平面，绘制二次曲线特征。

绘制的二次曲线特征详见第 2 章中的 2.15 节。

设置的 RhO 值为 0.48，其绘制的图元如图 14-237 所示；

绘制完成后，此时预览效果如图 14-238 所示，单击对话框中的"轴"选项组中的"指定矢量"选项，然后选择 Z 轴作为旋转轴，如图 14-239 所示。

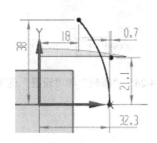
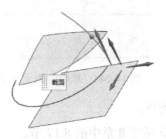
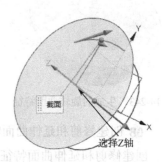

图 14-237　草绘的图元　　　　图 14-238　预览效果　　　　图 14-239　选择 Z 轴及方向

单击对话框中"轴"选项组的"指定点"选项，并单击"点对话框"按钮，系统弹出如图 14-240 所示的"点"对话框，其各项设置如图所示。

其旋转角度为 360°，设置为"片体"选项，其"限制"和"设置"选项组中各个参数的设置如图 14-241 所示，此时预览效果如图 14-242 所示，最后生成的旋转曲面特征，如图 14-243 所示。

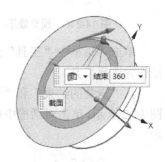

图 14-240　"点"对话框　　　图 14-241　"限制"和"设置"选项组　　　图 14-242　预览效果

07 创建拉伸曲面特征。

创建拉伸曲面特征详见第 8 章中的 8.3 节。

单击对话框中"截面"选项组的"绘制截面"按钮，系统弹出"创建草图"对话框，选择 YZ 平面作为草绘平面，其绘制的图元如图 14-244 所示。

绘制完成后，其一侧拉伸距离为-50.0mm，另外一侧的拉伸距离为 50.0mm，设置为"片体"选项，其"限制"和"设置"选项组中各个参数的设置如图 14-245 所示，此时预览效果如图 14-246 所示，最后生成的拉伸曲面特征，如图 14-247 所示。

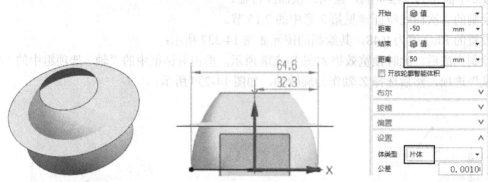

图 14-243　生成的旋转曲面特征　　图 14-244　草绘的图元　　图 14-245　"限制"和"设置"选项组

08 创建修剪和延伸曲面特征。

创建修剪和延伸曲面特征详见第 8 章中的 8.17 节。

系统弹出"修剪和延伸"对话框，选择对话框中"修剪和延伸类型"选项组的"直至选定"选项，单击对话框中的"目标"选项组中的"选择面或边"选项，然后以如图 14-248 所示的曲面特征作为选择目标。

图 14-246　预览效果　　图 14-247　生成的拉伸曲面特征　　图 14-248　选择的对象

单击对话框中"工具"选项组的"选择对象"选项，然后选择如图 14-248 所示的曲面特征作为选择工具。

其"需要的结果"和"设置"选项组的各个参数设置如图 14-249 所示，此时预览效果如图 14-250 所示，单击对话框中的"确定"按钮，即完成修剪和延伸曲面特征的创建，如图 14-251 所示。

图 14-249　"需要的结果"和"设置"选项组　　图 14-250　预览效果　　图 14-251　完成的修剪和延伸曲面

09 创建修剪和延伸曲面特征。

创建修剪和延伸曲面特征详见第 8 章中的 8.17 节。

按照同样的操作方法创建修剪和延伸曲面特征，选择的目标曲面如图 14-252 所示，选择的工具曲面如图 14-252 所示，其各个选项参数设置和上一步骤一样，其预览效果如图 14-253 所示，完成修剪和延伸曲面特征的创建，如图 14-254 所示。

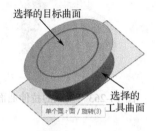

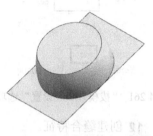

图 14-252　选择的对象　　　图 14-253　预览效果　　图 14-254　完成的修剪和延伸曲面

10 创建修剪和延伸曲面特征。

创建修剪和延伸曲面特征详见第 8 章中的 8.17 节。

按照同样的操作方法创建修剪和延伸曲面特征，选择的目标曲面如图 14-255 所示，选择的工具曲面如图 14-255 所示，其各个选项参数设置和上一步骤一样，其预览效果如图 14-256 所示，完成修剪和延伸曲面特征的创建，如图 14-257 所示。

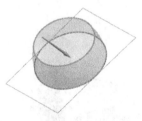

图 14-255　选择的对象　　　图 14-256　预览效果　　图 14-257　完成的修剪和延伸曲面

11 创建拉伸曲面特征。

创建拉伸曲面特征详见第 8 章中的 8.3 节。

单击对话框中"截面"选项组的"绘制截面"按钮，系统弹出"创建草图"对话框，选择 YZ 平面作为草绘平面，其绘制的图元如图 14-258 所示。

绘制完成后，其拉伸距离为 50.0mm，其"限制"选项组中的参数设置如图 14-259 所示，此时预览效果如图 14-260 所示。

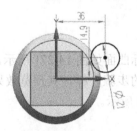
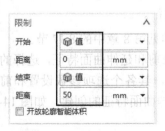

图 14-258　草绘的图元　　　图 14-259　"限制"选项组　　图 14-260　预览效果

选择"拔模"选项组中"拔模"选项的"从起始限制"选项，设置拔模角度为-2°，设置为"片体"选项，其"拔模"和"设置"选项组中各个参数的设置如图 14-261 所示，此时预览效果如图 14-262 所示，最后生成的拉伸曲面特征，如图 14-263 所示。

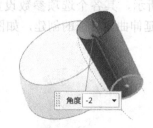

图 14-261 "拔模"和"设置"选项组　　　　图 14-262 预览效果　　　　图 14-263 生成的拉伸曲面特征

12 创建缝合特征。

单击"曲面"功能区中"曲面工序"工具栏的"缝合"按钮 ，系统弹出"缝合"对话框，然后按照如图 14-264 所示的要求选择目标和工具片体，最后生成的缝合特征，如图 14-265 所示。

13 创建缝合特征。

单击"曲面"功能区中"曲面工序"工具栏的"缝合"按钮 ，系统弹出"缝合"对话框，然后按照如图 14-266 所示的要求选择目标和工具片体，最后生成的缝合特征，如图 14-267 所示。

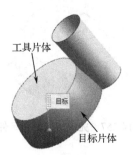

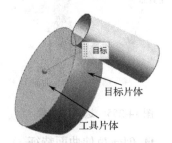

图 14-264 选择的对象　　　图 14-265 生成的缝合特征　　　图 14-266 选择的对象

14 创建边倒圆特征。

创建边倒圆特征详见第 6 章中的 6.1 节。

其"边倒圆"对话框中各个参数的设置如图 14-268 所示，倒圆角半径为 8.0mm，此时预览效果如图 14-269 所示，最后生成的边倒圆特征，如图 14-270 所示。

15 创建修剪和延伸曲面特征。

创建修剪和延伸曲面特征详见第 8 章中的 8.17 节。

按照同样的操作方法创建修剪和延伸曲面特征，选择的目标曲面如图 14-271 所示，选择的工具曲面如图 14-271 所示，其各个选项参数设置和前面的步骤一样，其预览效果如图 14-272 所示，完成修剪和延伸曲面特征的创建，如图 14-273 所示。

图 14-267 生成的缝合特征   图 14-268 "边倒圆"对话框   图 14-269 预览效果

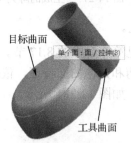

图 14-270 生成的边倒圆特征   图 14-271 选择的对象   图 14-272 预览效果

16 创建阵列特征。

创建阵列特征详见第 6 章中的 6.11 节。

单击对话框中的"要形成阵列的特征"选项组，选择拉伸的曲面特征，单击"阵列定义"选项组，选择"布局"选项中的"圆形"选项，单击"旋转轴"选项组中的"指定矢量"选项，选择 Z 轴，此时预览效果如图 14-274 所示。

选择"阵列定义"选项组中"角度方向"选项的"间距"选项下的"数量和节距"、"数量"选项为"8"、"节距角"为 45，其"阵列定义"选项组设置如图 14-275 所示，此时预览效果如图 14-276 所示，单击对话框中的"确定"按钮，即生成"圆形"阵列特征，如图 14-277 所示。

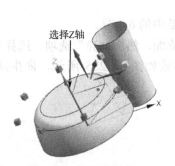

图 14-273 完成的效果（隐藏拉伸曲面）   图 14-274 预览效果   图 14-275 "阵列定义"选项组

17 创建修剪和延伸曲面特征。

创建修剪和延伸曲面特征详见第 8 章中的 8.17 节。

按照同样的操作方法创建修剪和延伸曲面特征，选择的目标曲面如图 14-278 所示，选择的工具曲面如图 14-278 所示，其各个选项参数设置和前面的步骤一样，其预览效果如图 14-279 所示，完成修剪和延伸曲面特征的创建，如图 14-280 所示。

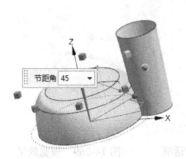 

图 14-276　预览效果　　图 14-277　生成的阵列特征　　图 14-278　选择的对象

18 创建修剪和延伸曲面特征。

创建修剪和延伸曲面特征详见第 8 章中的 8.17 节。

按照同样的操作方法创建修剪和延伸曲面特征，依次操作另外六个阵列的拉伸曲面，完成修剪和延伸曲面特征的创建，如图 14-281 所示。

 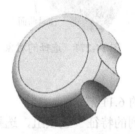 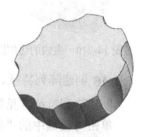

图 14-279　预览效果　　图 14-280　完成的效果（隐藏拉伸和阵列曲面）　　图 14-281　完成的效果

19 创建边倒圆特征。

创建边倒圆特征详见第 6 章中的 6.1 节。

按照同样的操作方法创建边倒圆特征，倒圆角为 1.5mm，此时预览效果如图 14-282 所示，最后生成的边倒圆特征，如图 14-283 所示。

20 创建抽壳特征。

创建抽壳特征详见 6 章中的 6.5 节。

选择对话框中的"移除面，然后抽壳"选项，选择要移除的面如图 14-284 所示，设置抽壳厚度为 1.5mm，其参数如图 14-285 所示，即生成移除面的抽壳特征，如图 14-286 所示。

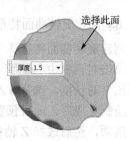

图 14-282 预览效果　　　图 14-283 生成的边倒圆特征　　　图 14-284 选择要移除的面

图 14-285 参数设置　　　　　　　图 14-286 生成的抽壳特征

14.5 轮毂模型的绘制

以如图 14-287 所示的轮毂模型为例，按照前面讲述的基础操作方法，下面具体介绍其绘制方法。

图 14-287 轮毂模型

操作步骤

01 启动桌面上的"NX 10.0"程序后的界面如图 1-1 所示，其采用的是"NX 10.0 初始操作界面"。

02 新建文件。

新建文件详见第 1 章中的 1.2 节。

03 选择"模型"模块，取文件名为"lgmx"，并选择相应的文件夹，然后单击"确定"按钮，即进入"建模"设计界面。

04 创建旋转曲面特征。

创建旋转曲面特征详见第 8 章中的 8.4 节。

单击对话框中"截面"选项组的"绘制截面"按钮 ▣，系统弹出如图 14-288 所示的"创建草图"对话框，选择 YZ 平面作为草绘平面，其绘制的图元如图 14-289 所示。

绘制完成后，此时预览效果如图 14-290 所示，单击对话框中"轴"选项组的"指定矢量"选项，然后选择 Z 轴作为旋转轴，如图 14-291 所示。

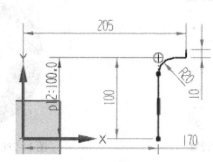

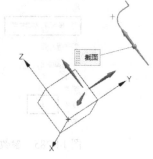

图 14-288 "创建草图"对话框 　　　图 14-289 草绘的图元 　　　图 14-290 预览效果

其旋转角度为 360°，设置为"片体"选项，其"限制"和"设置"选项组中各个参数的设置如图 14-292 所示，此时预览效果如图 14-293 所示，最后生成的旋转曲面特征，如图 14-294 所示。

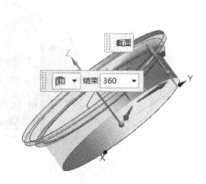

图 14-291 选择 Z 轴及方向 　　　图 14-292 "限制"和"设置"选项组 　　　图 14-293 预览效果

05 创建镜像特征。

创建镜像特征详见第 6 章中的 6.10 节。

选择创建的旋转特征作为要镜像的特征，然后单击对话框中的"镜像平面"选项组，选择 XY 基准平面作为镜像平面，如图 14-295 所示，所生成的镜像特征，如图 14-296 所示。

06 创建旋转曲面特征。

创建旋转曲面特征详见第 8 章中的 8.4 节。

单击对话框中"截面"选项组的"绘制截面"按钮 ▣，系统弹出"创建草图"对话框，选择 YZ 平面作为草绘平面，其绘制的图元如图 14-297 所示。

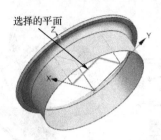

图 14-294 生成的旋转曲面特征　　　图 14-295 预览效果　　　图 14-296 生成的镜像特征

绘制完成后，此时预览效果如图 14-298 所示，单击对话框中的"轴"选项组中的"指定矢量"选项，然后选择 Z 轴作为旋转轴，如图 14-299 所示。

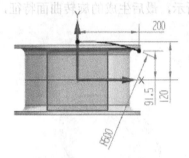

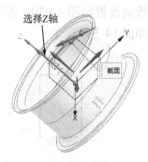

图 14-297 草绘的图元　　　图 14-298 预览效果　　　图 14-299 选择 Z 轴及方向

其旋转角度为 360°，设置为"片体"选项，其"限制"和"设置"选项组中各个参数的设置如图 14-300 所示，此时预览效果如图 14-301 所示，最后生成的旋转曲面特征，如图 14-302 所示。

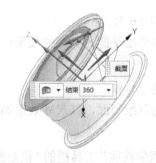

图 14-300 "限制"和"设置"选项组　　　图 14-301 预览效果　　　图 14-302 生成的旋转曲面特征

07 创建旋转曲面特征。

创建旋转曲面特征详见第 8 章中的 8.4 节。

单击对话框中"截面"选项组的"绘制截面"按钮，系统弹出"创建草图"对话框，选择 YZ 平面作为草绘平面，其绘制的图元如图 14-303 所示。

绘制完成后，此时预览效果如图 14-304 所示，单击对话框中"轴"选项组的"指定矢量"选项，然后选择 Z 轴作为旋转轴，如图 14-305 所示。

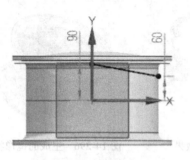

图 14-303 草绘的图元

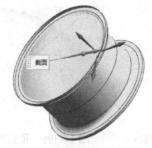

图 14-304 预览效果

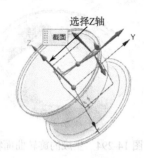

图 14-305 选择 Z 轴及方向

其旋转角度为 360°，设置为"片体"选项，其"限制"和"设置"选项组中各个参数的设置如图 14-306 所示，此时预览效果如图 14-307 所示，最后生成的旋转曲面特征，如图 14-308 所示。

图 14-306 "限制"和"设置"选项组

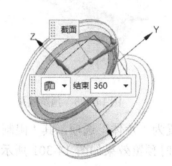

图 14-307 预览效果

图 14-308 生成的旋转曲面特征

08 创建草图。

绘制圆弧详见第 2 章中的 2.6 节。

选择创建的 XY 平面作为草绘平面，其尺寸效果如图 14-309 所示。

09 创建草图。

偏置曲线详见第 2 章中的 3.1 节。

选择创建的 XY 平面作为草绘平面，其尺寸效果如图 14-310 所示。

10 创建投影曲线。

单击"曲线"功能区中"派生曲线"工具栏的"投影曲线"按钮，系统弹出如图 14-311 所示的"投影曲线"对话框。

选择前面步骤创建的草绘曲线 1 作为要投影的曲线，选择如图 14-312 所示的曲面作为要投影的对象，其预览效果如图 14-312 所示，最后生成的投影曲线特征，如图 14-313 所示。

11 创建投影曲线。

按照同样的操作方法创建投影曲线，选择前面步骤创建的草绘曲线 2 作为要投影的曲线，选择如图 14-314 所示的曲面作为要投影的对象，其预览效果如图 14-315 所示的，最后生成的投影曲线特征，如图 14-315 所示。

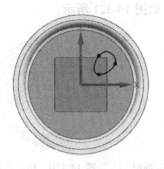

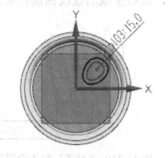

图 14-309　草绘的图元　　　　图 14-310　草绘的图元　　　图 14-311　"投影曲线"对话框

图 14-312　预览效果　　　图 14-313　生成的投影曲线特征　　　图 14-314　预览效果

12 创建直纹曲面特征。

单击"主页"功能区中"曲面"工具栏的"直纹"按钮 ，或者选择"菜单"→"插入"→"网格曲面"→"直纹"选项，系统弹出如图 14-316 所示的"直纹"对话框。

单击对话框中"截面线串 1"选项组的"选择曲线或点"选项，然后依次选择如图 14-317 所示的曲线（投影曲线 2）作为截面线串 1，此时预览效果如图 14-317 所示。

图 14-315　生成的投影曲线特征　　　图 14-316　"直纹"对话框　　　图 14-317　选择的对象

单击对话框中"截面线串 1"选项组的"选择曲线"选项，然后依次选择如图 14-318 所示的曲线（投影曲线 2）作为截面线串 2，此时预览效果如图 14-318 所示。

在"对齐"选项组中选择"保留形状"选项，选择"对齐"选项为"参数"选项，设置为"片体"选项，其"对齐"和"设置"选项组中各个参数的设置如图 14-319 所示，此时预览效果如图 14-320 所示，最后生成的直纹曲面特征，如图 14-321 所示。

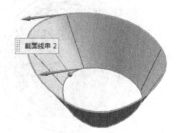

图 14-318　选择的对象　　　图 14-319　"对齐"和"设置"选项组　　　图 14-320　预览效果

13 创建阵列特征。

创建阵列特征详见第 6 章中的 6.11 节。

单击对话框中的"要形成阵列的特征"选项组，然后选择上一步骤创建的曲面特征，单击"阵列定义"选项组，选择"布局"选项中的"圆形"选项，单击"旋转轴"选项组中的"指定矢量"选项，选择 Z 轴，此时预览效果如图 14-322 所示。

选择"阵列定义"选项组中"角度方向"选项的"间距"选项下的"数量和节距"、"数量"选项为"5"、"节距角"为 72，其"阵列定义"选项组设置如图 14-323 所示，此时预览效果如图 14-324 所示，单击对话框中的"确定"按钮，即生成"圆形"阵列特征，如图 14-325 所示。

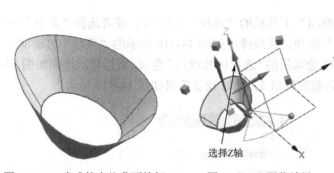

图 14-321　生成的直纹曲面特征　　　图 14-322　预览效果　　　图 14-323　"阵列定义"选项组

14 显示特征。

选中部件导航器中的旋转（4）特征，单击鼠标右键，然后选择菜单中的"显示"选项，显示的效果如图 14-326 所示。

15 创建修剪片体特征。

创建修剪片体特征详见第 8 章中的 8.16 节。

按照同样的操作方法创建修剪片体，所选择的目标片体如图 14-327 所示，边界对象如图 14-327 所示。

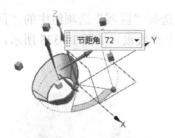
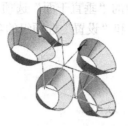
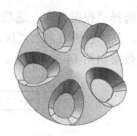

图 14-324　预览效果　　　图 14-325　生成的阵列特征　　　图 14-326　显示旋转特征

选择"投影方向"选项组中的"垂直于面"选项，选择"区域"选项组中的"保留"选项，其"投影方向"、"区域"和"设置"选项组的各个参数设置如图 14-328 所示，此时预览效果如图 14-329 所示。

单击对话框中的"确定"按钮，即完成修剪片体的创建，如图 14-330 所示。

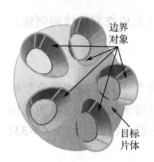

图 14-327　选择的对象　　图 14-328　"投影方向"、"区域"和"设置"选项组　　图 14-329　预览效果

16 显示和隐藏特征。

选中部件导航器中的旋转（3）特征，单击鼠标右键，选择菜单中的"显示"选项，选中部件导航器中的旋转（4）特征，单击鼠标右键，选择菜单中的"隐藏"选项，显示的效果如图 14-331 所示。

17 创建修剪片体特征。

创建修剪片体特征详见第 8 章中的 8.16 节。

按照同样的操作方法创建修剪片体，所选择的目标片体如图 14-332 所示，边界对象如图 14-332 所示。

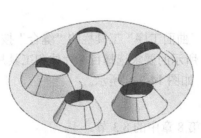
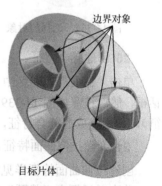

图 14-330　完成的修剪片体　　图 14-331　显示和隐藏特征　　图 14-332　选择的对象

选择"投影方向"选项组中的"垂直于面"选项，选择"区域"选项组中的"保留"选项，其"投影方向"、"区域"和"设置"选项组的各个参数设置如图 14-333 所示，此时预览效果如图 14-334 所示。

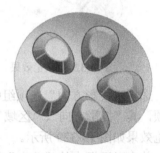

图 14-333 "投影方向"、"区域"和"设置"选项组　　　图 14-334 预览效果

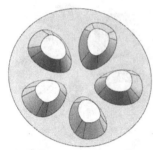

图 14-335 完成的修剪片体

单击对话框中的"确定"按钮，即完成修剪片体的创建，如图 14-335 所示。

18 创建缝合特征。

单击"曲面"功能区中"曲面工序"工具栏的"缝合"按钮，系统弹出"缝合"对话框，然后按照如图 14-336 所示的要求选择目标和工具片体，最后生成的缝合特征，如图 14-337 所示。

19 显示特征。

选中部件导航器中的旋转（4）特征，单击鼠标右键，然后选择菜单中的"显示"选项，显示的效果如图 14-338 所示。

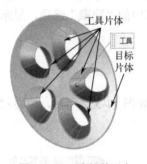

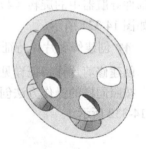

图 14-336 选择的对象　　　图 14-337 生成的缝合特征　　　图 14-338 显示特征

20 创建缝合特征。

单击"曲面"功能区中"曲面工序"工具栏的"缝合"按钮，系统弹出"缝合"对话框，然后按照如图 14-339 所示的要求选择目标片体和工具片体（前面步骤创建的缝合特征），最后生成的缝合特征，如图 14-340 所示。

21 创建拉伸曲面特征。

创建拉伸曲面特征详见第 8 章中的 8.3 节。

单击对话框中"截面"选项组的"绘制截面"按钮，系统弹出"创建草图"对话框，选择 XY 平面作为草绘平面，其绘制的图元如图 14-341 所示。

目标片体

目标

工具片体

图 14-339　选择的对象

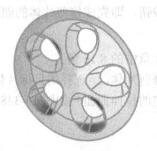

图 14-340　生成的缝合特征

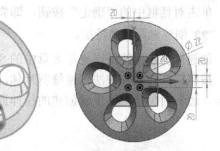

图 14-341　草绘的图元

绘制完成后，其拉伸距离为 150.0mm，设置为"片体"选项，其"限制"和"设置"选项组中各个参数的设置如图 14-342 所示，此时预览效果如图 14-343 所示，最后生成的拉伸曲面特征，如图 14-344 所示。

22 创建修剪片体特征。

创建修剪片体特征详见第 8 章中的 8.16 节。

按照同样的操作方法创建修剪片体，所选择的目标片体（上一步骤创建的拉伸曲面）如图 14-345 所示，边界对象（创建的缝合特征）如图 14-345 所示。

图 14-342　"限制"和"设置"选项组

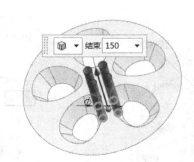

图 14-343　预览效果

图 14-344　生成的拉伸曲面特征

选择"投影方向"选项组中的"垂直于面"选项，选择"区域"选项组中的"放弃"选项，其"投影方向"、"区域"和"设置"选项组的各个参数设置如图 14-346 所示，此时预览效果如图 14-347 所示。

目标片体

边界对象

图 14-345　选择的对象

图 14-346　"投影方向"、"区域"和"设置"选项组

单击对话框中的"确定"按钮，即完成修剪片体的创建，如图 14-348 所示。

23 创建修剪片体特征。

创建修剪片体特征详见第 8 章中的 8.16 节。

按照同样的操作方法创建修剪片体，所选择的目标片体（创建的缝合特征）如图 14-348 所示，边界对象（上面步骤创建的拉伸曲面）如图 14-348 所示。

图 14-347　预览效果　　　　　　　　　　图 14-348　完成的修剪片体

选择"投影方向"选项组中的"垂直于面"选项，选择"区域"选项组中的"保留"选项，其"投影方向"、"区域"和"设置"选项组的各个参数设置如图 14-349 所示，此时预览效果如图 14-350 所示。

图 14-349　选择的对象　　　图 14-350　"投影方向"、"区域"和"设置"选项组

单击对话框中的"确定"按钮，即完成修剪片体的创建，如图 14-351 所示。

24 创建修剪体特征。

单击"主页"功能区中"曲面工序"工具栏的"修剪体"按钮，或者选择"菜单"→"插入"→"修剪"→"修剪体"选项，系统弹出如图 14-352 所示的"修剪体"对话框。

选择的目标体（上面步骤创建的拉伸曲面）如图 14-353 所示，工具面（创建的缝合特征）如图 14-353 所示。

其选项组的各个参数设置如图 14-354 所示，此时预览效果如图 14-355 所示，单击对话框中的"确定"按钮，即完成修剪体的创建，如图 14-356 所示。

图 14-351　预览效果　　　图 14-352　完成的修剪片体　　　图 14-353　"修剪体"对话框

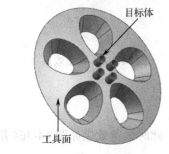

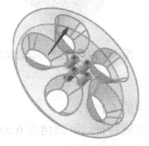

图 14-354　选择的对象　　　图 14-355　预览效果　　　图 14-356　完成的修剪体

25 创建缝合特征。

单击"曲面"功能区中"曲面工序"工具栏的"缝合"按钮 ，系统弹出"缝合"对话框，然后按照如图 14-357 所示的要求选择目标和工具片体，最后生成的缝合特征，如图 14-358 所示。

26 显示特征。

选中部件导航器中的旋转（1）和旋转（2）特征，单击鼠标右键，然后选择菜单中的"显示"选项，显示的效果如图 14-359 所示。

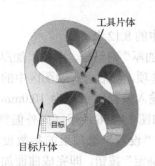

图 14-357　选择的对象　　　图 14-358　生成的缝合特征　　　图 14-359　显示效果

27 创建缝合特征。

按照前面的操作方法创建缝合特征。

单击"曲面"功能区中"曲面工序"工具栏的"缝合"按钮 ，系统弹出"缝合"对话框，然后按照如图 14-360 所示的要求选择目标片体（旋转（1））和工具片体（旋转（2）），最后生成的缝合特征，如图 14-361 所示。

28 创建边倒圆特征。

创建边倒圆特征详见第 6 章中的 6.1 节。

按照同样的操作方法创建边倒圆特征，倒圆角为 6.0mm，此时预览效果如图 14-362 所示，最后生成的边倒圆特征，如图 14-363 所示。

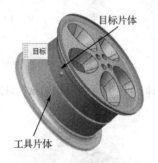
图 14-360 选择的对象

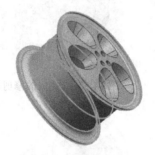
图 14-361 生成的缝合特征

图 14-362 预览效果

29 创建边倒圆特征。

创建边倒圆特征详见第 6 章中的 6.1 节。

按照同样的操作方法创建边倒圆特征，倒圆角为 6.0mm，此时预览效果如图 14-364 所示，最后生成的边倒圆特征，如图 14-365 所示。

图 14-363 生成的边倒圆特征

图 14-364 预览效果

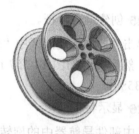
图 14-365 生成的边倒圆特征

30 创建曲面加厚特征。

创建曲面加厚特征详见第 8 章中的 8.12 节。

图 14-366 偏置厚度预览

系统弹出如图 14-366 所示的"加厚"对话框，单击"加厚"对话框中"面"选项组的"选择面"选项，然后选择绘图区中的面作为选择对象，在"厚度"选项组中输入偏置 1 的值为 10.0mm，偏置 2 的值为 0，此时偏置厚度预览如图 14-366 所示（向外偏置）。

其"布尔"、"Check-Mate"和"设置"选项组的参数设置如图 14-367 所示，单击对话框中的"确定"按钮，即完成曲面加厚的创建，如图 14-368 所示。

图 14-367　"布尔"、"Check-Mate"和"设置"选项组

图 14-368　完成的曲面加厚

31 创建修剪和延伸特征。

创建修剪和延伸特征详见第 8 章中的 8.17 节。

系统弹出"修剪和延伸"对话框，选择对话框中的"修剪和延伸类型"选项组的"制作拐角"选项。

单击对话框中"目标"选项组的"选择面或边"选项，然后在部件导航器中选择最后缝合的特征（缝合（24））作为选择目标。

单击对话框中"工具"选项组的"选择对象"选项，然后在部件导航器中选择倒数第二缝合的特征（缝合（23））作为选择工具。

其"需要的结果"和"设置"选项组的各个参数设置如图 14-369 所示，此时预览效果如图 14-370 所示，单击对话框中的"确定"按钮，即完成修剪和延伸曲面特征的创建，如图 14-371 所示，隐藏加厚特征后，所得的效果如图 14-372 所示。

图 14-369　"需要的结果"和"设置"选项组

图 14-370　预览效果

图 14-371　完成的修剪和延伸

32 创建合并特征。

创建合并特征详见第 6 章中的 6.7 节。

所选择的目标为创建的加厚特征，工具为创建的修剪和延伸特征，其预览效果如图 14-373 所示，最后生成的合并特征如图 14-374 所示。

图 14-372　生成的边倒圆特征

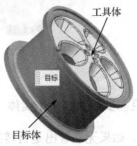

图 14-373　预览效果

图 14-374　生成的边倒圆特征

33 创建边倒圆特征。

创建边倒圆特征详见第 6 章中的 6.1 节。

按照同样的操作方法创建边倒圆特征，倒圆角为 3.0mm，此时预览效果如图 14-375 所示，最后生成的边倒圆特征，如图 14-376 所示。

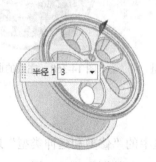

图 14-375　预览效果

图 14-376　生成的边倒圆特征

 专家提示： NX 几种片体变实体的方法，下面将进行系统总结，希望读者能够掌握！

在 UG 的使用过程中，经常有高级曲面创建造型的时候，就会遇到片体转成实体的情况。下面通过几个比较简单的例子，介绍几种片体转换成实体的方法。

1．模型中只有片体本身

这种情况只需要用一个加厚命令就可以将想要的片体轻松变成实体，这里需要注意的是，加厚的厚度大于曲面的曲率半径时会报错，所以，加厚命令也可以间接地验证曲面光顺的好与坏。如图 14-377 所示为一曲面，如图 14-378 所示为加厚预览。

图 14-377　曲面源文件

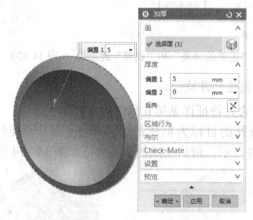

图 14-378　加厚预览

2．模型中有片体和实体，且需要组合成一个实体

这种情况需要使用补片工具，如果无法看出是否转换为实体，可以用合并命令来验证，可以选中就表示已转换为实体，参见图 14-379、图 14-380、图 14-381。

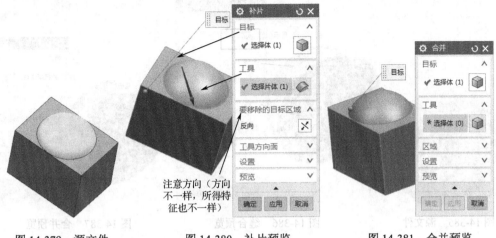

图 14-379　源文件　　　　　图 14-380　补片预览　　　　　图 14-381　合并预览

3．模型中闭合相交片体

这种情况使用修剪和延伸命令中的制作拐角工具，一键搞定，参见图 14-382、图 14-383、图 14-384。

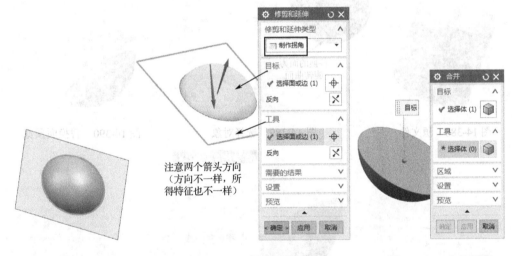

图 14-382　源文件　　　　　图 14-383　修剪和延伸预览　　　　　图 14-384　合并预览

4．模型中有闭合曲面

这种情况一定要保证整个曲面的完整闭合，否则无法完成实体转换，命令为"缝合"。

以上就是片体转换为实体的几种大致情况，目前也是编者时常用到的几种工具，如果读者有其他好的方法也欢迎交流。当然，并不排除其他工具可以实现，比如同步建模中的替换面工具，替换面对周边的面要求会高一些，上面的长方体面无法替换出来，工具都是活学活用出来的，这里也作以下简单说明，参见图 14-385、图 14-391。

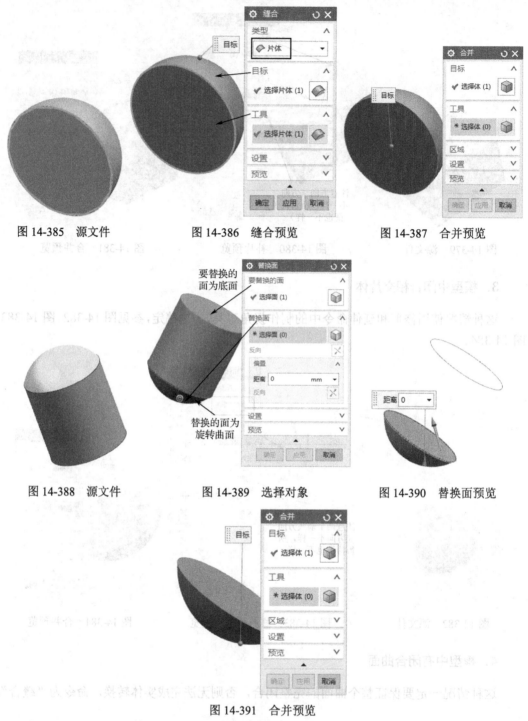

图 14-385　源文件　　　　图 14-386　缝合预览　　　　图 14-387　合并预览

图 14-388　源文件　　　　图 14-389　选择对象　　　　图 14-390　替换面预览

图 14-391　合并预览

本章小结

为了使读者更好地理解和掌握 NX 10.0 的绘图技巧，本章通过具体的曲面设计实例，学习具体的操作技巧方法，使读者能够真正学会从实例联想到相关技巧，然后从练习中掌握其绘图方法。

CAD/CAM/CAE 必学技能视频丛书

AutoCAD 2014必学技能100例

UG NX8.5必学技能100例

UG NX8.5数控加工必学技能100例

UG NX8.5模具设计必学技能100例

Pro/E Wildfire 5.0必学技能100例

"CAD/CAM职场技能特训视频教程"书目

UG NX8数控编程基本功特训（第2版）

UG NX8产品设计与工艺基本功特训（第2版）

PowerMILL 10.0数控编程基本功特训

SolidWorks 2013产品设计与工艺基本功特训

Cimatron E10.0三维设计与数控编程基本功特训

Pro/E Wildfire 5.0产品设计与工艺基本功特训（第2版）

PowerMILL 10.0数控编程技术实战特训

Pro/E Wildfire 5.0分模技术实战特训

ISBN 978-7-121-33311-8

01 >

9 787121 333118

定价：89.00元

策划编辑：许存权

责任编辑：许存权

封面设计：创智时代